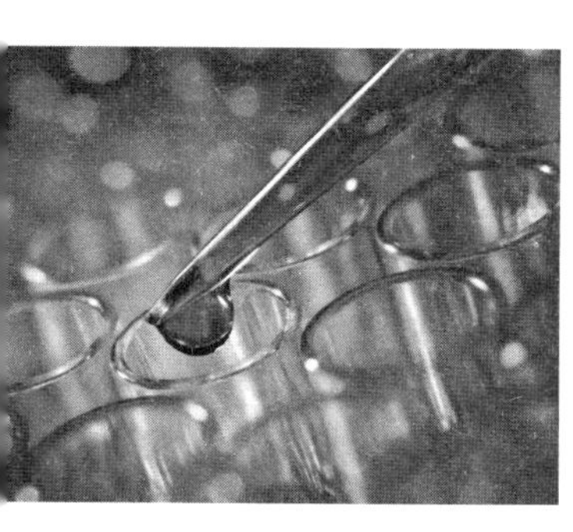

现代食品检测技术研究

吴毓炜　王华芳　伍国杰　著

吉林科学技术出版社

图书在版编目（CIP）数据

现代食品检测技术研究 / 吴毓炜，王华芳，伍国杰著. -- 长春 : 吉林科学技术出版社，2023.5
ISBN 978-7-5744-0523-3

Ⅰ. ①现… Ⅱ. ①吴… ②王… ③伍… Ⅲ. ①食品检验—研究 Ⅳ. ①TS207

中国国家版本馆 CIP 数据核字(2023)第 103814 号

现代食品检测技术研究

著　吴毓炜　王华芳　伍国杰
出版人　宛　霞
责任编辑　吕东伦
封面设计　南昌德昭文化传媒有限公司
制　版　南昌德昭文化传媒有限公司
幅面尺寸　185mm × 260mm
开　本　16
字　数　330 千字
印　张　15.25
印　数　1–1500 册
版　次　2023年5月第1版
印　次　2024年2月第1次印刷

出　版　吉林科学技术出版社
发　行　吉林科学技术出版社
地　址　长春市福祉大路5788号
邮　编　130118
发行部电话/传真　0431-81629529 81629530 81629531
81629532 81629533 81629534
储运部电话　0431-86059116
编辑部电话　0431-81629518
印　刷　三河市嵩川印刷有限公司

书　号　ISBN 978-7-5744-0523-3
定　价　100.00元

前言 PREFACE

民以食为天，食以安为先，食品是人类赖以生存的基本物质条件。随着科技的不断进步，食品工业得到飞速发展，食品的种类越来越丰富。伴随生活水平的提高，人们对食品的要求已不再满足于数量和质量，对食品的安全提出了更高层次的要求。然而近年来，食品安全问题不断被曝光，已经成为影响国民健康以及国际贸易的重要问题，食品安全受到了政府监管部门和消费者的高度重视。食品安全检测技术作为保障食品安全的重要支撑技术，也有了更高更新的要求。

食品检测从广义上是指研究和评定食品质量及其变化，它依据物理、化学、生物化学的一些基本理论和技术，按照制订的技术标准，如国际、国家食品卫生/安全标准，对食品原料、辅助材料、半成品、成品及副产品的质量进行检验，以确保产品质量合格。食品检验的内容包括对食品的感官检测，食品中营养成分、添加剂、有害物质的检测等。

本书从食品安全检测技术的基本内容出发，叙述了引发的食品安全的外界因素、食品安全检测技术要求、食品一般成分的分析检验以及有害成分的检测；重点介绍了色谱法检测技术、光谱法检测技术及其他检测技术。在内容上，本书重点突出实际检测中应用广泛的仪器和技术的介绍，对其在食品检测中的应用做了分析。本书可以作为从事食品检测或相关工作的工程技术人员和科研人员的技术参考书。

目录 CONTENTS

第一章　食品安全检测技术的概述

第一节　食品安全检测技术的重要性

近20年来，随着我国国民经济的持续快速增长，我国的农业生产水平也不断提升。目前，我国粮食的年均生产能力已达5亿吨以上，年人均粮食占有量在400kg左右，各种副食品的供应和消费也快速增长。随着我国食品供应和消费的快速增长，食品安全问题也显得越来越突出。近年来，重大食品安全事件频频发生，市面上的假冒伪劣食品也屡禁不止。在这些中毒事件中，因有机磷农药、亚硝酸盐、剧毒鼠药和致病微生物引起的食物中毒占了大部分。2007年由于周围环境生态污染破坏，严重影响饮用水源地周围几千万居民的生活用水的太湖蓝藻暴发；2008年奶粉中三聚氰胺掺假事件，不仅使成千上万名婴幼儿深受毒害，甚至死亡，而且对中国乳业乃至食品工业经济造成无法估量的损失。由此可见我国的食品安全现状相当严峻。

解决食品安全问题最好的方法是尽早地发现食品安全问题，将其消灭在萌芽状态，而要达到这个目的，能在现场快速准确测定食品中有害物质含量的技术、方法和仪器是必不可少的。随着科学技术的发展，大量的新技术、新原料和新产品被应用于农业和食品工业中，食品污染的因素日趋复杂化，要保障食品安全就必须对食品及其原料在生产流通的每个环节中都进行监督检测。

食品是人类赖以生存和发展的物质基础，食品安全是关系人类健康和国计民生的重大问题。1996年世界卫生组织对食品安全的定义是：对食品按其原定用途进行制作、食用时不会使消费者健康受到损害的一种担保。基于国际社会的共识，食品安全的概念可以表述为：食品（食物）的种植、养殖、加工、包装、贮藏、运输、销售、消费等活动符合国家强制标准和要求，不存在可能损害或威胁人体健康的有毒有害物质。食品应当无毒、无害、符合应当有的营养要求，对人体健康不造成任何急性、亚急性或者慢性危害。食品安全含义来源于两个英文概念：第一是一个国家或社会的食物保障（food security），即是否具有足够的食物供应；第二是食品中有毒、有害物质对人体健康影响的公共卫生问题（food safety）。

首先，衡量一种食品是否安全，不安全食品的危害在哪里……什么情况下它会对人体造成危害……应采取什么有效措施去控制它……“检测技术”是证明或解释诸如此类问题的非常重要的关键科技手段。可以说食品安全是不能离开检测技术而空谈的。食品安全控制重要手段就是体现在检测技术上，如果没有检测技术，首先是无法得知一种食品是否有不安全因素；其次是无法知道这种不安全因素程度如何，这就可能导致人们长期受其危害却浑然不觉。以“二噁英”对食品的污染来说，如果不借鉴相应的检测技术，我们现在还不知道有这种污染，更无法去防范它。因此，食品安全的一个关键问题，就是要预防控制减少食源性疾病发生，而我们要想知道哪种疾病和食物中的某种危害因素有关，缺少必要的检测技术手段很难探明其中的奥秘。同时，检测、监测的过程也是对目前食品安全标准的校验。通过检测、监测技术，可以检验当前的食品安全标准是否能最大限度地保证食品安全，是否能适应食品安全市场管理需求，真正起到监管作用。随着科技和经济水平的发展，食品安全标准是需要不断做出修改的。如旧的标准中对啤酒中甲醛的含量并没有做出限定，而新标准的实施中，对甲醛的含量就有明确的限定。

其次，要关注食品安全内在问题。食品安全问题多源于农药、兽药残留中毒和致病菌对人的侵害。应认识到农药、兽药残留的潜在危害性，可使人体产生抗药性；还应认识到人们在生产中使用添加剂原料不当和对生活废弃物处理不当时，会造成如二噁英以及多氯联苯等12种被称为“持久性有机污染物”对食品、加工原料及饲料的污染，有致癌、破坏内分泌系统和破坏人体免疫能力的潜在危害；应了解有毒有害元素的价态不同、毒性差异很大；应重视硝酸盐、高氯酸盐等污染物通过空气和水等进入食物链造成的危害，甚至警示烧烤、油炸食品中可能含有一定量的苯并芘及丙烯酰胺致癌成分等。人们对食品安全的认识和对自身健康的关注是无止境的，所以对有毒有害残留物、污染物检测方法的要求也将日新月异。

再次，食品安全的检测是在基质十分复杂的动植物产品和加工产品的样品中，需检测几种甚至几十种有毒有害残留物或污染物的组分，其含量可能极低（微克级、纳克级），而且有一些污染物，如呋喃有135种同位异构体、毒性差异很大，很难分离、萃取和分析。据统计，测试领域对仪器和方法的检出限平均每5年下降一个数量级。对食品安全检测而言形势紧迫，出于对食品安全的重视，也出于发达国家采取技术性贸易壁垒需求，近年来，国外对有关食品安全标准进行了重大、快速修订，我国为了与世界接轨和应对挑战，也不断修订标准，近两年新发布实施了多项农药、兽药残留分析国家标准，对有害物限量标准、样品前处理、检测技术和仪器的要求越来越高。

20世纪80年代末以来，由于一系列食品原料的化学污染、畜牧业中抗生素的应用、基因工程技术的应用，使食品污染导致的食源性疾病呈上升趋势。在发达国家，每年大

约 30% 的人患食源性疾病，而食品安全问题已成为公共卫生领域的突出问题。一方面，食源性疾病频频暴发；另一方面，在食品生产及加工工艺创新的同时也带来了新的危害，由此引起的食品贸易纠纷不断发生。这些都是制约食品产业提升国际竞争力、影响食品出口的主要因素。食品安全检测技术及预警追溯体系的建立，已成为当前各国加强食品安全保障体系的重要内容。

要从根本上解决食品安全问题，就必须对食品的生产、加工、流通和销售等各环节实施全程管理和监控，就需要大量能够满足这些要求的快速、灵敏、准确、方便的食品安全分析检测技术。由此可见，将现代检测技术引入食品安全监测体系，积极开展食品有害残留的检测和控制研究，对保证食品安全、维护公共卫生安全、保护人民群众身体健康意义重大。

一、食品安全作用及范畴

食品安全工作的重点在于积极的预防，消除、降低安全隐患，以保障人民群众的饮食安全。在预防的同时，针对食品安全隐患和突发的食品安全事故，要有快速有效地反应机制和应对措施。两手都要抓，两手都要硬，才能真正体现食品安全的作用，确保食品从农田到餐桌的安全性。

1. 食品安全预警系统的作用

21 世纪，食品供应面临的一个主要挑战就是提高食品的安全性，将危险降到最低。一个快速的食品安全预警系统对保障食品的质量安全具有重要的作用。

欧盟早自 20 世纪 70 年代后期就开始在其成员国中间建立快速警报系统。各成员国有责任在消费者的健康遭受严重风险时提供信息。在法律上，只有在确认有问题产品可能投放到国际市场情况下，成员国才有义务进行通报。然而，由于市场变得更为一体化，确定某一产品是否出境的难度也日益增加。正是在特殊背景下，欧盟于 2002 年对预警系统做了大幅调整，实施了欧盟快速警报系统，欧盟食品和饲料快速预警系统（Rapid Alert System for Food and Feed.RASFF）即为其中之一，它是一个连接各成员国食品与饲料安全主管机构、欧盟委员会，以及欧洲食品安全管理局的网络系统。所有参与其中的机构都建有各自的联系点，并彼此联系，形成沟通顺畅的网络系统。这个系统的主要目标是保护消费者免受不安全食品和饲料危害。系统及时收集源自所有成员的相关信息，以便各监控机构就食品安全保障措施进行信息交流。RASFF 的建立便于系统内成员国食品安全主管机构间进行交流，有利于彼此信息交换。任何一个成员国主管机构出现与食品以及饲料安全有关的信息后都会上报委员会，委员会将进行判断，必要时将此信息传达至 RASFF 网络下其他成员。在不违反其他欧盟规程的前提下，系统各成员国主要通过快速预警系统向委员会迅速通告如下信息：

（1）各国为保护人类健康而采取限制某食品或饲料上市，或强行令其退出市场，或回收该食品或饲料，并需要快速执行必要的措施。

（2）由于某食品或饲料对人类健康构成严重威胁，而旨在防止、限制其上市或最终使用，或旨在对食品或饲料上市需使用附加特别条件，并需要紧急执行行业权威专家一致建议或措施。

（3）由于食品安全对人类健康造成直接或间接的威胁，欧盟边贸主管机构应对某食品或饲料的集装箱货物运输的食品安全拒收情况进行通报。

中国的预警工作是近些年才开展的。目前，还缺少完整有效的食品及农产品的预警系统。RASFF 在以下几个方面对中国具有一定启示，值得进一步关注和研究：

（1）在构建食品及农产品安全预警体系的过程中，加强对整个食物链综合管理指导思想的构建，强调系统性与协调性，关注食物链所有环节，把质量安全过程控制理念贯穿其中。

（2）将风险的概念引入管理领域。强调预防为主的重要性。加强相应的食品和农产品安全预警与快速反应体系建设，通过快速预警系统，实现风险管理。

（3）保证科学分析与信息交流咨询体系有效运行，并保持独立性，强化现代信息网络技术的作用，提高信息搜集的客观性、准确性，实现有效的风险交流，保证管理决策的透明性、有效性，增强消费者对食品安全管理的信心。

2. 食品安全监管体系的作用

从目前情况来看，根据各自国情，世界各国通过立法建立了不同类型但行之有效的食品安全监管机构体系。各国食品安全监管机构体系虽千差万别，但基本模式不外乎 3 种：第一种是由中央政府各部门按照不同职能共同监管的模式，这种模式以美国为首，而我国在 2015 年前也基本属于这种模式；第二种是由中央政府的某一职能部门负责食品安全监管工作，并负责协调其他部门来对食品安全工作进行监管，这种模式的代表国家是加拿大，我国在实施新修订的《食品安全法》之后也开始采用这种模式；第三种是中央政府成立专门的、独立的食品安全监管机构，由其全权负责国家的食品安全监管工作，这种模式的代表国家是英国。

美国食品被认为是世界上最安全的食品之一，民众对食品放心度普遍较高，这要归功于美国食品安全相关部门对食品从农田到餐桌整个流程科学监控的努力，更重要的是美国从 1906 年逐步建立了一套完备的食品安全法律体系。但是法律法规的实施离不开联邦政府各管理部门互为补充、相互依存、高效有序的食品安全监管体系。

美国涉及食品监管的机构非常复杂，主要机构达 20 多个，其中最主要的有美国联邦卫生与人类服务部所属的食品和药品监督管理局（FDA）、美国农业部所属的食品安全检验局（FSIS）、动植物卫生检验局（APHIS）以及联邦环境保护局（EPA）。以 FDA 为例，它是美国最老牌的消费者保护机构之一。主要通过实施《联邦食品、药品和化妆品法》及其他一些相关的公共健康法来保护美国消费者的健康和安全，其职责范围涉及监督管理产品的制造、进口、运输、贮存和销售等领域。在美国食品安全体系中，FDA 主要负责管理除食品安全检验局（FSIS）所辖范围之外的所有国产和进口食品，包括瓶装水和酒精含量小于 7% 的葡萄酒等。

有科学依据的风险分析是美国食品安全决策的基础。1997 年美国总统宣布食品安全行动计划，该计划指出了风险评估在实现食品安全目标过程中的重要性。风险管理也是美国各级管理部门所采取的保证食品生产和加工全过程安全的有力措施，其目的就是为美国的消费者提供高度保护。其中最具特点且富有成效的风险管理措施就是“危害分析和关键控制点（HACCP）”，在美国食品安全体系中，HACCP 是非常重要的一个组成部分，它能使应用者清楚地识别可能发生的危险，并设定有效安全阈值，制定一个合理的计划来阻止和控制潜在的危害。风险管理的原则是尽可能使风险降至最低程度或可能达到的程度。

3. 食品安全范畴

食品产业是一种高度关联的一体化产业，涉及农业、食品加工业、仓储、物流、包装、化学工业等多个产业，食品产业链条涉及面广，产业链条长。每个环节出现的安全生产问题都会对消费者的食品安全带来风险。因此，加强食品安全管理是十分必要的。而食品安全管理又是一个涉及面广、主体众多的系统工程，它包括了消费者、企业和政府三个层面。从公共安全的角度看，政府必须制定健全的政策法规，建立完善的管理职能及行使有效的管理手段。

随着人类食物生产规模的扩大，加工、消费方式的日新月异，仓储、运输等环节的增多以及食品种类、来源的多样化，原始人类赖以生存的自然食物链逐渐演化为今天由自然链和人工链组成的复杂食物链网。

自然链部分中滥用化学合成农药及其他有害物质通过施肥、灌水或随意倾倒等途径带入农田，可使有毒化学成分在食物链中富集，构成人类食物中重要的危害因子。有机肥施用管理不善可能将多种侵害人类的病原菌、寄生虫引入农田环境、养殖场和养殖水体，进而进入人类食物链。有害成分混入动物饲料，可能导致真菌毒素、人畜共患病原菌、有害化学物质等大量进入动物产品，给消费者带来致病风险。而滥用兽药、抗生素、生长激素等化学制剂或生物制品，可因畜产品中微量残留在消费者体内长期积累超量，产生不良副作用，尤其对儿童成长、发育可能造成严重危害后果。

从人工链环节的加工部分来看，蔬菜、水果、肉、蛋、奶、鱼等鲜活产品及其他易腐食品，在储藏、加工、运输、销售的多个环节中都可能遭受生物和化学等危害因子侵袭而影响其安全性，而在加工和包装中滥用人工添加剂、防腐剂、特殊包装材料等，都是现代食品生产中新的不安全因素。因此食品安全中的危害因子，可能出现于人类食物链的各个环节。

正因为如此，对食品安全的控制应体现在各个环节，贯穿于整个产业链条，而仅仅关注于某个方面的管理并不能解决系统性的问题。因此，食品安全的管理必须是从土地到餐桌全过程的管理，必须是对食品产业链条整个过程进行封闭式、全方位、一体化的系统性管理。

二、食品安全市场贸易状况

食品质量安全在国际经济贸易中要求严格，世界范围内由于食品质量而引起的农产品贸易纠纷不断。因此，食品安全不仅是对民众身心健康关系极大的公共卫生问题，也是一类波及整个国家经济的国际经贸重要利益问题。

食品出口是重要的外汇来源。根据世界贸易组织统计，食品贸易在世界贸易中所占的比重为 9% 左右，每年的贸易值为 4000 亿 ~ 5000 亿美元，每年有 4.6 亿吨食物在 100 多个国家之间流动，任何一个国家的食物出现问题都有可能影响到其区域消费者的健康，甚至发展成为国际性食品安全事件，如英国的疯牛病、法国的污水饲料事件、多国的禽流感暴发、可口可乐污染事件、欧洲的口蹄疫，以及具有多重抗药性的鼠伤寒沙门氏菌病在多国的流行等，众多事件发生都涉及几个甚至数十个国家，给有关国家经济造成损害，成为影响国际贸易的重要因素。

食品安全问题还可以引发绿色壁垒的威胁，发达国家可以以食品安全为名，设置无法逾越的绿色壁垒，限制进口发展中国家的产品。而绿色壁垒，主要是指那些为了保护生态环境而直接或间接采取的限制甚至禁止贸易的措施。通常，绿色壁垒是由进出口国为保护本国生态环境和公共健康而设置的各种环境保护措施、法规标准等。原关税与贸易总协定和 WTO 中的有关规定为绿色壁垒的实施提供了国际公认法律依据。

作为 WTO 的成员，各国产品进入国际贸易市场的门槛平等，关税和配额的调控作用将越来越小。因此，在当前国际贸易中，严格技术性贸易措施，实施的市场准入条件越来越苛刻。其中，提高食品卫生检测标准，把食品安全作为“关口瓶颈”，已成为制约国际贸易的寻常策略。一些国家以提高检疫标准、增加检测项目为手段，限制他国产品出口、保护本国产业的目的越来越明显。如 2002 年初，日本认定中国的出口蔬菜农药残留超标，提高进口蔬菜的技术标准，将蔬菜检测安全卫生指标由 6 项增加到 40 多项，鸡肉检查项目为 40 多项，果汁检查 80 多项，大米检查 91 项。美国以反恐为名，于 2003 年 12 月开始执行食品注册通报制度。近年来，加拿大、墨西哥、匈牙利等国均采取了各种贸易技术性措施，对国际食品出口贸易影响较大。

发达国家基于经济、政治和科技优势，在国际贸易中居处于主导地位，单方面制定了很多技术含量高的规定，限制发展中国家出口贸易。而发展中国家受科学技术、经济水平的限制，其生产条件、科技标准以及技术含量等都与发达国家存在着巨大的差异，很难满足发达国家出于贸易保护而对进口货物制定的苛刻要求，因此国际竞争力大大衰退。同时，由于本身种种原因（例如法制不健全，对健康安全、环境保护没有足够重视等），又未能限制发达国家将其不合格产品向国内倾销。

根据日本、欧盟、美国等发达国家针对农产品实施的技术性贸易措施情况看，技术性贸易壁垒主要体现在严格的检验、检疫、认证、标准制定和措施上，大致可分为 4 种情况：

（1）食品安全、动植物卫生检验检疫法规。欧盟于 2000 年 1 月发表了《食品安全

白皮书》，提出 80 多项保证食品安全的计划，要求各产品从饲料到餐桌，农产品从农田到餐桌的整个链条都要保证安全。美国于 1997 年 12 月在食品加工中引入“危害分析与关键控制点”（HACCP）管理体系，未实施 HACCP 的水产品和肉类食品禁止进口，要求所有对美国出口的水产品、肉类产品企业必须获得 HACCP 的认证资格。当前，欧盟、加拿大、日本、澳大利亚和韩国都采用 HACCP 体系。

（2）食品质量标准要求。目前，发达国家仍然针对食品安全在不断升级产品检验标准，检测项目也越来越多。如 2010 年日本对中国大米要求进行检测的指标，已由 1993 年的 20 多项，增加到 123 项，并且要求在 14d 内完成。

（3）环境保护和动物福利要求。针对食品安全，发达国家制定了一系列环境保护法规，对进口农产品形成了通常所说的“绿色壁垒”。如 1995 年 4 月，发达国家要求实施《国际环境监察标准制度》，要求产品达到 ISO9000 系列标准体系，还要求使用“绿色环境标志”，如德国的“蓝天天使”、日本的“生态标志”、欧盟的“欧洲环保标志”等。欧盟非常重视动物福利问题，如对鸡场饲养密度要求，一般为每平方米 12 只，而欧盟提出只能养 10 只，理由是密度太大，鸡会感到不“舒适”。而这将增加鸡的养殖成本，无形中也成了贸易壁垒。

（4）产品认证和标志管理。近年来，国际上对产品认证要求越来越高，日本农林水产省自 2003 年起在日本全国推行“大米身份认证制度”，凡进入日本国内市场的大米必须标明品种、产地、生产者姓名和认证号码等，否则不允许销售。“大米身份认证制度”推行之后，日本各地又对新制度“层层加码”，把认证范围推广到蔬菜，要求凡市场上销售的本地蔬菜都必须有认证标志。今后的发展趋势是对进口蔬菜采取身份认证制度，这对中国等国的农产品来讲，在未来进入日本市场将更趋困难，标准也越来越严。

我国遭遇此类绿色壁垒的待遇由来已久。茶叶向来是中国传统大宗出口产品，但在晚清时出口量急剧下降，从 1878 年的 54% 下降到 1898 年的 18%，原因很简单，当时与中国茶叶竞争的印度茶与锡兰茶，生产控制权掌握在英国人手中，他们按照欧洲茶叶市场量身制定出了一系列标准，既提高了茶叶的产量，也提高了茶叶的安全系数。中国各家各户小作坊式的生产方式，不得不让位于标准化的大生产模式。

中国企业在世界各国尤其欧美发达国家，四处遭遇严格的绿色壁垒、技术壁垒，代价不菲；由于国内的各项技术指标不统一，各个企业在追求最大利益的同时，不顾法律法规的规定，寻求最低的生产成本，很少考虑健康卫生质量问题。长此以往，国内企业市场份额深陷小农式的自由化模式陷阱，晚清茶叶出口的悲剧还会不断延续。2005 年发生的“苏丹红事件”，还有 2008 年发生的“三鹿婴幼儿奶粉”事件，正是对食品安全问题忽视的结果。尽管“苏丹红一号”和“三聚氰胺”已经证明会对人体造成伤害，但是，由此也反映出现行技术标准及管理水平滞后的问题比较突出。

随着对外贸易的不断扩大和标准等方面存在的差距，“绿色贸易壁垒”将成为世贸组织成员方贸易竞争的主要手段。采取先进的技术标准措施，解决食品贸易中食品安全问题，为出口创造更多的机遇，是最有效的应对办法之一。同时，要充分利用 WTO 多边贸易体系的谈判机制、合理对抗机制、报复措施、非歧视性原则及对发展中国家特殊照顾的规定，维护自身合理的经济权益。在发生技术性贸易壁垒纠纷时，要依据上述规定和原则，向有关国家和国际机构提出交涉或申诉，力争通过磋商和谈判加以解决。要认真研究技术性贸易壁垒的内容、框架和运行机制，汲取其合理内涵，渐进地构造和完善自己的技术性贸易措施，最大限度地保护生产国产品贸易利益。

三、食品中关键物质的危害关系

（一）食品中常见的关键危害物质

目前食品安全问题主要集中在以下几个方面：微生物危害、化学危害、生物毒素、食品掺假等。污染来源包括农产品种植、养殖生长过程中使用农药、化肥、兽药残留超标；农作物采收、存储运输不当，发生霉变或微生物污染；食品腐败变质；另外还存在一些非法经营者为贪图私利，在食品中添加劣质有害物质引发食品中毒问题等。

1. 微生物的污染

微生物引起的食源性疾病是影响食品安全的最主要因素。食品的原料和加工环境都会为微生物提供生长条件，在食品加工过程和包装储运过程中稍有不慎就会使一些病原微生物大量繁殖，人类食用后极易发生疾病。

（1）细菌性污染。从国内外已发生的食品安全事件看，致病细菌性污染是涉及面最广、影响最大、发生率最高的一种污染。由病死牲畜肉、变质动物性食品和蛋类引起食品沙门氏菌中毒，是食源性疾病发生率较高的一种，中毒者会在进食后短期内出现急性胃肠症状，如恶心、频繁性呕吐、腹痛、腹泻，重者可发生高热、脱水、昏迷、抽搐，甚至死亡；大肠杆菌在正常人的肠道内存在，一般情况下不致病，但食用被该菌污染的食物时就会致病，大肠杆菌进入胃肠后会继续繁殖，发生呕吐、恶心、腹痛、腹泻等胃肠症状，引起胃肠黏膜充血、水肿等病变；金黄色葡萄球菌普遍存在于自然界中，正常人粪便中也可分离出此菌，金黄色葡萄球菌繁殖产生肠毒素常见于陈置米饭、淀粉类食品与奶制品中，中毒者表现出反复呕吐、剧烈腹痛等症状；肉毒杆菌食物中毒多由食用含有肉毒杆菌外毒素污染的食物而发生，此菌普遍存在于土壤、家畜粪便中，可附着在水果、蔬菜、罐头、火腿、膜肠肉及罐头食品里而大量繁殖外毒素，肉毒毒素主要侵犯神经系统，中毒者会产生复视、肌肉麻痹、呼吸困难等症状，并伴有脑水肿和脑充血，成人致死量为 0.01mg。

（2）真菌性污染。真菌广泛存在于自然界中，其产生的毒素致病性强，如黄曲霉可产生黄曲霉毒素，米曲霉可产生 3- 硝基丙酸、曲酸、圆弧偶氮酸等，因此真菌性污染问题应引起人们的高度重视。

（3）病毒性污染。“口蹄疫”“疯牛病”“禽流感”等为典型传染性病毒，人类食用了含有这类病毒的食物后，会产生人畜共患病。从 1995 年到 2000 年 10 月，英国

已经确定的与疯牛病感染有关的“新变异型克雅氏病”有70余例，平均每年约15例病人。种种迹象表明，备受全球关注的疯牛病及其引发的后果的控制还有大量的工作要做。

（4）寄生虫。目前生吃水产品甚至一些其他动物的行为在部分地区较普遍，这使得人们患寄生虫病的危险性大大增加，部分地区的食物源性寄生虫发病率也逐年增加。

2. 化学污染

（1）重金属污染。食品中重金属的残留主要来源于被污染的环境，通过饲料添加剂进入动物体内或通过食品添加剂进入加工对象，重金属元素可以引发人的急性毒性，一旦进入人体，就很难被彻底清除，会导致蓄积性的慢性中毒，造成人的神经、造血、免疫等多个系统的损伤和功能异常，引起中毒性脑炎、贫血、腹痛、内分泌紊乱等。

铅是一种具有蓄积性、多亲和性的有毒物质，对神经系统、骨骼造血机能、消化系统、免疫系统等均有危害，特别是处于神经系统发育敏感时期的儿童是铅的易感人群。人体的铅主要来自食物，食物中的铅污染是由于在食品生产、加工中使用含铅化学添加剂；被铅金属污染的容器、包装材料；工业三废；农业中使用的含铅农药。

对大多数人来说，因为食物而引起汞中毒的危害概率较小，人们所吸收的汞大部分是甲基汞，而且主要是来自食用鱼等水产品。长期食用被汞污染的食品，可引发一系列不可逆转的神经系统中毒症状，引起肝、肾、脑的损害。

砷是动物和人体必需的微量元素，体内微量的砷对健康基本无影响。据报道，微量的砷可使肌肤光滑白嫩。但由于农业上广泛使用砷化合物，特别是含砷农药的使用，使农作物含砷量加大。砷作用于神经系统，刺激造血器官，诱发恶性肿瘤，因此，砷及其化合物被国际机构证明为致癌物。三价无机砷剧毒，五价砷毒性低于三价砷，有机砷的毒性较小，因而国际上对砷的卫生学评价均以无机砷为依据。

（2）农药、兽药残留。我国是农药生产和使用大国，农药的使用使我国挽回约15%的农产品损失，但由于人们超量和违规使用，有毒或剧毒农药的污染和残留已严重威胁人类健康，并破坏生态环境。农药通过大气和饮用水进入人体的仅占10%，通过食物进入人体要占90%。有机氯是我国最早大规模使用的农药，由于具有性质稳定、不易降解、高脂溶性，其影响至今没有消失，因此，我国从1983年开始禁止生产和使用，我国食品中有机氯农药残留水平较20世纪70年代有明显下降，但远远高于世界发达国家。有机磷农药是我国现阶段使用量最大的农药，在环境中降解快、残毒低，一般认为在食品中的残留较少，但在某些环境下残存期较长，在粮食和经济作物中存在残留超标现象，特别对生长周期短的蔬菜，有机磷农药残留超标现象突出。另外，氨基甲酸酯和拟除虫菊酯类农药具有高效、低毒、低残留的特点，近年发展较快，但如果使用不当仍存在严重污染。

此外，过量、违规使用兽用抗生素、激素使禽、畜、水产品中等有害物质残留超标问题都会给人体健康构成了很大的威胁。瘦肉精事件就是一个非常典型的例子，人体大量食用含有瘦肉精的肉，可以导致心脏疾病，引起心室早搏，心律失常，血压升高，使甲状腺亢进、青光眼、前列腺肥大等疾病。

（3）食品中添加剂的超范围、超剂量使用。为了有助于加工、包装、运输、贮藏过程中保持食品的营养特性，感官特性，适当使用一些食品添加剂是必要的。但要求使用量需控制在最低有效量的水平，否则会给食品带来毒性，影响食品的安全性，危害人体健康。一些不法商家为了使产品的外观和品质达到很好的效果往往超范围、超剂量的使用食品添加剂，更有甚者将非食品加工用的化学物质添加到食品中。如过氧化苯甲酰在面粉中使用会使面粉起到增白效果，但过量使用会破坏面粉中的营养，导致面粉中的类胡萝卜素、叶黄素等天然成分丧失，过氧化苯甲酰水解后产生的苯甲酸，进入人体后要在肝脏内进行分解，长期过量食用后会对肝脏造成严重损害，极易加重肝脏负担，引发多种疾病；短期过量食用会使人产生恶心、头疼、神经衰弱等中毒现象。

（4）食品加工、贮藏和包装过程中产生的有害物质。食品加工、包装、储存过程中生物污染主要指食品在生产线上的各种细菌、病毒污染，如沙门氏菌、李氏杆菌、肉毒梭菌等，包装过程中为降低成本而使用的伪劣含有有毒物质的包装材料，储存运输过程中可能污染的各种病毒与细菌等。这些污染会直接导致食品安全问题。

食品加工过程中化学污染有高温产生的多环芳烃、杂环胺等，都是毒性极强的致癌物质。食品加工及贮藏过程中使用的机械管道及包装材料也有可能将有毒物质带入食品中，如单体苯乙烯可从聚苯乙烯塑料进入食品；用荧光增白剂处理的纸包装食品，纸上残留的有毒胺类物质易污染食品。即使使用无污染的食品原料，加工出的食品不一定都是安全的。因为很多动物、植物和微生物内存在着天然毒素。另外，食品贮藏过程中产生的过氧化物、龙葵素和酮类物质等，也给食品带来了很多的安全性问题。

（5）持久性有机污染物。持久性有机污染物（POPs）是指能够在各种环境介质（大气、水、生物体、土壤和沉淀物等）中长期存在，并能通过环境介质（特别是大气、水、生物体）远距离迁移以及通过食物链富集，进而对人类健康和生态环境产生严重危害的天然或人工合成的有机污染物。

持久性污染物种类较多，它们通常是具有某些特殊化学结构的同系物或异构体，其中《POPs 公约》中首批控制的持久性污染物（POPs）共有 3 类 12 种，包括：杀虫剂类，主要为艾氏剂、狄氏剂、异狄氏剂、氯丹、七氯、灭蚁灵、毒杀酚、滴滴涕（DDT）和六氯苯；工业化学品类，主要为六氯苯和多氯联苯（PCBs）；副产品类，主要是多氯代二苯并二噁英（PCDDs）和多氯代二苯并呋喃（PCDFs）。

持久性有机物来源极为广泛，主要包括：

①来源于印染和助剂工业向环境释放的一些化学物质的污染，如液压油、电子绝缘体、阻燃剂、润滑剂和增塑剂及农用塑料制品等，其中多氯联苯、二噁英和多氯二苯并呋喃等环境激素类物质主要来源于印染和助剂工业。

②化学农药和化肥的污染，如广泛使用的各类杀虫剂、杀菌剂、除草剂、化肥制剂等。

③农业生产中大量使用的激素，如植物生长调节剂、饲料添加剂、包装容器和塑料制品都可产生污染。例如，在 1999 年比利时发生的震惊世界的二噁英污染饲料事件。

持久性有机物的广泛分布除了其工业用途外，还有两个主要来源：一是来源于一些

氯代物的副产物，如多氯联苯醚（PCDEs）源于氯代苯酚和氯代苯氧乙酸的副产物；二是来源于金属冶炼、垃圾焚烧和废水排放，如二噁英主要来源于垃圾的焚烧。

与常规污染物不同，持久性有机污染物在自然环境中极难降解，并能通过水或空气等载体转移。持久性有机污染物不溶于水，但能在油脂中溶解，当它进入鱼类或其他动物体内后不易排出，不断蓄积，而且会经过食物链不断叠加富集。它通过食物进入人体，会对人类健康造成极大危害，这种危害会持续几代。所以持久性有机污染物有全球环境中“幽灵”之称。

POPs一般都具有毒性，包括致癌性、致突变性、致畸性、神经毒性、内分泌干扰性、致免疫功能减退性等，严重危害生物体的健康与安全。由于其持久性，很难降解，因此危害作用可持续很长时间。特别是POPs大多是强亲脂且憎水的复杂有机卤化物，能够在生物器官的脂肪组织内积累富集，并沿着食物链逐级放大，从而对处于最高营养级的人类健康造成严重的威胁或潜在性危害。由于POPs大多数具有较高的蒸汽压，因此可以挥发逸散，能够在大气环境中长距离远程迁移，并通过所谓“全球蒸馏效应”和“蚱蜢跳效应”沉积到地球的偏远极地寒冷地区，从而导致全球范围的传播污染。

3. 生物毒素

生物毒素是指生物或微生物在其生长繁殖过程中，在一定条件下产生的对其他生物物种有毒害作用并不可复制的化学物质，也称为天然毒素。已知化学结构的生物毒素有数千种，依据来源把生物毒素分为动物毒素、植物毒素和微生物毒素。动物毒素的主要成分是多聚肽、酶和胺类等；植物毒素按其致毒成分分为酚类化合物、生物碱、萜类化合物以及酶、多肽和蛋白质等；微生物毒素是微生物在生长繁殖过程中产生的一种次级代谢产物。

（1）动物毒素绝大多数是蛋白质，是在有毒动物的毒腺中制造，并以毒液的形式经毒牙或毒刺注入其他动物体内的。纯的毒素根据生物效应，可分为神经毒素、细胞毒素、心脏毒素、出血毒素、溶血毒素、肌肉毒素或坏死毒素等，毒液里还含多种酶。不同动物所制造的毒素种类和生物效应均不相同，如蜂毒主要是神经毒素、溶血毒素和酶；蝎毒含神经毒素和酶；蜘蛛毒素含10多种蛋白、坏死毒素和酶；蛇毒所含毒素类型因蛇的种、属不同而有很大差异。动物毒素对人与动物有毒害作用，但也有一定药用价值，是农药开发的潜在资源。根据沙蚕毒的化学结构，已合成出杀虫剂类似物杀螟丹、杀虫双、杀虫环等，并已大量生产应用。

（2）植物毒素主要是含毒植物（有花植物）中的毒素，有的毒素在植物的刺毛或汁液中。

①凝集素是在豆科类籽粒及蓖麻籽中含有一种能使红细胞凝集的蛋白质，称为植物红细胞凝集素。

②毒苷存在于植物性食品中，主要有氰苷、硫苷和皂苷3类。微量的氰苷广泛分布于植物中，主要形式是氰的葡萄糖苷，其次是龙胆二糖及荚豆二糖，均呈β-构型，这些氰糖苷类在酸或酶的作用下可水解产生氢氰酸（HCN）。HCN被机体吸收时，CN-

即与细胞色素氧化酶中的铁结合，从而破坏细胞氧化酶递送氧的作用，使机体陷于窒息状态。人类 HCN 的致死量为 0.5 ～ 3.5mg/kg，食用含氰苷物质较多的食物时，可通过漂洗除去氰苷。

③生物碱一般是指存在于植物中的含氮碱性化合物，大多数生物碱都具有毒性。毒性生物碱种类繁多，在植物性和草类食品中有双稠吡咯啶类生物碱、秋水仙碱等。秋水仙碱存在于鲜黄花菜中，本身对人体无毒，但在体内被氧化成氧化秋水仙碱后则有剧毒。致死量为 3 ～ 20mg/kg 体重。食用较多炒鲜黄花菜后数分钟至十几小时发病。主要为恶心、呕吐、腹痛、腹泻、头昏等。黄花菜干制后无毒。

④棉酚是一种重要的毒酚，主要存在于棉籽子叶的色素腺中，呈深褐红色，已知有十几种之多。棉酚能使人体组织红肿，体重减轻，影响生育力，棉酚对反刍动物无毒，对猪、鸡、兔等有毒。

（3）微生物毒素属细菌的代谢产物，种类很多，如白喉毒素是相对分子质量为 60000 的蛋白质，其毒性表现为抑制哺乳动物的细胞内的蛋白质合成；霍乱毒素，与小肠黏膜上的受体结合，不可逆激活膜上腺苷酸环化酶而导致分泌性腹泻；肉毒素，是肉毒杆菌产生的神经毒素，作用于神经肌肉接头，阻遏神经冲动的传递。微生物毒素有细菌毒素、霉菌毒素等。

①细菌毒素可分为外毒素和内毒素两大类。

外毒素是微生物在生命活动过程中释放或分泌到周围环境的代谢产物，是一种毒性单纯的蛋白质，易被分解破坏。产生外毒素的细菌主要是革兰氏阳性菌，如白喉杆菌、破伤风杆菌、肉毒杆菌和金黄色葡萄球菌。还有少数革兰氏阴性菌也能产生外毒素，如痢疾杆菌和霍乱弧菌等。外毒素的毒性很强。多数病原菌产生的外毒素为肠毒素（enterotoxin），其主要致病症状为呕吐和腹泻。肠毒素的作用范围非常广，可由多种细菌产生，特别是沙门氏菌、金黄色葡萄球菌、大肠杆菌引起的食物中毒非常普遍。肉毒毒素（botulinus toxin）是由肉毒梭菌产生的一种毒性很强的外毒素，为已知化学毒物和生物毒素中最强烈的一种。它是一种神经毒，主要侵犯中枢神经系统。一旦中毒难以康复，病死率高。溶血毒素是一种心脏毒，可由副溶血性弧菌、溶血性链球菌等病原菌产生。多源于海产品和凉拌菜，夏季发病率高，所以一定要保证这些食品的卫生。

内毒素是革兰氏阴性菌细胞壁外壁层上的特有结构，由多糖 O 抗原、核心多糖和类脂 A 组成复合体。其主要化学成分是类脂 A. 它是生物活性中心，也是“毒力中心”。细菌在生活状态时不释放内毒素，只有当细胞死亡自溶或黏附在其他细胞时才表现出毒性。内毒素的致病作用无特异性，即各种革兰氏阴性菌对人体引起基本相同的反应。少量内毒素可引起机体发热反应，大量内毒素进入血液可使血管透性改变，局部出血，颗粒性白细胞增多或减少和体重下降，严重时能导致休克，但毒性还是比外毒素小得多。内毒素存在于多种细菌内，如大肠杆菌、沙门氏菌、志贺氏菌等，引起各种食物中毒，对人体的健康十分有害。

②霉菌毒素是食物中除细菌性毒素外一类危害性很大的毒素。迄今发现的霉菌有

5100 属 45000 种，霉菌毒素不下百余种，它是霉菌的二次代谢产物。霉菌产毒只限于少数菌种中的个别菌株，产毒菌株的产毒能力也有可变性和易变性。一种菌种或菌株可以产生几种毒素，而同一霉菌毒素又可由几种霉菌产生。外界条件对霉菌产毒有显著影响，如食品的种类、环境和温湿度等。产毒霉菌是指已经发现具有产毒菌株的一些霉菌，如曲霉毒素、镰刀菌毒素、青霉毒素等。

黄曲霉毒素是由黄曲霉和寄生曲霉中少数几个菌株产生的肝毒性代谢物，这类霉菌的孢子分布极广，土壤中尤多，其中的黄曲霉毒素对狗的 LDs 值（半数致死量）为 0.5 ~ 1.0ng/kg 体重，其毒性和致癌作用主要在肝脏。一些肝癌多发病地区的调查结果表明肝癌是摄入黄曲霉毒素后引起的主要疾病。黄曲霉耐热，一般的烹调加工法均不能彻底破坏黄曲霉毒素，氢氧化钠可使黄曲霉毒素的内酯六元环形成相应的钠盐，溶于水，在水洗时可被洗去。因此植物油可采用碱炼脱毒，其钠盐加盐酸酸化后又可内酯化而重新闭环。

任何食品只要霉变就可能被黄曲霉毒素污染。黄曲霉毒素主要污染粮油及其制品，如花生、花生油、玉米、稻米、棉籽等，豆类一般不易受污染。食品在贮藏过程中要特别注意防霉。镰刀菌毒素主要是镰刀菌属和其他菌属霉菌所产生的有毒代谢物的总称，镰刀菌类是常见污染粮食与饲料的霉菌菌属之一，该类毒素主要药理效应是引起实验动物高雌激素症。

4. 食品中掺杂

食品中掺杂使食品。掺假是指向食品中非法掺入外观、物理性状或形态相似的非同种类物质的（人为）行为，掺入的假物质基本在外观上难以鉴别。如小麦粉中掺入滑石粉，味精中掺入食盐，油条中掺入洗衣粉，食醋中掺入游离矿酸等。

常见食品掺假的现象，可归纳为如下几个方面：

（1）往食品中掺入物理性状或形态相似的非同种食品物质，利用掺入物质价格低廉、获得价格高的食品，使食品的净含量增加，从而达到获利目的。例如，面粉中掺玉米粉，辣椒粉中掺胡萝卜粉，木耳中掺地耳，牛肉中掺马肉，香油中掺其他食用油，糯米中掺大米，牛奶中掺豆浆，茶叶中掺树叶等。

（2）向食品中掺入物理性状或形态相似的非食品物质，将食品进行伪装、粉饰是食品掺伪的另一特点。如辣椒粉中掺红砖粉，面粉中掺滑石粉、荧光粉，大料中掺莽草籽，酒中掺水，乳中掺三聚氰胺等。把劣质食品通过包装、加工粉饰后进行销售。如夸大某种食品的功效，用精美包装出售劣质食品，标明今年生产的月饼却使用已过期、变质的去年的月饼馅，经包装、加工后出售。

（3）食品的保质期一般很短，非法延长食品保质期是掺伪的又一特点。如国家已经规定食品添加剂的种类和最高使用限量。使用非食品防腐剂或超出食品添加剂最高限量都可以延长食品保质期，对人体造成较大损害。

（二）保证食品安全的措施与对策

食品安全问题最直接的影响就是严重威胁了消费者的健康安全和经济利益，同时引发人们对食品安全的信任危机，激发受害者与地方政府部门、生产企业的矛盾，从而导致社会的不稳定因素产生。因此，建立和完善食品安全保障体系迫在眉睫。

1.加强食品安全科学领域研究近年来，我国加大在食品安全科学研究方面的投入力度。进一步完善我国进出口食品安全监测与预警系统，该系统覆盖广东、福建等20个省份的检疫系统，为进出口食品安全进行科学分析和政府决策提供科学依据，大幅提升了我国食品安全研究领域的实力。多年来的科学实践已经证明，食品安全保障体系的建立，需要长期的积累，需要平时严格的监管，形成自己的传统和特色。

2.全面构建食品安全和质量监控体系食品安全和质量监控体系应涵盖一个国家所有食品的生产、加工、流通和市场行为，包括进口食品。监控体系涉及整个食品链，具有整体性、预防性和应对性，具体包括食品法规与标准、食品加工控制技术管理、市场监管、实验室、信息印迹、教育、交流和培训等，还应建立和完善食品污染与监测信息系统、食源性（化学性和生物性）疾病的预警与控制系统，尤其是开发有害、残留物质快速和标准化的检测技术研究，如近年来发展的基因芯片技术可显著提高食源性疾病的病原体检测和溯源能力，是有效控制生物性食源性疾病的关键技术。

3.制定食品安全法完善食品安全标准体系在健全食品质量安全法规方面，借鉴发达国家的成功经验的同时，应进一步完善现有的法律法规，2009年2月我国正式发布《食品安全法》，2015年4月发布新修订的《食品安全法》，并于2015年10月开始实施。新法进一步明确了食品安全监督管理体制及责任，进一步突出确立了以食品安全风险监测和评估为基础的科学管理体系，坚持预防为主，明确食品生产链中的农场、饲料生产供应商，农药化肥生产者和食品制造商、经营商等各自的责任，对加强食品安全生产链中各环节、横向范围的法律义务具有指导性意义。

在健全食品质量安全标准方面，要调整标准体系结构，加快食品安全标准的修订，建立食品安全标准制定程序。在风险性评估分析的基础上，进行食品安全标准的基础研究，积累食品安全标准的基础数据，加强标准体系构建研究，建立档案，实施标准化战略，全面改进清理食品标准之间的交叉、重复和矛盾问题，提高标准的科学性和合理性。

4.加强食品安全控制技术的风险性评估分析和研究风险性评估分析，作为WTO和国际食品法典委员会（CAC）强调的用于制定食品安全技术措施（法律、法规和标准及进出口食品的监督管理措施）的必要技术手段，也是评估食品安全技术措施有效性的重要手段。中国原有的食品安全技术措施与国际水平存在差距的重要原因之一，就是没有广泛地应用风险性评估分析技术进行化学性和生物危害性的暴露评估和定量危险性评估。中国《食品安全法》中突出强调应加强风险性评估科学方法研究，充分利用国际数据库、行业资源以及国际上公认的方法获得数据，建立适合中国国情的风险性评估分析的模式和方法。加强食品安全控制技术研究，在原料基地生产、加工配送、市场流通全过程中全面建立和推行良好农业规范（GAP）、良好兽医规范（GVP）、良好生产规范（GMP）

和风险性分析关键控制点（HACCP）等各种操作规范，结合中国国情制定覆盖各行业的HACCP指导原则和评价标准。食品生产企业要积极推广和采用HACCP及ISO22000、ISO14000等国际标准体系，实行从食品原料的种植养殖到食品生产和流通全过程的各种危险因素的控制和管理。

5.增强全民的食品安全意识，是解决食品安全问题的根本途径。之所以存在食品安全问题，除了对经济利益的追逐外，还有对食品安全认识不足的问题。因此，解决食品安全的另一有效方法就是要着力提高人民的经济文化水平。研究证明，一个国家的食品安全意识与其经济发展水平成正比。试想，一个食不果腹的人，怎么能够去重视食品的安全质量问题。同样，一个经济发展滞后的国家，它的食品安全意识在总体上也是落后的。因此，大力发展国民经济与公民的文化意识，对于解决食品安全问题也尤为重要。

第二节　食品安全检测技术研究进展

近年来，经过我国食品安全检验技术领域科研人员的努力，尤其在食品安全关键检测技术专项研究中，我国在农药残留检测技术、兽药残留检测技术、重要有机污染物的痕量与超痕量检测技术、食品添加剂与违禁化学品检验方法、生物毒素控制检测技术、食品中重要人畜疾病病原体检测技术等方面的研究取得了重大进展。目前应用于食品安全方面的检测技术主要可归纳为仪器分析方法、现代分子生物学方法、免疫学方法，这些检测技术广泛应用于食品安全监测的各个领域。

一、仪器分析方法

仪器分析方法中的色谱法已经广泛应用于各种物质的分离与检测，尤其以高效液相色谱（HPLC）技术的应用最为普遍。将样品注入相应色谱柱中，样品利用固定相及流动相间的化学、物理作用达到分离目的，实现对多组分混合物的分离。色谱法在食品行业中常用于食品添加剂、农药残留和生物毒素的分析检测，具有灵敏度高、操作简便、结果准确可靠、重现性好且成本较低的优势。如抗生素检测的传统方法多采用微生物法，该法灵敏度较低、耗时较长，一次只能检测一种抗生素。因此，目前多种抗生素检测多采用高效液相色谱法。20世纪80年代后期，固相萃取微型柱的出现，引起了一场净化技术的革命。它具有高效、简便、快速、安全、重复性好、便于前处理及操作自动化的优点。最近几年出现的微固相萃取新技术，是利用一支有效长度1cm，直径为170μm的熔融石英纤维，在石英纤维表面上涂有吸附剂或固定相，将此萃取石英纤维直接放入含有萃取物的水样或顶空中，使其平衡2～30min，然后就可以直接进样，大幅提升了液相色谱技术的检测灵敏度。

二、现代分子生物学方法

（1)核酸探针检测技术。核酸探针技术是目前分子生物学中应用最广泛的技术之一，是定量检测特异 RNA 或 DNA 序列的有力工具。核酸探针可用于检测任何特定的病原微生物，并能鉴别密切相关的菌株，因此可广泛应用于进出口动物性食品的检验，包括沙门氏菌、弯杆菌、轮状病毒、狂犬病毒等多种病原体。

核酸探针是指带有标记物的已知序列的核酸片段，它能和与其互补的核酸序列杂交，形成双链，所以可用于待测核酸样品中特定基因序列的检测。每一种病原体都有独特的核酸片段，通过分离和标记这些片段就可制备出探针，可广泛用于疾病的诊断及食品安全检测等研究。该技术不仅具有特异性、灵敏度高的优点，而且兼备组织化学染色的可见性和定位性。

近年来 DNA 探针杂交技术在微生物检测中的应用研究十分活跃，非放射性基因探针、DNA 生物传感器探针（如硅包磁性纳米探针、拉曼增强金纳米探针）等技术均获得了重要进展，目前已可以用 DNA 探针检测食品中的大肠杆菌、沙门氏菌、志贺氏菌、耶希氏菌、李斯特菌、金黄色葡萄球菌等。但核酸探针技术在实际应用中仍存在一些问题，如具有放射性同位素标记的核酸探针有半衰期短、操作技术复杂、费用高等缺点，所以多作为实验室诊断手段。

（2）基因芯片检测技术。基因芯片是指采用原位合成或显微打印手段，将数以万计的核酸探针固化于支持物表面，与标记的样品进行杂交，通过检测杂交信号实现对样品快速、并行、高效的检测。基因芯片因其信息量大、操作简单、可靠性好、重复性强以及可以反复利用等诸多特点，在食品安全快速检测中，特别适用于鉴别食品中有害微生物和转基因成分分析。

三、酶联免疫吸附技术（ELISA）

酶联免疫吸附技术（ELISA）是把抗原或抗体在不损坏其免疫活性的条件下预先结合到某种固相载体表面，受检样品（含待测抗体或抗原）和酶标抗原或抗体按一定程序与结合在固相载体上的抗原或抗体起反应形成抗原或抗体复合物，反应终止时，固相载体上酶标抗原或抗体被结合量（免疫复合物）即与标本中待检抗体或抗原的量成一定比例，经洗涤去除反应液中其他物质，加入酶反应底物后，底物即被固相载体上的酶催化变为有色产物，最后通过定性和定量分析有色产物量即可确定样品中待测物质及其含量。

酶联免疫分析（ELISA）可应用于食品微生物、食品毒素、残留农药、食品中其他成分以及转基因食品的检测，在未来的食品检测中，ELISA 将成为一种很重要的检测技术手段。

（1）在农药残留方面的检测应用。通常农药残留检测多采用气相色谱法和高效液相色谱法，由于仪器设备昂贵、样品前处理复杂、分析时间长，不适合现场快速检测及广泛应用。农药的免疫检测技术发展，为这一领域开辟了一条崭新途径。自 1983 年以来，

ELISA 已成为许多国际权威分析机构（如 AOAC）分析残留农药的首选方法。有些发达国家，如美国、德国已开发出商品检测试剂盒应用于食品、蔬菜和环境中的农药残留的检测分析，迄今为止，应用ELISA检测食品中的残留农药主要是除草剂、杀菌剂和杀虫剂。

（2）在兽药残留方面的检测应用。为了促进动物生长，预防动物的各种传染病、寄生虫病的发生，越来越多的激素类兽药、抗菌药、抗寄生虫药，常常被用作饲料添加剂，以小剂量长期喂养禽畜水产等动物，导致肉类食品中的兽药残留超标现象日益严重。现在国际上比较重视食品中的残留药物，如抗生素、磺胺类、呋喃类、喹诺酮类、激素类和转基因类药物的监管及控制水平。而 ELISA 分析技术的快速、灵敏、便捷优势在兽药残留检测中发挥其特殊作用。

（3）在食品微生物方面的检测应用。常规的微生物学检验通常以分离培养、生化试验及血清学试验来进行判断，不仅需要大量的手工劳动，而且检验周期长（3 ~ 7d）。应用 ELISA 法检测粪样、奶样，其敏感性和特异性分别高达 100 和 97.6，该法不受各种样品成分的影响，而且在 2 ~ 3d 内即可完成样品筛选。现已发现有些细菌，如副溶血性弧菌、幽门螺杆菌、大肠杆菌等在低温贫营养的条件下，可以进入“活的非可培养状态”，在适当状态下还可以复苏，仍具有致病力，常规的培养法无法检测到处于这种状态的细菌，造成漏检，ELISA 在这方面具有特殊的优势和潜力。

（4）在食品中转基因成分的检测应用。根据《中华人民共和国食品卫生法》给出的转基因食品定义是指利用基因工程技术改变基因组构成的动物、植物和微生物生产的食品和食品添加剂。全球转基因作物品种达到 100 多种，由转基因作物生产加工的转基因食品达 4000 多种，目前全球转基因产品产量及比例较大的主要有大豆、棉花、玉米、油菜、木瓜、水稻等，大部分已获商品化种植许可。

转基因食品的安全性是近年来有关食品安全性研讨的热点，由于其安全性还在争议之中，许多国家都有严格的法规来管理转基因食品。其中有一条规定就是要求在转基因食品包装上贴上标签规范标识，让消费者有知情权，这就需要对转基因食品进行检测。目前，检测转基因食品的方法主要是 ELISA 法。ELISA 技术虽然只有短短几十年，但因其简便、快速、灵敏、微量化等诸多优点，展示了其广阔的发展前景。国内外有多家公司制作了大量的 ELISA 商业试剂盒，可供作相应项目的检测。但 ELISA 法要成为食品安全检验的标准方法还有一定距离。如改进样品的纯化步骤、提高回收率、灵敏度；在减少基底干扰、提高重现性和稳定性方面；在简化分析程序、降低分析成本方面；在试剂、操作规程的标准化等方面都有待于进一步摸索。

（一）现代高新技术在食品安全检测技术领域发展应用

现代科学技术的飞速发展，必然带来分析仪器的更新和分析技术的进步。近年来分析仪器的发展包括两个方面：一是硬件，即仪器本身的质量和技术评价；二是软件，即计算机技术在分析仪器中的应用。从 1998 年的匹兹堡会议以来，涉及食品安全分析仪器的技术发展趋势有以下特点。

（1）大量采用高新技术，仪器性能不断改善，新方法\新技术不断涌现。如采用脉冲式火焰把硫、磷分子组分的发射与火焰本身的连续背景分开，从而大大改进信噪比，使检测器的灵敏度得到很大提升。色谱分析样品前处理采用固相微萃取，并辅助光纤流动池、芯片技术、纳米技术及激光蒸发光散射检测器用于多聚物检测，为食品安全领域中鉴别分析特殊复杂化合物提供更加快速、便捷、有效的检测手段。

（2）仪器的微型化、自动化与智能化发展。采用集成度高的计算机自动化技术，开发特殊智能软件技术提高仪器性能，使仪器趋于小型化，价格成本低廉化，如便携式气相色谱仪、芯片实验室装置、微型质谱仪等产品市场化应用。

（3）分析仪器中的仿生技术发展。20 世纪分析仪器技术的发展可以概括为 50 年代仪器化、60 年代电子化、70 年代计算机化、80 年代智能化、90 年代信息化。21 世纪将是仿生技术进一步智能化发展阶段。分析仪器的核心是信号传感及灵敏度的提升。化学传感器逐渐发展小型化、具有仿生特征。如生物芯片、化学和物理芯片、嗅觉（电子鼻）、味觉（电子舌）、鲜度和食品检测传感器等发展应用。目前生物传感器发展有：酶传感器、组织传感器、微生物传感器、免疫传感器、场效应（FET）生物传感器等，其原理都是基于电化学、光学、热学等构成。其探头均由两个主要部分组成：一是对被测定物质（底物）具有高选择性的分子识别能力的膜所构成的“感受器”；二是能把膜上进行的生物化学反应中消耗或生成的化学物质或产生的光和热转变为电信号的“换能器”，所得的信号经电子技术处理，即可在仪器上显示和记录下来。

（4）多维数硬件技术及多维软件数据采集处理技术发展。光谱仪器的维数是指光谱仪器的各个系统都可配有不同组件，这些组件可以串联，也可以并联，并联时可任意选用。如原子光谱进样系统，可同机配有气溶胶引入、色谱仪、激光烧蚀等组件；如 AES 仪器中的激发光源系统，可同机配有 ICP、MWP、GD、电弧火花等供选用；分光系统可配凹面光栅、中阶梯光栅等；数据采集处理可采用阵列技术、CCD 技术等实现多维信息处理。现代仪器分析技术要想突出快速、灵敏、准确，就要大信息量采集、多维数据实时控制，才能更加有效实现这一目标。

（5）各种联用技术发展应用。分析仪器原理不同、功能不同、结果也不同。如色谱类仪器有较高分离能力，但无定性鉴别能力；红外、核磁、质谱等有极高定性鉴别能力，无分离能力。二者联用，互为补充，相辅相成，各显神通，可谓完善。质谱技术与色谱技术联用发展非常快，LC-MS 接口已从传送带式发展成热喷雾式、等离子体喷雾式及粒子束等接口技术。稳定同位素质谱（IRMS）与气相色谱的联用仪，极大地扩展 IRMS 的应用领域。近年来国外很多公司先后推出各种商品仪器，如 GC-IR-MS（气相色谱－红外－质谱）、GC-MES（气相色谱－微波等离子体发射光谱）、GC-MS-FTIR（气相色谱－质谱－傅里叶变换红外光谱）、SFC-NMR（超临界流体色谱－核磁共振波谱）等。

二、食品安全领域重要有害物质分析技术进展

1. 农药残留检测技术研究进展

近年来，农药残留检测技术得到了很大的发展，尤其是样品提取分离技术发展很快，主要技术包括微波萃取、超临界提取、固相萃取以及加热溶剂萃取等，这些新技术的出现使得提取液中的杂质少、分离效率好、提取目标物得率高、试剂消耗少，操作简便，检测灵敏度明显提高。

（1）国内农药、兽药残留检测技术研究进展。我国从 20 世纪 90 年代初开始研究和利用多残留分析方法，并相继出台了一系列国家标准。如食品安全国家标准《食品中有机氯农药多组分残留量的测定》》(GB/T5009.19-2008)、《动物性食品中 13 种磺胺类药物多残留的测定高效液相色谱法》(GB 29694-2013) 等。

我国目前农药多残留分析大多是利用一根色谱柱或一块薄层板将一组农药进行分离和分析。常用的载体有 Chromosorb、Gaschrom 系列等。常用的固定液有 OV-17、OV-101、OV-225、OV-210、SE-30、SE-54、DC-200、Carbowax-20M、QF-1 等。有机氯、菊酯类农药的多残留分析多使用气相色谱电子捕获检测器测定；有机磷农药的多残留分析，多使用气相色谱火焰光度检测器或氮磷检测器测定；均三氮苯类、取代脲类除草剂和灭幼脲类杀虫剂使用高效液相色谱法紫外检测器测定；氨基甲酸酯类农药的多残留分析采用气谱法氮磷检测器测定，或使用液相色谱柱后衍生化荧光检测器测定。

我国研制的食品安全监测车，成功实现了食品安全现场执法从经验型向技术型的转变。无论是在农贸市场、超市，还是田间和养殖场等监测车都能随时到达，2h 可以检测多个农药残留测试样品，为我国食品的源头生产、流通、消费等环节的监控提供了快捷、方便和可靠的技术手段。我国近年来还成功研制开发出具有自主知识产权的固体酶抑制技术、酶联免疫法、胶体金免疫法等农、兽药残留快速检测试纸条、速测卡、试剂盒，研究建立了粮谷、茶叶、果蔬、果汁等农产品中农药多残留检测和确证方法，如多种有机氯、有机磷、氨基甲酸酯、有机杂环类农药残留量检测方法；敌草快、甲草胺、敌菌灵、灭蝇胺农药等单残留检测方法，并起草和编制了国家标准文本草案和标准操作程序（SOP）。上述检测方法的准确度、精密度、专属性等符合国际通用的残留分析的要求，检测方法的测定低限完全满足国内外最高残留限量（MRL）的要求；与现行方法相比，整个检验周期缩短 50% 以上，检测成本降低 60% 以上，总体达到国际同类方法的先进水平。针对农药多残留检测和确证方法相关研究中，我国还研制开发出了 ASPE 自动固相萃取仪、自动凝胶色谱净化仪和酶抑制法速测仪等农药残留检测的前处理设备和快速检测设备等。其中，部分仪器具有我国自主知识产权，并已投入商业化生产，可替代国外同类产品，节约成本 50% 以上，其产品性能、技术指标等方面均达到国内或国际同类产品先进水平。

在兽药残留检测技术方面，主要开展多残留仪器分析和验证方法的研究。完成了包括 β 兴奋剂、激素、磺胺类、四环素类、氯霉素类、硝基呋喃类、β 内酰胺等、苯并咪唑类、阿维菌类、喹诺酮类、硝基咪唑类、氨基糖苷类、氨基硫脲类等十几项药物的检测研究。完成了新型综合微量样品处理仪、超临界流体萃取在线富集及离线净化装置、高效快速浓缩仪、便携式酶标仪的研制。

另外，根据表面等离子体谐振分析原理，在微流控芯片上成功实现了对兽药盐酸克伦特罗和农药甲基对硫磷为小分子的免疫传感检测技术。该检测方法不需标记物，试剂消耗少，检测周期短，具有特异性强、稳定性好和灵敏度高等优点，是色谱—质谱分析方法的重要补充。

（2）国外农药、兽药残留检测技术研究进展。国际上已有相当成熟的多组分农药残留的检测技术，例如美国环境标准法（EPA），采用单一溶剂萃取，用固相萃取柱提取氨基甲酸酯类，再用多极性毛细管柱进行分离；用多选择性检测器的气相色谱（GC）分析方法检测有机磷类，再将残留分为有机磷类、有机卤素和有机卤素农残，同时使用高效液相色谱法柱后衍生、荧光检测技术检测氨基甲酸酯类农残，一次可检测 160 种以上农药残留。

英国中央科学院实验室（CSL）研发了 104 种农药残留量同时检测的方法。德国科学研究协会研发了 320 种农药残留的多残留检测方法。美国 FDA 农药分析手册（FAM）的多残留方法可检测 300 多种农药。美国 CDFA 和荷兰卫生部都有很好的农药多残留同时检测的方法和系统分析方法，这些方法既可以用于定量，又可以进行确证。美国、日本、巴西、印度等 10 多个国家，运用酶抑制剂、酶联免疫、放射免疫等技术开展了对农产品中有毒物质残留的生物技术监测研究，检测水产品、肉类产品、果蔬产品中农药残留量。英国研制的通用型有机磷杀虫剂免疫检验盒可以对一些样品中 8 种以上的有机磷农药同时检测。

2. 持久性有机污染物检测技术研究进展

由于持久性有机污染物和环境激素类物质在环境介质中的含量少，难于检测分析，但对持久性有机污染物的研究始终作为重要内容进行探讨，目前样品处理技术发展较快的有：固相萃取（SPE）、固相微萃取（SPME）、支载液体膜萃取（SLM）、微波萃取（MAE）、超临界流体萃取（SFE）等。环境水样中的 PAHS 等污染物就可用免疫亲和固相萃取进行处理，而环境中的多氯联苯、二噁英、酚类、苯二甲酸酯类、有机磷杀虫剂、有机氯杀虫剂等也可用固相萃取的方法进行样品前处理。

至于持久性有机污染物和内分泌干扰物的检测及处理虽然存在一定的难度，但相应技术开发已有了一定的进展。目前，主要检测方法有：气相色谱 - 质谱联用技术、高效液相色谱 - 质谱联用技术等。在重要有机污染物的痕量与超痕量检测技术方面，完成了二噁英、多氯联苯和氯丙醇的痕量与超痕量检测技术的研究，建立了 12 种具有二噁英活性共平面 PCBs 单体同位素稀释高分辨质谱方法，建立了以稳定性同位素稀释技术同时测定食品中氯丙醇方法，建立了食品中丙烯酰胺、有机锡、六氯苯的检测技术。

3. 食品添加剂、饲料添加剂与违禁化学品检测技术研究进展

在食品添加剂、饲料添加剂与违禁化学品检验技术方面，开展了纽甜、三氯蔗糖、

防腐剂的快速检测技术研究，番茄红色素、辣椒红色素、甜菜红色素、红花色素、虾青素、白梨芦醇等检测方法研究，建立了阿力甜、姜黄素、保健食品中的红景天苷、十几种脂肪酸测定方法，番茄红素和叶黄素、红曲发酵产物中迈克劳林开环结构与闭环结构的定量分析方法，食品（焦糖色素、酱油）中 4- 甲基咪唑含量的毛细管气相色谱分析方法，芬氟拉明、杂氟拉明、杂醇油快速检验方法，磷化物快速检验方法等。

4. 生物毒素检测技术研究进展

在生物毒素检测技术方面，完成了真菌毒素、藻类毒素、贝类毒素 ELISA 试剂盒和检测方法，建立了果汁中展青霉素的高效液相色谱检测方法。在食品中重要人畜共患疾病病原体检测技术方面，建立了水疱性口炎病毒、口蹄疫病毒、猪瘟病毒、猪水疱病毒的实时荧光定量 PCR 检测技术，建立了从猪肉样品中分离伪狂犬病毒和口蹄疫病毒的方法和程序。

5. 重金属检测技术研究进展

当前食品中重金属元素分析较为先进的方法以光谱分析为主，如原子吸收光谱法（AAS）、电感耦合等离子体原子发射光谱法（ICP）、原子荧光法（AFS）、ICP–MS 联用、流动注射 – 原子吸收（原子发射、原子荧光）法联用等。近几年来高效液相色谱法（HPLC）在无机分析中的应用研究取得了快速发展，其最大优点是可以直接分离、简单快速，另外固定相和流动相种类多，可供选择的参数多，可使不同化学形态的金属元素、金属络合物得到更好的分离，测定结果准确、选择性高。

第三节　食品安全检测技术标准与管理

如何衡量一种食品是否安全，不安全食品的危害在哪里，什么情况下它会对人体造成危害，应采取什么有效措施进行控制，诸如此类的问题必须依赖于检测技术和科技手段进行评价，因此，食品安全与检测技术是密不可分的。然而，目前食品安全检测技术可谓五花八门，既有传统的化学分析方法，也有新兴的仪器分析方法；既有确定是否含有某种物质的定性检测方法，也有确定某种物质具体含量的定量检测方法；既有几小时甚至几分钟就可得出结果的快速检测方法，也有需要几天甚至更长时间的速度较慢的检测方法。对于同一个样品而言，采用不同的检测方法，可能得到不同的结果，而不同的检测方法，适用的样品和条件也各有不同。在检测方法如此繁多的情况下，如果没有统一的标准对其进行规定，势必会造成检测结果的混乱，从而使食品安全检测失去意义。因此，制定食品安全检测技术的标准，便于规范管理，具有重要意义。

目前世界上一些发达国家已建立了较为完善的国家食品质量安全保障体系，主要内容包括法律法规体系、标准体系、检测检验体系、监督管理体系、认证体系、技术支撑体系和信息服务体系等，各体系之间互相协调，有机结合。其中标准体系和检测检验体系是作为技术性支持，而监督管理体系则是管理性支持，这三者相辅相成，缺一不可。美国、加拿大、欧盟等发达国家的实践证明，他们的国民之所以能享受到安全、卫生的食品供应，食品企业间具有强大的竞争力，政府监管有力，其根源在于拥有先进的食品质量安全标准体系和检测体系以及完善的监督管理体系。

我国也在积极地建立国家食品质量安全控制体系，并不断进行探索和研究，因此，有效地运用国际通用规则来行使权利和义务，从而减轻因加入 WTO 对我国食品产业可能带来的负面影响，深入研究国外发达国家的食品安全质量监督管理体系，学习和借鉴先进做法和经验，对建立和完善我国的食品质量安全监督管理体系，提高我国食品在国际市场的竞争力，具有重大的现实意义。

一、国内外主要食品安全检测技术标准对比及要求

国外的食品安全检测技术标准主要包括国际标准和各国自身制定的标准，根据各国的国情不同，标准体系的结构和具体内容也各有不同。国际上制定有关食品安全检测方法标准的组织有国际食品法典委员会（CAC）、国际标准化组织（ISO）、美国分析化学家协会（AOAC）、国际兽疫局（OIE）等。其中，由国际食品法典委员会（CAC）和美国分析化学家学会（AOAC）制定的标准具有较高的权威性。

CAC 制定的食品安全通用标准，有污染物分析通用方法、农药残留分析的推荐方法、预包装食品取样方案、分析和取样推荐性方法、用化学物质降低食品源头污染的导向法、果汁和相关产品的分析和取样方法、涉及食品进出口管理检验的实验室能力评估、鱼和贝类的实验室感官评定、测定符合最高农药残留限量时的取样方法、分析方法中回复信息的应用（IUPAC 参考方法）、食品添加剂纳入量的抽样评估导则、食品中使用植物蛋白制品的通用导则、乳过氧化酶系保藏鲜奶的导则等。通则性食品安全标准是建立专用分析标准方法及指导使用分析方法的基础和依据。建立这样的综合标准对于标准体系的简化和标准的应用十分方便。

ISO 发布的标准很多，其中与食品安全有关的仅占一小部分。ISO 发布的与食品安全有关的综合标准多数是由 TC34/SC9 发布的，主要是病原食品微生物的检验标准，包括食品和饲料微生物检验通则、用于微生物检验的食品和饲料试验样品的制备规则、实验室制备培养基质量保证通则，食品和饲料中大肠杆菌、沙门氏菌、金黄色葡萄球菌、荚膜梭菌、酵母和霉菌、弯曲杆菌、耶尔森氏菌、李斯特氏菌、假单胞菌、硫降解细菌、嗜温乳酸菌、嗜冷微生物等病原菌的计数和培养技术规程，病原微生物的聚合酶链式反应的定性测定方法等。可以看出，随着食品微生物学研究的深入及分子生物技术的发展，ISO 制定的食品病原微生物的检验标准方法在不断更新。

目前，我国已经初步建立起了一套食品安全检测技术标准体系，其中既有国家标准，也有行业标准和地方标准。这些标准主要规定了食品中某些特定物质的测定方法，这些特定物质包括食品中对人体有害的物质，如农药、兽药残留、致病微生物、微生物及真

菌毒素、重金属等，也包括食品中的某些组成成分如果汁含量、钙含量等。根据标准的效力，这些标准可以分为强制性标准和推荐性标准两大类。

在实际的检测工作中，由于受到各种条件的制约，并不可能对所有的样品都采用标准规定的方法进行检测。为了要兼顾检测机构的实验条件，许多标准给出了两种或两种以上的检测方法。此外，不同部门制定的标准还存在着对于同一种物质可能有不同的检测方法的现象，因此，由于检测方法不同而造成的检测结果差异可能会引来纠纷。为解决这一问题，在遇到对检验结果存在争议情况时，必须要有一个仲裁方法，即最终依据仲裁方法测得的结果为准。在实际工作中，通常都以国家标准方法为仲裁方法，对于国家标准中规定了两种以上检测方法的，一般都会明确说明其中的某一种方法为仲裁方法，没有明确说明的，则以第一种方法为仲裁方法。

我国虽然制定了一批食品安全检测方法标准，但某些标准技术水平比较落后，而且比较分散，缺乏系统性，对标准的应用和实施带来一定的障碍。例如我国食源性疾病的鉴定仍然停留在病原菌培养、血清抗体检测和生化特性比较水平上，PCR 技术及预测微生物学应用还很少；农药、兽药的多残留检验方法不足，方法的灵敏度、准确度、特异性等方面有待提高。我国食品安全检测技术标准体系与国外相比存在的不足主要表现在以下几个方面：

1. 标准体系中存在很多空白

由于重视程度不够、标准制定时缺乏预见性，造成了多种物质检测方法标准的缺失或滞后。例如，在 2005 年曾轰动一时的“苏丹红事件”刚刚发生时，我国并没有制定对于苏丹红检测方法的标准，如前几年出现的面粉中硼砂事件也因为没有针对目标物进行检测的标准方法，而是在事件发生后才紧急出台，并制定出相关的检测标准。在《食品添加剂使用限量卫生标准》中，许多食品添加剂只有使用的范围和限量，却没有检测方法标准。检测方法标准的缺失和滞后，使得我国的食品安全检测技术标准体系存在有很多空白，从而带来了行政执法和检验机构在面对一些实际问题时无法可依，使一些不法生产者有机可乘，并造成了许多食品质量安全隐患。与我国相比，国外一些发达国家的食品安全检测技术标准体系则完善得多，在这些标准体系中，对于食品中使用的添加剂以及食品中存在的有害物质等，除了有相关的限量标准之外，还都配套有较为成熟的检测技术标准。

2. 标准体系得不到及时更新

标准陈旧也是我国食品安全检测技术标准体系存在的主要问题之一，近年来，随着现代分析技术特别是仪器分析技术的迅猛发展，许多快捷、高效的检测方法不断问世，然而，我国的检测技术标准却并没能很好地跟上科学技术的发展步伐。在现有的食品安全检测技术标准体系中，有相当一部分标准的标龄已超过 10 年，其中还有不少标准甚至是制定于 20 世纪 80 年代，标龄在 20 年以上。我国食品检测技术标准体系的陈旧，在很大程度上限制了新技术和新方法在食品检测中的应用，导致我国食品检测技术在深度、广度和响应速度等方面均落后于国际水平。与国内情况形成鲜明对比的是，国外的食品安全检测技术标准体系更新速度很快，这也推动了国外检测技术的发展，从而使得国外的食品检测技术越来越高，仪器精度越来越高，凭借检测标准优势设置的技术壁垒也越来越多，使得不少食品因为我国检测技术标准落后，在国内检测合格而国际检测不合格，因而使我国食品出口贸易处于被动地位。前些年发生的出口欧盟水产品氯霉素超标情况，主要原因就是欧洲检测标准严格，我们的限量值超过他们很多倍。像奶粉中碳水化合物指标，欧美都要求明确标示，而国内检测指标没有这个项目，从而直接导致我国奶粉出口困难。

3. 标准体系比较混乱

在我国现行的食品安全检测技术标准体系中，除了有国家标准之外，还包括行业标准和地方标准等，由于涉及部门众多，且各部门间缺乏有效的沟通协调和信息共享渠道，使得标准之间存在不一致甚至是相互矛盾的规定，导致了我国的食品安全检测技术标准体系比较混乱。而这一点，也是我国食品安全检测技术标准体系与国外相比，存在的主要差距之一。

综上所述，我国的食品安全检测技术标准体系已经初步形成，但还不完善，特别是与国外相比存在着不少的差距。这些问题不仅为加强监督执法，保障我国食品质量安全造成了障碍，也使得我国生产的食品在国际贸易中容易受到别国贸易壁垒的影响，使得我们在激烈的国际市场竞争中处于被动地位。因此，加快解决我国食品安全检测技术标准体系中存在的种种不足，进一步完善我国食品安全检测技术标准体系，对于加强我国食品标准化建设，保障食品质量安全，提高食品类产品的国际竞争力，具有十分重要的深远意义。

二、国内外重要食品安全检测技术管理机构

国外的食品安全检测技术管理机构中比较重要的包括国际标准化委员会（ISO），联合国粮农组织（FAO）和世界卫生组织（WHO）共同组建起来的国际食品法典委员会（CAC），美国食品药品监督管理局（FDA）和欧盟标准化委员会（CEN）等，这些管理机构，在国际上都有很高的知名度和信用度。

美国的食品被认为是世界上最安全的食品之一，这主要归功于美国政府实行的政府机构联合监管制度，在各个层次（地方、州和全国）监督食品的生产与流通。美国涉及食品监督管理的机构非常复杂，主要的机构达 20 个之多。细分起来，卫生部有 5 个，农业部有 9 个，环保局有 3 个，还有商务部、国防部和海军各 1 个。而其中最主要的有美国联邦卫生与人类服务部（DHHS）所属的食品与药品监督管理局（FDA）、美国农业部（USDA）所属的食品安全检验局（FSIS）、动植物卫生检验局（APHIS）以及联邦环境保护署（EPA）。美国宪法规定了三大政府部门执法立法和司法的职责，三者都有助于巩固国家食品质量安全系统。行政部门是执法机构，议会是立法部门，负责制定法令以保证食品供应的安全性。批准执行机构去实施法令，当强制性法案、法规或者政

策引起争端的时，司法部门负责实施公正的裁决。美国法律、法令和美国总统行政命令都建立了一系列的程序，保证了法规能以一种透明的交互式的方式公开执行。联邦政府、州政府和地方政府在控制食品质量安全和食品加工设备方面起着补充互助的作用。食品机构中有资深的科学家和公共健康专家互相合作，努力保证美国食品的安全性。协调者定期咨询政府以外的科学家以获得更多关于科技方法过程和分析技术的最前沿信息建议，因此美国公众对食品质量安全体系充满了信心。

美国食品质量安全体系的特点是三个部门权力相互分离与制约，具有透明性、制订决议的科学性以及公众参与性。这个体系遵循以下原则：

（1）只有安全卫生的食品才可以在市场上销售；

（2）在食品质量安全方面的协调决策是建立在科学基础上的；

（3）政府有强制责任；

（4）希望厂商、销售商、进口商及其他的人都要遵守法规、标准，如果他们不遵守就要对此负责；

（5）协调过程对公众是透明的并且是可以接近的。

科学和风险分析是制定美国食品质量安全政策的基础。在美国食品质量安全的法令、法规和政策制定过程中应用了预防方法。

在我国，2015 年以前最重要的食品安全检测技术实施管理机构是国家市场监督管理总局，市场监督管理总局下设国家标准化委员会和国家认证认可监督管理委员会两个副部级直属单位，分别负责对检测技术标准的执行和检测技术的使用，即对检测机构进行监督管理。其中国家标准化委员会负责国家的标准化建设工作，包括国家标准的制定、颁布和修订等。而国家认证认可监督管理委员会则负责对检测机构的仪器设备、环境条件等进行评估，只有经过其授权的检验机构，才可以出具具有法律效力的检测报告。除了市场监督管理总局以外，食品药品监督管理总局、国家卫生健康委员会、农业农村部、国家生态环境部等部委的有关部门以及省市地方政府，也有制定检测技术标准的权利，因此也属于食品安全检测技术的管理机构，监管主体除上述部门外，还涉及市场监督管理总局、商务部、海关总署等，国务院根据各部委职能特点，按照食品从生产到销售的不同阶段由不同的部门负责。新实施的《食品安全法》重新明确国家食品药品监督管理总局作为主体主管食品生产、经营、流通的监管职责范围，食品安全标准制定、发布及风险评估由国家卫生健康委员会负责；种植和养殖安全问题的源头控制由农业农村部协助做好相应工作；各部门涉及食品安全方面的信息技术有责任及义务协助国家食品安全主管部门统一并保障做好这项工作，这种监管体制明确、统一管理的模式，避免和改善了从前多部门监管不力，导致出现的食品安全监管环节的工作无效化，甚至做无用功的被动局面。

第二章　引发食品安全的外界因素

第一节　环境污染引发的食品安全

环境污染可以使环境中的物质组成发生改变，而且环境污染物可通过大气、水体、土壤和食物链等多种途径对人体产生影响，从而造成人体的危害，甚至产生由环境污染而引起的食品安全问题。食品作为环境中物质、能量交换的产物，其生产、加工、储存、分配和制作都是在开放的系统中完成的。那么，在食品的整个生命周期链中，都可能出现因环境污染因素而导致的食品不安全情况。

随着工业化发展带来的环境污染日趋严重，越来越多的有毒有害物质进入食品而使食品的营养价值和质量降低，从而对人体产生不同程度的危害。环境中能够对食品安全造成影响的污染物是多种多样的，它们主要来源于工业、采矿、能源、交通、城市排污及农业生产，并通过大气、水体、土壤及食物链，进而危及人类饮食安全。

一、外来物污染

食品在生产、储存、运输、销售过程中，由于存在管理上的漏洞，使食品受到外来物体的污染。

（一）常见的外来物的类型和来源

①由于疏忽，来自田地的物质，如石头、金属、原材料，以及果蔬中不受欢迎的物质（如刺和木屑）、泥土或蛾虫。

②来自加工或储存不当的物质，如骨头、玻璃、金属、木屑、螺钉帽、螺钉、煤渣、

布料、油漆碎片、铁锈等。

③各种来源的磷酸铵镁和其他这类物质。磷酸铵镁是氨基化合物，质地坚硬，在罐装的含蛋白质的水产品中形成晶体物质。

④食品掺杂掺假，掺杂物众多，如粮食中掺入的砂石，肉中注的水，牛奶中加入的米汤、牛尿，奶粉中掺入大量的糖。另外，还有员工的有意破坏。

（二）食品外来物污染的预防

食品外来物污染的预防主要从以下方面着手；

第一，加强食品生产、储存、运输、销售过程的监督管理。食品的生产、加工和销售企业应执行食品良好农业操作规范（GAP）、食品良好生产规范（GMP），并建立和实施危害分析关键控制点（HACCP）体系。

第二，制定食品卫生标准时，尽可能规定食品外来物的限量指标。

第三，提高食品的生产和加工技术，尽量采用先进的生产和加工工艺设备与技术。

二、大气、土壤、水体污染

（一）大气污染

大气污染物的种类很多，主要来自矿物燃料燃烧（如煤和石油等）和工业生产。前者产生 SO_2、氮氧化物、碳氧化物、碳氢化合物和烟尘等；后者随所用原料和工艺不同而排出不同的有害气体和固体物质（粉尘），常见的有氟化物和各种金属及其化合物。这些大气污染物可以直接被人和动植物吸收，也可通过沉降和降水而污染水体与土壤。

（二）土壤污染

造成土壤污染的主要原因是施肥、施用农药、用污水灌溉、在地面上堆放废物，以及大气中的污染物沉降到土壤中等。当进入土壤的污染物不断增加，致使土壤结构严重破坏，土壤微生物和小动物会减少或死亡，这时农作物的产量明显降低，收获的作物体内毒物残留量很高，从而影响食用安全。

（三）水体污染

水体污染引起的食品安全问题，主要是通过污水中的有害物质在动植物中累积而造成的。水体污染物对陆生生物的影响主要通过污水灌溉的方式造成。污水灌溉可以使污染物通过植物的根系吸收，向地上部分以及果实中转移，使有害物质在作物中累积，同时有害物质也可直接进入生活在水中的水生动物体内并蓄积。

三、放射性污染

放射性物质的使用和医疗、科学实验的放射性废物排放，以及意外事故中放射性核素的渗漏，均可通过食物链环节污染食物。特别是鱼类等产品对某些放射性核素有很强的富集作用，以致超过安全限量造成对人体健康的危害。

核素是具有确定质子数和中子数的一类原子或原子核。质子数相同而中子数不同者称为同位素。能放出射线的核素称为放射性核素或放射性同位素。放射性核素释放出能使物质发生电离的射线叫作电离辐射。

由于放射性核素与其稳定性核素都具有相同的化学性质，都可参与周围环境与生物体间的转移、吸收过程，因此均可通过土壤转移到植物而进入生物体，成为动、植物组织成分之一。在任何动、植物组织中，都有放射性核素。由于它的化学性质对某些组织有亲和力而蓄积在动、植物机体组织内，使得该组织中放射性核素的含量可能显著地超过周围环境中存在的同种核素的含量。

（一）食品放射性污染的来源

1. 食品中的天然放射性核素

由于生物体与其生存的环境之间存在物质交换过程，因此绝大多数的动植物性食品中都含有微量的天然放射性物质。由于环境的放射性本底值、不同动植物以及个体组织对放射性物质的亲和力有较大差异，因此不同食品中的天然放射性本底值可能有较大差异。

2. 环境中人为的放射性核素污染

环境中人为的放射性核素污染主要来源于核爆炸、核废物的排放和意外事故。

（1）核爆炸

原子弹和氢弹爆炸时产生大量的放射性物质，尤其是空中核爆炸对环境可造成严重的放射性核素污染。一次空中核爆炸可产生数百种放射性物质，包括核爆炸时的核裂变产物、未起反应的核原材料，以及弹体材料和环境元素受中子流的作用形成的感生放射性核素等，统称为放射性尘埃。

（2）核废物的排放

核工业生产中的采矿、冶炼、燃料精制、浓缩、反应堆组件生产和核燃料再处理等过程均可通过“三废”排放等途径污染环境，进而污染食品。此外，使用人工放射性核素的科研、生产和医疗单位排放的废水也可造成水和食品的污染。

（3）意外事故

意外事故造成的放射性核素泄漏主要引起局部性污染，可导致食品中含有很高的放射性。

（二）放射性核素向食品中的转移

环境中放射性核素可以通过消化道、呼吸道、皮肤三种途径进入人体。在核试验或核工业发生事故时，在污染严重的地区，上述三种途径均可进入人体造成危害。但在平时环境中的放射性均通过生物循环，主要通过食物链经消化道进入人体（食物链占94% ~ 95%、饮水占4% ~ 5%），呼吸道次之，经皮肤的可能性极小。

（三）食品放射性污染对人体的危害

环境中的放射性核素通过各环节的转移进入人体，并在人体内积累，可造成多方面的危害。食品放射性污染对人体的危害主要是放射性物质对体内组织、器官和细胞产生的长期低剂量内照射效应，表现为对免疫系统、生殖系统的损伤和致癌、致畸、致突变作用。

（四）控制食品放射性污染的措施

①对放射源要进行科学化管理，防止意外事故的发生和放射性核素在采矿、冶炼、燃料精制、浓缩、生产和使用过程中对环境的污染。从而避免食品受到放射性物质的污染。另外，要防止已经污染的食品进入人体。

②定期进行食品卫生监测，严格执行国家卫生标准。我国有关标准规定了粮食、薯类、蔬菜及水果、肉、鱼虾类和鲜奶等食品中人工放射性核素的限制浓度，在食品加工、储存、运输中应严格遵守国家相关标准的规定。使食品中放射性物质的含量控制在允许的浓度范围以内。

四、有害昆虫和动物污染

食品生产经营企业的环境卫生对于食品安全来说具有十分重要的意义。其中环境中的有害昆虫和动物会对食品造成污染。

1. 蝇类

蝇类是主要的病媒昆虫之一，种类繁多。蝇类能传播多种人畜疾病，其传播疾病的方式主要是机械性传播，其次是生物性传播。苍蝇的嗅觉发达，喜欢在粪便及腐败变质的食物、病人排泄物、痰迹上爬来爬去，全身和肚子里能携带各种微生物。据化验，一只苍蝇的肚子里可携带1.6万 ~ 2.8万个细菌，全身尤其是腿毛上可带有550万 ~ 660万个细菌，在有些苍蝇的身上还有伤寒、痢疾杆菌和蛔虫卵。由于苍蝇叮爬食物时，有边吃、边吐、边排泄的习性，所以苍蝇是各种肠道传染病、寄生虫病的重要传播媒介。

2. 鼠类

老鼠危害极大。老鼠常破坏粮食、食品，并传播鼠疫、钩端螺旋体病、恙虫病、流行性出血热、地方性斑疹伤寒和肠道传染病等，给人们的生活和健康造成极大的危害。

食品生产、加工、经营场所活动栖息的主要鼠害为褐家鼠和小家鼠，场所周围也可能有背纹仓鼠、大苍鼠、黑线姬鼠等野鼠。

餐饮企业老鼠的多少与其食品贮存方式及老鼠的躲藏条件有着密切的关系。因此，必须设法破坏老鼠的生活环境，使之无藏身之地；要经常打扫环境卫生，堵死通道和洞口，水沟上一律加盖金属盖或水泥盖板，以利清扫防鼠；排水沟出口应有防鼠设备，防止鼠类的侵入。

3. 蟑螂

蟑螂喜欢生活在温暖、潮湿而又有食物的地方，活动温度在15℃以上，24℃～32℃时最活跃。蟑螂的体表和肠道可携带多种致病菌和钩虫、蛔虫等寄生虫卵及多种病毒，如痢疾杆菌、副伤寒杆菌、沙门氏菌等，除能造成食品、食具污染外，还可以传播肠道传染病和寄生虫病。

蟑螂是杂食性昆虫，可取食各种食物和动物饲料，也吃垃圾、粪便、泪脚、痰液等，对糖和发酵食物尤为喜食，室内蟑螂属夜行性昆虫，喜暗怕光，其活动有一定的规律。因此餐饮企业应当改善食品生产、加工、贮存条件，减少缝隙沟槽，以便于经常清洗消毒，建立严格的清扫、洗刷、消毒制度，不给蟑螂提供生活栖息觅食的场所。

第二节　生物性污染引发的食品安全

生物性污染是影响食品安全、卫生的重要因素，是指微生物、昆虫和寄生虫及虫卵等生物对食品造成的污染。

食品的生物污染是造成食品腐败变质及引起人们食物中毒、肠道传染病等疾病的一个重要原因。根据对人体的致病能力可将污染食品的微生物分为细菌污染、霉菌及其毒素污染、病毒污染、寄生虫污染等。

一、有害细菌对食品安全性的影响

食品的周围环境中，到处都有微生物的活动，食品在生产、加工、储藏、运输、销售及消费过程中，随时都有被微生物污染的可能。

细菌对食品安全性的影响主要表现在一方面引起食品的腐败变质；另一方面引起食源性疾病或食物中毒。食物中毒的类型分为三种：①细菌本身生长繁殖造成的，如沙门菌、志贺菌等，称为感染型食物中毒；②细菌生长繁殖过程中产生的毒素造成的，如肉毒梭菌产生肉毒素、金黄色葡萄球菌产生肠毒素等，称为毒素型食物中毒；③细菌本身既能感染又能产生毒素，如副溶血性弧菌，本身既能引起肠道疾病，又会产生耐热性溶血毒素，属于混合型食物中毒。

（一）常见的细菌

细菌在自然界的各个角落都大量存在，因而食品很容易受到有害细菌的污染。这是一种最常见的生物性污染，是食品最主要的卫生问题。

常见的细菌有致病菌、条件致病菌和非致病菌。人体通过食品摄入伤寒杆菌、痢疾杆菌等致病病菌后，会直接引发疾病；变形杆菌、大肠杆菌等通常不会致病，但在一定条件下，尤其是当机体抵抗力下降时可致病，为条件致病菌；芽孢杆菌属、假单胞菌属等为非致病菌，一般不会引起疾病，但食品的腐败变质离不开它们，往往与食品出现特异颜色、气味、荧光、磷光以及相对致病性有关。

从影响食品卫生质量的角度看，以下几种常见的细菌应予以重视。

①假单胞菌属。为引起食品腐败变质的代表菌。该类细菌分解食品中各种成分，使pH上升并产生各种色素。

②微球菌属和葡萄球菌属。食品中极为常见，分解食品中糖类且能产生色素。

③芽孢杆菌属与梭菌属。分布广泛，食品中常见，为肉、鱼类的腐败菌。

④肠杆菌科各属。为常见的食品腐败菌（志贺菌属和沙门菌属除外）。分解糖类产酸、产气，引起水产品和肉、蛋腐败。

⑤弧菌属与黄杆菌属。主要来自海水或淡水，鱼类中常见。

⑥嗜盐杆菌属与嗜盐球菌属。存在于极咸的腌鱼中，产生橙红色素。

⑦乳杆菌属与丙酸杆菌属。主要存在于乳品中，使其产酸腐败变质。

（二）食品细菌污染的来源

1. 加工前食品原料污染

食品原料在采集、加工前表面往往已被水中、土壤中的细菌污染，尤其在原料的破损之处细菌会大量聚集。若使用未达卫生标准的水对原料进行预处理时，也会引起原料的细菌污染。细菌污染的程度因品种和来源不同而异。

2. 加工过程污染

加工过程是细菌污染机会最多的环节。例如，食品生产经营人员直接接触食品，未按照严格的执行操作规程的卫生要求操作；从业人员工作衣、帽不能定期清洗消毒，会有大量的微生物附着，导致污染；带病的从业人员工作时与食品接触，或者工作时谈话、咳嗽、打喷嚏会直接或间接地引起食品的污染；食品加工过程中未能做到生熟分开，也会造成食品交叉污染等。

3. 设备、器具及容器的细菌污染

不洁净的原料包装器具、运输工具、加工设备和成品包装容器等接触食品，可引起不同程度的细菌污染。

4. 贮存、运输、销售过程污染

食品在不利的贮藏、运输条件下受到二次污染。食品销售过程中，散装食品受到不干净的销售用（器）具、包装材料以及消费者和服务人员的污染。

5. 食用过程污染

食品在从购买到消费的过程中由于存放不合理等造成食品的交叉感染。

（三）食品细菌污染的评价指标

食品的细菌学检测是评价食品卫生质量的重要手段，其主要指标有菌落总数、大肠菌群数和肠道致病菌。

1. 菌落总数

菌落总数就是指在一定条件下（如需氧情况、营养条件、pH、培养温度和时间等）每克（每毫升）受检样所生长出来的细菌菌落总数。

菌落总数的食品卫生学意义：通过细菌总数的多少可判断食品被污染程度并推测耐存放的时间；可观察细菌在食品中繁殖的动态，以便对食品进行卫生学评价。

2. 大肠菌群

大肠菌群是指一类需氧及兼性厌氧、在37℃条件下能分解乳糖产酸产气的革兰阴性无芽弛杆菌。大肠杆菌和产气杆菌，以及中间类型的一些细菌都属于大肠菌群的范畴。大肠菌群已被许多国家用作食品质量鉴定的指标。我国一般用相当于100g或100mL食品中大肠菌群可能存在的数量表示，简称大肠菌群最近似数。

大肠菌群具有重要的食品卫生学意义：第一，大肠菌群都是直接或间接来自人与温血动物粪便，故食品中检出大肠菌群，表示食品曾受到人与温血动物粪便的污染；第二，大肠菌群可作为肠道致病菌污染食品的指示菌。但食品中检出大肠菌群，只能说明有肠道致病菌存在的可能，并非绝对。

3. 肠道致病菌

肠道致病菌是一类能够引起肠道疾病的细菌，其种类繁多、特性各异，如沙门菌、李斯特菌、霍乱弧菌等。国家卫生标准中明确规定各种食品中不得检出肠道致病菌，一般根据不同食品或不同场合选择某一种或几种致病菌进行检验。例如，蛋及蛋制品一般选检沙门氏菌和金黄色葡萄球菌，海产品选检副溶血性弧菌等。当某种病流行时，则有必要选检引起该病的病原菌。

（四）食品细菌污染的预防措施

①原料必须彻底清洗与认真挑选，剔除腐烂、变质及污秽不洁的原料，使原辅材料的卫生质量提高，以利于良好的杀菌效果。而装盛容器必须在使用前洗净消毒。

②制定科学的加工流程，尽量缩短工艺操作时间；注意防止原料、在制品、外来物

等的交叉污染；加强生产过程的在线检测；最大限度地减少生产过程中的污染。

③严格遵守杀菌规程，控制灭菌温度和时间，达到良好的杀菌效果。

④工厂必须健全有关卫生组织及管理制度，在生产加工过程中，严格执行各项卫生操作规程，从业人员必须每年进行一次健康检查，取得健康合格证后方可上岗，并采取相应的卫生防护措施。

⑤食品生产车间的门、窗应设有严密的防蝇装置（例如纱门、纱窗等），应使车间内无蝇、无尘：每班次生产结束后要对车间内的设备、门、窗、墙裙、地面和下水道等进行彻底清洗，防止蚊蝇滋生和微生物的生长繁殖。

二、霉菌对食品安全性的影响

霉菌属真菌的多细胞型，呈丝状，分支交织成团，故称霉菌。霉菌在自然界分布很广，同时由于其可形成各种微小的孢子，因而很容易污染食品。

霉菌可以破坏食品的品质，导致腐败变质，降低食品的食用价值。有的霉菌还会产生毒素，造成严重的食品安全问题。霉菌毒素是霉菌产生的一种有毒的次生代谢产物，通常具有耐高温，无抗原性，主要侵害实质器官的特性，而且霉菌毒素多数还具有致癌作用。霉菌毒素的作用包括减少细胞分裂，抑制蛋白质合成和 DNA 的复制，抑制 DNA 和组蛋白形成复合物，影响核酸合成，降低免疫应答等。根据霉菌毒素作用的靶器官，可将其分为肝脏毒、肾脏毒、神经毒、光过敏性皮炎等。

粮食及食品的霉变会造成严重的经济损失，每年全世界平均至少有 2% 的粮食因为霉变而不能食用。人和动物一次性摄入含大量霉菌毒素的食物常会发生急性中毒，而长期摄入含少量霉菌毒素的食物则会导致慢性中毒和癌症。

（一）主要产毒霉菌及其毒素

由霉菌毒素引起的中毒是影响食品安全的重要毒素。目前已知的霉菌毒素有 200 多种。

1. 主要产毒霉菌

a. 曲霉属：黄曲霉、赭曲霉、杂色曲霉、烟曲霉、构巢曲霉和寄生曲霉等。

b. 青霉属：岛青霉、橘青霉、黄绿青霉、扩展青霉、圆弧青霉、皱褶青霉和麻青霉等。

c. 镰刀菌属：梨孢镰刀菌、拟枝孢镰刀菌、三线镰刀菌、雪腐镰刀菌、粉红镰刀菌、禾谷镰刀菌等。

d. 其他菌属：绿色木霉、漆斑霉、黑色葡萄状穗霉等。

2. 致病性较强的霉菌毒素

黄曲霉毒素、赭曲霉毒素、杂色曲霉毒素、展青霉毒素、单端泡霉毒素、玉米赤霉烯酮、红天精、黄天精等。岛青霉、橘青霉、黄绿曲霉浸染大米后产生“黄变米”毒素，构巢曲霉产生杂色曲霉毒素。

（二）食品霉菌污染的来源

1. 通过包装材料的污染

如包装食品的包装袋、包装瓶、瓶盖等，若杀菌不彻底，则其残留的霉菌会直接污染食品。

2. 空气中霉菌的二次污染

如空气中滋生的霉菌、人员走动时地面扬尘中含有的霉菌、空调或通风管道中吹出的霉菌等。

3. 操作人员自身的二次污染

如手部消毒不彻底、不洁净衣物接触食品等。

4. 设备、容器的交叉感染

如设备、容器清洗消毒不彻底，不按规定流程定期清洗等、消毒液选用不当或使用剂量不够等。

（三）食物防霉去毒措施

在自然界中食物要完全避免霉菌污染是比较困难的，但要保证食品安全，就必须将食物中霉菌毒素的含量控制在允许的范围内，主要做法从以下两方面入手：一方面，需要减少谷物、饲料在田野、收获前后、储藏运输和加工过程中霉菌的污染和毒素的产生；另一方面，需要在食用前和食用时去除毒素或不吃霉烂变质的谷物和毒素含量超过标准的食物。

1. 防霉措施

防霉比去毒更重要。由于霉菌的生长需要一定的气温、相对湿度、含水量及氧气，如能及时、有效地控制其中之一，即可达到防霉的目的。

①保持生产车间的内部工具的清洁和卫生，注意对一些卫生死角进行严格的卫生清理和保持（每半月实施一次深度清洁），如操作案面的背面，天花板、墙壁、制冷风机的卫生清理，清理后所有的墙壁、天棚、设备、器具、案面表面要用酒精擦两遍以上，尤其注意清理制冷风机的散热片和冷气的出风口，以及内部电机叶片等容易忽视的角落。

②保持食品和储藏场所的干燥，做好食品储藏地的防湿、防潮，相对湿度不超过65% ~ 70%；控制温差，防止结露；粮食及食品可在阳光下晾晒、风干、烘干或者加吸湿剂，密封。把食品储藏温度控制在霉菌生长的适宜温度之下，从而抑菌防霉。冷藏的食品温度控制在4℃以下，可有效防止霉菌的滋生。

③调节气体成分，防止霉菌和毒素的产生。通常采用除氧或加入 CO_2、N_2 等气体，运用密封技术控制和调整储藏环境中的气体成分。该技术已经在食品的保鲜和储藏中广泛应用。

④使用化学防霉试剂防霉，如用环氧乙烷熏蒸、添加山梨酸等。

2. 去毒措施

①物理去毒，如人工或机械剔除霉变部分，如剔除花生米、玉米、豆类的霉粒是去毒的最好办法；加热处理，干热或湿热可以除去部分毒素；吸附去毒，应用如活性炭、酸性白土等吸附剂处理含毒素的食品；射线处理，包括用紫外线照射和日光暴晒。

②化学去毒，包括酸碱处理、溶剂提取、氧化剂处理、醛类处理等方法。

③生物去毒，可以利用发酵的方法和微生物降解毒素。

为了最大限度地抑制霉菌毒素对人类健康和安全的威胁，我国对食品及食品加工制品中黄曲霉毒素的允许残留量制定了相关的标准。我国规定大米、食用油中黄曲霉毒素允许量标准为10μm/kg，其他粮食、豆类及发酵食品为5pg/kg，婴儿代乳食品不得检出。

三、病毒对食品安全性的影响

它是一类比细菌更小，能通过细菌的过滤器，只含有一种类型的核酸与少量蛋白质，仅能在敏感的活细胞内以复制方式进行增殖的非细胞生物。

病毒属于寄生微生物，只能在寄主的活细胞中复制，不能通过人工培养基繁殖。因此，人和动物是病毒复制、传播的主要来源。病人的临床症状最明显时是病毒传播能力最强的时候。病毒携带者多处于传染病的潜伏期，在一定情况下向外传播，因此具有更大的隐蔽性。受病毒感染的动物可通过各种途径传播给人，其中大多是通过污染的动物感染给人的，我们经常听到的口蹄疫病毒、狂犬病病毒、禽流感病毒、H1N1 甲型流感病毒均如此。

（一）病毒污染食品的特点

1. 污染和流行程度不同

①散在发生。由于安全性防范措施不同，地域性、自然条件等不同，病毒污染食品常常呈零星发生，各个污染在发生时间和地点上无明显的联系。

②污染大流行。大流行往往使食品流行性病毒污染进一步发展。在一定时间内迅速传播，波及范围广。

③流行性污染。在某一时期某一个地区某种病毒污染食品数量显著地超过了平时的污染量即为流行性污染。当病毒对食品污染呈散发性时，若安全意识不够，防范措施不当，当地当时的自然条件又适合病毒繁殖时，可导致污染流行。

④爆发污染。爆发污染的特点是具有突然性。食品在短时间内可发生大批病毒污染。

2. 污染和流行有一定的时间性

①带有周期性。某些病毒对食品的污染每隔一定时期就会发生一次流行，往往造成某一传染病发生周期性流行。当某些条件改变后，周期性可能消失。

②具有季节性。病毒对食品的污染以及对人体的危害呈现明显的季节性，原因是该季节自然条件适合于该病毒的传播。一般呼吸道病毒的污染和流行往往发生在冬春季节，

肠道病毒、肝炎病毒等常在夏秋季节流行。

3. 污染和流行常表现为地区性

①本地化。有些病毒对食品的污染和流行常局限于一定地区范围内。这些病毒与外界发育所需的自然条件、传播媒介以及当地居民的生活习惯等因素有密切关系。

②外来性。有些病毒虽然以前在本地没有，但由于交通业的发展，对外贸易的开展，可以从其他地区带入，当条件适合时，就会发生食品污染和流行。例如，口蹄疫病毒、禽流感病毒等均是从国外传入我国的，因此对动植物进出口检疫加强管理才能防止外来病毒传入我国。

（二）病毒污染食品的途径

病毒可通过以下四条主要途径污染食物。

1. 污染饮用水

如果用被污染的饮用水冲洗或作为食品的配料，或被喝下，那么就可以传播病毒。

2. 污染灌溉水

被病毒污染的灌溉水能够将病毒留在水果或蔬菜表面，而果蔬通常是可以生食的。

3. 污染港湾水

污水污染了港湾水就可能污染鱼和贝类。牡蛎、蛤和贻贝，它们是过滤性进食，水中的病原体通过其黏膜而进入体内，然后转入消化道。如果生吃贝类，病毒也会被摄入。其他港湾生物表面也可被污染，但它们中的绝大多数不被生食，烹调时，很可能对厨房器具进行二次污染。

4. 不良的个人卫生

饭前便后不洗手，病毒可被带到食物中去，都可能引起疾病。

四、寄生虫对食品安全性的影响

寄生虫是指营寄生生活的动物，其中通过食品感染人体的寄生虫称为食源性寄生虫，主要包括原虫、节肢动物、吸虫、绦虫和线虫，其中后三者统称为蠕虫。食物在所存在的环境中有可能被寄生虫和寄生虫卵污染，食源性寄生虫病是由摄入含有寄生虫幼虫或虫卵的生的，或未经彻底加热的食品引起的一类疾病，严重危害人类的健康和生命。目前，对人类健康危害严重的食源性寄生虫有华支睾吸虫（肝吸虫）、卫氏并殖吸虫（肺吸虫）、姜片虫、广州管圆线虫等。

有报告指出，随着人民生活水平的提高，饮食来源和方式的多样化，我国由食源性寄生虫病造成的食品安全问题日益突出，已成为影响我国食品安全的主要因素之一。

（一）寄生虫污染食品的途径

1. 生熟交叉污染

这是导致食源性寄生虫病发生的首要原因。生熟交叉污染的原因可能如下：

①食品从业人员缺乏食品卫生知识，对洗手和区分生熟食品、食品用工具、用具的目的不了解，操作中混用生熟食品工具、用具和容器，或一人同时从事加工生熟食品。

②食品加工场所狭小而拥挤，食品加工场所布局上无法区分清洁区和非清洁区。原料污染也是重要的污染因素之一。

2. 原料采购的影响

餐饮食品的原料涉及各类食品。受餐饮加工业规模及利益等因素影响，原料采购很难做到集中定点采购，因此原料的寄生虫污染因素控制成为彻底解决餐饮行业食品安全管理的难题。

3. 经济因素及基础设施，的影响

经济因素、基础设施差是影响食源性寄生虫病发生的主要原因之一。受经济条件影响，较差的卫生条件和清洗水源不足是主要的影响因素。

4. 宣传教育及人员素质的影响

城市化进程的加快使大量低文化水平人员进入餐饮加工行业，从业者对食品安全知识了解不够、广大消费者缺乏食品安全知识、没有良好的卫生习惯是食源性寄生虫疾病发病率不断上升的原因之一。

（二）几种常见污染食品寄生虫及危害

1. 华支睾吸虫

华支睾吸虫病简称肝吸虫病，是由华支睾吸虫寄生于人、家畜、野生动物的肝胆管内所引起的人兽共患病。该虫寄生在人和肉食类动物的肝胆管内，产出的虫卵随胆汁进入消化道而排出。这种吸虫具有三个寄主，其中包括两个中间寄主。幼虫在中间寄主中发育，成虫寄生在人、猪、猫、犬的胆管中。虫卵随寄主粪便排出，在水中孵化成毛蚴，它们可以侵入第一寄主（一般是沼螺、豆螺），经过胞蚴、雷蚴和尾蚴阶段，然后尾蚴从螺体逸出寻找第二寄主（一般是鱼虾等水生动物），附着在鱼虾上并侵入肌肉、鳞下或鱼尾部发育为囊蚴，如果人或动物（终寄主）食用含有囊蚴的鱼、虾肉，囊蚴则进入消化道，幼虫被释放，通过血液侵入肝脏中的胆管发育为成虫，引发华支睾吸虫病。

（1）发病症状

如果人吃进囊蚴的数量少时无症状，若吃进的数量多或反复多次感染，可出现腹痛、肝大、黄疸、腹泻、水肿等症状，重者可引起腹水。该病的潜伏期为 1 ~ 2 个月，多呈慢性或隐性感染。儿童和青少年感染后，临床症状严重，智力发育缓慢，死亡率较高。

（2）预防措施

据估计在亚洲感染这种寄生虫的人有几千万。已知约有 80 多种鱼体内含有华支睾吸虫。预防华支睾吸虫病的主要措施如下：

①避免吃生鱼或未煮熟的鱼以及生鱼粥。

②不给家禽饲喂生鱼和鱼的内脏的废弃物。

③淡水鱼养殖禁用人粪作饲料。

④患病鱼要切块、烧熟、煮透。

⑤猪等动物的肝脏、胆管等有病变应割除后出售，肝脏病变严重者应废弃。

2. 猪肉绦虫

成虫只寄生于人的小肠内，在自然情况下，人是唯一的终末宿主。猪囊尾蚴寄生于中间宿主猪、野猪、猫、人的横纹肌及其他各器官组织——脑、眼、舌、喉、心、肝、肺、膈、皮下脂肪和肾等处。

（1）发病症状

人食用了未经煮熟的患有囊尾蚴病的猪肉，囊尾蚴可在肠壁发育为成虫——绦虫，使人患有绦虫病。人患绦虫病后可以长期排孕卵节片，猪食后又可得囊尾蚴病，造成人畜间相互感染。囊尾蚴远比成虫的危害大。囊尾蚴侵害人皮肤，表现为皮下或黏膜下囊尾蚴结节。囊尾蚴对人体的危害不仅可使人得绦虫病，使人出现贫血、消瘦、腹泻、消化不良等症状，而且可使人感染囊尾蚴病，囊尾蚴寄生在人体肌肉组织中可导致酸痛、僵硬；寄生于脑内可出现神经症状，抽搐、癫痫、瘫痪甚至死亡；压迫眼球可导致视力下降，甚至失明。

（2）预防措施

①治疗病人。在普查的基础上及时为患者驱虫治疗。由于本虫寄生在肠道常可导致囊尾蚴病，故必须尽早并彻底驱虫治疗。

②管理厕所猪圈。发动群众管好厕所、建圈养猪，控制人畜相互感染。

③加强肉类检查。搞好肉品的卫生检疫检查，尤其要加强农贸市场上个体商贩出售的肉类检验，在供应市场前，肉类必须经过严格的检疫检查。猪肉在 -12℃～13℃环境中，经 12h，其中囊尾蚴可全部被杀死。

④注意个人卫生。必须大力宣传本病的危害性，根除不良习惯，不吃生肉，饭前便后洗手，以防误食虫卵。烹调务必将肉煮熟。肉中的囊尾蚴于 54℃经 5min 即可被杀死，刀和砧板要生熟分开。

在防治中要加强领导，农、牧、卫生、工商部门密切配合，狠抓综合性措施的落实，切实做到防治见效。

3. 弓形虫

刚地弓形虫是一种广泛寄生于人和动物的原虫，是能引起人兽共患的弓形虫病。弓形虫属真球虫目，弓形虫科、弓形虫属，弓形虫整个生活史中可出现 5 种不同的形态，

即在中间宿主体内的滋养体和包囊，也在终末宿主体内的囊殖体，配子体和囊合子。本虫呈世界性分布，宿主种类十分广泛，人和动物的感染率都很高，许多哺乳类、鸟类及爬行类动物均有自然感染。人群的平均感染率在 25% ~ 50%，高者可达 80% 以上。

（1）发病症状

弓形虫除了主要的细胞质内繁殖外，也能侵入细胞核内繁殖。弓形虫在病畜的肉、乳、泪、唾液、尿液中，人食用被卵囊污染的食物可感染弓形虫。不仅在消化道感染，引起消化道黏膜损伤、细胞破裂、局部组织坏死，还能在伤口和呼吸道感染，与病畜密切接触也可感染。孕妇感染该病，可能导致流产、早产和胎儿畸形。成人感染时，体温升高，精神萎靡，食欲减退，胃底部出血，有溃疡，便秘。中枢神经系统受侵害时，可表现为非化脓性脑膜炎，也可出现癫痫或精神症状。

（2）预防措施

①不要给家中宠物喂食生肉或者未熟透的肉制品，怀孕的妇女避免与猫的粪便接触，应及时做好猫的粪便清洁工作。

②避免动物尤其是猫的粪便污染水源，蔬菜等。

③要熟食、不生食动物性食物。

④厨房里要生、熟食品分离，分别加工。

⑤饭前便后要养成洗手的习惯。

⑥妇女月经期对经血应做好处理。

4. 姜片虫

姜片虫成虫的致病作用，包括机械性损伤及虫体代谢产物引起的变态反应。

（1）发病症状

姜片虫的吸盘发达、吸附力强，可使被吸附的黏膜坏死、脱落，肠黏膜发生炎症、点状出血、水肿以致形成溃疡或脓肿。病变部位可见中性粒细胞、淋巴细胞和嗜酸性粒细胞浸润，肠黏膜分泌增加，血中嗜酸性粒细胞增多。感染轻度者可无明显症状。寄生虫数较多时常出现腹痛和腹泻，并表现消化不良，排便量多，稀薄而臭，或腹泻与便秘交替出现，甚至发生肠梗阻。在营养不足又反复中度感染的病例，尤其是儿童，可出现低热、消瘦、贫血、浮肿、腹水以及智力减退和发育障碍等，少数可因衰竭、虚脱而死。

（2）预防措施

①加强粪便管理，防止人、猪粪便通过各种途径污染水体。

②关键的措施是勿生食未经刷洗及沸水烫过的菱角等水生果品，不喝河塘的生水，勿用被囊蚴污染的青饲料喂猪。

③在流行区开展人和猪的姜片虫病普查普治工作。目前最有效的药物是吡喹酮。

5. 旋毛虫

旋毛形线虫简称旋毛虫，是一类细胞内的寄生性线虫，广泛发现于人、各种家畜以及哺乳动物中。旋毛虫的成虫与幼虫寄生于同一个宿主，宿主感染时，先为终末宿主，后变为中间宿主。目前我国已发现12种动物感染旋毛虫病，分别为猪、犬、牛、猫、羊、鼠、狐狸、黄鼠狼、貂、貉、熊及鹿。人类主要通过生食或半生食含有旋毛虫的肉类而得病。含有活的旋毛虫包囊的熏肉、腌肉、酸肉、腊肠等，因肉中心温度，未能达到杀虫温度，也可引起感染。

（1）发病症状

旋毛虫寄生于猪、狗、猫以及野猪、鼠等体内的膈肌、舌肌。人食用了未煮熟、带有旋毛虫的病肉后而感染，幼虫在人体内可发育成为成虫，成虫在肠黏膜内寄生并产生大量的新幼虫，幼虫向人体肌肉移行时，可出现恶心、呕吐、腹痛、腹泻、高烧、肌肉疼痛等症状幼虫进入脑脊髓还可引起头痛、头晕等脑膜炎症状。旋毛虫还可引起被感染者终身带虫，通常表现为原因不明的常年肌肉酸痛，重者丧失劳动能力。

（2）预防措施

①加强肉类检验，在流行地区要对易感染动物的肉制品进行旋毛虫检验。我国有关肉品卫生检验法规中规定，对屠宰猪肉要经过旋毛虫检验，这是预防此危害的重要措施。

②肉制品加工时的加热要达到规定温度和时间。

③严禁食生的或未熟透的猪肉、狗肉及猎物。涮食肉类时，要使肉类彻底烫熟后食用。

④实行圈养法养猪，保持猪舍卫生，使用熟饲料喂养。

⑤加强捕杀鼠类野犬等虫宿主以减少传染源。

6. 蛔虫

蛔虫是无脊椎动物，线形动物门，线虫纲，蛔目，蛔科。是人体肠道内最大的寄生线虫，成体略带粉红色或微黄色，体表有横纹，雄虫尾部常卷曲。蛔虫的分布呈世界性，尤其在温暖、潮湿和卫生条件差的地区，人群感染较为普遍。蛔虫感染率，农村高于城市；儿童高于成人。目前，我国多数地区农村人群的感染率仍高达60% ~ 90%。

（1）发病症状

幼虫期致病：可出现发热、咳嗽、哮喘、血痰以及血中嗜酸性粒细胞比例增高等临床症状。

成虫期致病：患者常有食欲不振、恶心、呕吐以及间歇性脐周疼痛等表现，可出现荨麻疹、皮肤瘙痒、血管神经性水肿以及结膜炎等症状；突发性右上腹绞痛，并向右肩、背部及下腹部放射。疼痛呈间歇性加剧，伴有恶心、呕吐等。

（2）预防措施

①加强宣传教育，普及卫生知识，注意饮食卫生和个人卫生，做到饭前、便后洗手，不生食未洗净的蔬菜及瓜果，不饮生水，防止食入蛔虫卵，减少感染风险。

②使用无害化人粪做肥料，防止粪便污染环境是切断蛔虫传播途径的重要措施，

③驱虫治疗。既可降低感染率，减少传染源，又可改善儿童的健康状况。驱虫时间宜在感染高峰之后的秋、冬季节，学龄儿童可采用集体服药。

第三节　化学物质应用引发的食品安全

一、农药残留对食品安全性的影响

我国是农业大国，也是农药生产大国。近十年来，随着我国病、虫、草害的发生和危害的加剧，农药产量和消费量快速增长，为农业的丰产、丰收作出了巨大的贡献，但使用后造成的环境污染和食品农药残留已成为我国农畜产品出口的重要制约因素。

广义的农药包括所有在农业生产中使用的化学品，狭义的农药一般是指用于防治农、林有害生物（病、虫、草、鼠等）的化学药剂，以及为改善其理化性状而用的辅助剂，还包括植物生长调节剂。

农药在现代农业生产中成为“双刃剑”，一方面为减少农作物因受病虫害造成的损作做出巨大贡献；另一方面随着化学农药种类的不断增多，滥用农药问题日趋严重，造成食品中的农药残留大大超出国家或国际规定的标准，致使农药急性中毒和慢性中毒事件屡有发生。

（一）农药污染食品的途径

农药对防治病虫害、保证农业增产增收和消灭有害生物发挥了重要作用，但在生产和使用过程中如不注意防护，广泛大量使用农药，则往往会造成对食品的污染而发生食物中毒。据世界卫生组织统计，全世界因农药中毒的人数已超过 125 万人，死亡人数大于 33 万。我国每年农药生产和使用量为 69 万吨，居世界第二位，每年因农药中毒和死亡的人数也是世界上最多的国家之一。

1. 对农作物施药后的农药残留造成的直接污染

农药残留是指施用的农药在农作物内部或表面残存的部分。农药对作物污染的程度，取决于农药品种、剂型、施用方法、施药浓度、施药时间和次数，以及农作物品种、土壤、气象、生长发育阶段及食用部分。化学农药施用以后，大部分由于风吹雨淋、日光分解和高温挥发等逐渐消失。但仍有一部分黏附在农作物的叶片上，被吸收或渗入植物体内。有机氯和有机汞农药等稳定性农药，在环境和作物中不易分解，其分解产物有时也具有毒性，很容易形成残留毒性。直接施用于作物表面，施用浓度越高、次数越多，施药距收获期越近，农药残留量也越高。

2. 农作物从被污染的环境中吸收农药

一部分农药渗入土壤和水中，又被植物的根部摄取，进入植物体内。还有一部分散布到大气中，随雨水进入土壤和水中，被水生生物吸收。作物根系吸收能力主要与作物种类、部位、农药性质等有关。作物种子含脂量越多，脂溶性农药的吸收量也越多。蔬菜类作物对农药的吸收量，以根菜类最多，其次为叶菜和果菜。就同一种作物，部位不同，吸收量也不同，其顺序依次为根、茎、叶、果。

3. 通过食物链的传递和生物富集作用

残留的农药可通过食物链逐步富集，并通过粮食、蔬菜、水果、鱼虾、肉、蛋、奶等食物进入人体，造成危害，严重时会造成身体不适、呕吐、腹泻甚至导致死亡的严重后果。蔬菜农药残留超标，会直接危及人体的神经系统和肝、肾等重要器官。同时残留农药在人体内蓄积，超过一定量后会导致一些慢性疾病，如肌肉麻木、咳嗽等，甚至会诱发血管疾病、糖尿病和癌症等。

4. 食品中农药残留的其他来源

①熏蒸剂的使用也可导致粮食、水果、蔬菜中农药残留。

②给饲养的动物使用杀虫剂、杀菌剂时，农药可在动物体内残留。

③食品在运输中由于运输工具、车船等装运过农药未予以彻底清洗，或食品与农药混运，可引起农药对食品的污染。

④粮食、水果、蔬菜等食品在储藏期间为防治病虫害、抑制生长、延缓衰老等而使用农药，可造成食品上的农药残留。

⑤水果商为了谋求高额利润，低价购买七八成熟的水果，用含有 SO_2 的催熟剂和激素类药物处理后，就变成了色艳、鲜嫩、惹人喜爱的上品，价格可提高 2 ~ 3 倍。如从南方运回的香蕉大多七八成熟，在其表面涂上一层含有 SO_2 的催熟剂，再用 30℃ ~ 40℃的炉火熏烤后储藏 1 ~ 2d 就变成了上等香蕉。

（二）食品中常见残留农药种类及允许量标准

农药种类繁多，全世界实际生产和使用的农药品种有 500 多种，我国有 80 多种。农药包括生物性农药和化学性农药。生物性农药的优点是特异性强，急性毒性小，使用安全，对环境污染程度轻，但其生产规模和应用范围较小。化学性农药可分为有机氯类、有机磷类、氨基甲酸酯类、拟除虫菊酯类、有机汞类、有机砷类和有机氟类等多种类型。

1. 有机氯农药

有机氯杀虫剂是氯代烃类化合物，也称氯代烃农药，用于防治植物病、虫害的组成成分中含有有机氯元素的有机化合物。有机氯农药具有化学性质稳定、高毒性、高亲脂性特点，易于在生物体内富集，可长期在环境中存在。由于有机氯农药的半衰期长，有些品种的半衰期可达 10 年以上，所以目前世界各国虽然已广泛停用，但在一些食品中仍可能存在有机氯农药残留，目前，仅有林丹、三氯杀虫酯、三氯杀螨醇、三氯杀螨醇、硫丹等对环境相对较安全、无积累毒性的少数几个品种尚在使用，用量日益减少，正逐渐被其他农药所取代。应注意加强农药保管，禁止在蔬菜、水果、茶叶上使用有机氯农药。

2. 有机磷农药

1984 年我国停止使用有机氯农药以后，有机磷农药上升为最主要的一类农药，占全部农药用量的 80% ~ 90%。有机磷农药有高效、快速、广谱等特点，是目前使用最广泛的一类杀虫剂。它在农药中占有很重要的位置，对世界农业的发展起了很重要的作用。

有机磷农药主要残留在蔬菜、水果、谷物等植物性食品中。其化学性质不稳定，大多数遇水或在环境中容易降解，在动物体内容易代谢解毒。我国规定剧毒有机磷农药甲胺磷不得用于蔬菜、果树、茶叶和中药材等。由于蔬菜水果中甲胺磷造成的食物中毒时有发生，我国于 2000 年已经明确规定停止生产和使用剧毒的甲胺磷。

有机磷农药为神经性毒剂，对人体健康有一定的危害，并且由于有机磷农药应用范围广，污染机会多，因此某些食品需要进行有机磷农药残留量的检验。

3. 氨基甲酸醋类农药

氨基甲酸酯类杀虫剂是继有机磷杀虫剂之后发现的一种新型农药，已被广泛应用于粮食、蔬菜、水果等各种农作物。氨基甲酸醋类农药特点是选择性强，杀虫效果好，作用迅速，对人的毒性相对较低。氨基甲酸酯类农药一般不稳定，易被土壤微生物分解，残留时间较短，在体内不蓄积。可以预计，在一定时间内，氨基甲酸酯类杀虫剂仍将是杀虫剂领域中一个重要的组成部分。然而，尽早取代氨基甲酸酯类杀虫剂，同样是一个重要的研究方向。

（三）食品中农药残留的危害

农药的大量和广泛使用，会通过食物和水的摄入、空气吸入和皮肤接触等对人体造成危害，如急性中毒、慢性中毒，以及致癌、致畸、致突变作用等。

急性中毒主要是由于不正确使用农药、误食误服含有大量高毒、剧毒农药残留的食物引起，这些农药主要是高毒的有机磷和氨基甲酸酯类杀虫剂、杀鼠剂等。中毒后常出现神经系统功能紊乱和胃肠道疾病症状，严重时会危及生命。

长期从事农药生产、包装、配药、喷洒等各个环节的人员或者长期食用农药残留超标的农副产品的人员，农药会在人体内逐渐蓄积，最终导致人的机体生理功能发生变化，引起慢性中毒。引起慢性中毒的农药大多是脂溶性的有机氯和有机磷农药。农药中毒轻者头痛、头昏、无力、恶心；中度中毒时会出现乏力、呕吐、肌肉震颤、心慌，严重者会出现全身抽搐、昏迷、心力衰竭乃至死亡等。高毒农药只要接触极少量就会引起中毒或死亡；中低毒农药毒性虽较低，但接触多时中毒后抢救不及时也可导致患者死亡。

动物试验和人群流行病学调查已表明，有些农药具有致癌、致畸、致突变的“三致”作用。

（四）减少食品中农药残留的措施

①加强农药管理。必须专人、专库、专柜保存。严禁农药与食物一起存放或装运。

装运农药的车、船用后必须彻底洗刷消毒。

②严格遵守农药使用的有关规定。健全农药管理使用操作制度，防止由于工作失误而导致农药污染食品对人体造成危害。严禁将刚喷过有机磷农药的水果、蔬菜等供应市场。

③大力推广使用高效、低毒、低残留农药。农药种类选用要适当，尽量使用对虫害毒力强而对人畜毒性低的品种，剧毒农药严禁在蔬菜水果上使用；严格控制用量，根据虫害的危害程度及作物品种决定用药量；注意用药间隔周期，施药后间隔一定时间后方可收获，特别是严禁蔬菜水果上市前施用农药。

④进行合理地加工、烹调以减少残留量。食品的加工、烹调可以不同程度地去除部分残留农药，这对于控制农药残留毒性有一定的实际意义。食物外表残留的农药可以用洗涤的方法部分地清除；水果和某些蔬菜去皮可以除去食物表面的农药，如梨和苹果削皮可以去除大部分的六氯环已烷（又称为六六六）、有机磷农药乐果和几乎全部的滴滴涕；加热对有机氯农药的效果较差，对某些遇热不稳定的农药有一定效果，如菠菜水煮7min，可破坏其中的马拉硫磷。

二、兽药残留对食品安全性的影响

兽药是指用于预防、治疗和诊断家畜、家禽、鱼类、蜜蜂、蚕以及其他人工饲养的动物疾病，有目的地调节其生理机能并规定作用、用途、用法、用量的物质（包括饲料添加剂）。主要包括血清制品、疫苗、诊断制品、微生态制品、中药材、中成药、化学药品、抗生素、生化药品、放射性药品及外用杀虫剂、消毒剂等。

兽药残留是指用药后蓄积或存留于畜禽机体或产品中原型药物或其代谢产物，包括与兽药有关的杂质的残留。一般以 mg/L 或 f/g/g 计量。兽药残留已逐渐成为一个社会热点问题。近年来兽药残留引起食物中毒和影响畜禽产品出口的报道越来越多。

（一）兽药残留的来源及常见兽药中毒

随着生活水平的不断提高，人们对动物性食品的需求日益增长，给畜牧业带来前所未有的繁荣和发展。但是，由于普遍热衷于寻求提高动物性食品产量的方法，往往忽略了动物性食品的安全问题，其中最重要的是化学物质在动物性食品中的残留及其对人类健康的危害问题。兽药在减少疾病和痛苦方面起到了重要的作用，但是它们在食品中的残留使兽药的应用产生了问题。

造成兽药残留的原因是动物性产品的生长链长，包括养殖、屠宰、加工、储存运输、销售等环节，任何一个环节操作不当或监控不力都可能造成药物残留，而畜禽养殖环节用药不当是造成药物残留的最主要原因。另外，加工、储存时超标使用色素与防腐剂等，也会造成药物的残留。

动物性食品中兽药残留的潜在的危害已愈来愈引起人们的重视。

（二）兽药残留的危害

人长期摄入含兽药残留的动物性食品后，药物不断在体内蓄积，当浓度达到一定量后，就会对人体产生毒性作用。引起细菌耐药性的增加，还可以通过环境和食物链的作用间接对人体健康造成潜在危害。有些兽药残留有致癌、致畸、致突变作用。若一次摄入残留物的量过大，会出现急性中毒反应。如在 1989 年 10 月至 1990 年 7 月间，西班牙就曾发生过 43 个家庭的成员在一次吃了牛肝后，发生了集体食物中毒的事件。原因是牛肝中含大量由饲料带来的盐酸克伦特罗。近年来，广东、浙江、北京等地分别发生多起市民食物中毒事件，中毒原因为市民所吃猪肉中含有“瘦肉精”。当然急性中毒的事件发生相对来说是很少的，药物残留的危害绝大多数是通过长期接触或逐渐蓄积而造成的。

（三）兽药中毒的症状

①一些抗菌药物如青霉素、磺胺类药物、四环素及某些氨基糖苷类抗生素能使部分人群发生过敏反应。过敏反应症状多种多样，轻者表现为麻疹、发热、关节肿痛及蜂窝织炎等。严重时可出现过敏性休克，甚至危及生命。当这些抗菌药物残留于肉食品中进入人体后，就使部分敏感人群致敏，产生抗体。当这些被致敏的个体再接触这些抗生素或用这些抗生素治疗时，这些抗生素就会与抗体结合生成抗原抗体复合物，发生过敏反应。1984 年，美国一位 45 岁妇女因食用了含有青霉素的冷冻正餐产生了变态反应。

②药物及环境中的化学药品可引起基因突变或染色体畸变而造成对人类潜在的危害。如苯并咪唑类抗蠕虫药，通过抑制细胞活性，可杀灭蠕虫及虫卵，抗蠕虫作用广泛。然而，其抑制细胞活性的作用使其具有潜在的致突变性和致畸性。

③兽药残留对胃肠道菌群也有影响。正常机体内寄生着大量菌群，如果长期与动物性食品中低剂量残留的抗菌药物接触，就会抑制或杀灭敏感菌，耐药菌或条件性致病菌大量繁殖，微生物平衡遭到破坏，使机体易发感染性疾病，而且由于耐药而难以治疗。

④长期接触某种抗生素，可使机体体液免疫和细胞免疫功能下降，以致引发各种病变，引起疑难病症，或用药时产生不明原因的毒副作用，给临床诊治带来困难。临床上使用苯丙酮香豆素时，常可能导致出血。妇女常出现月经过多、经期紊乱、性功能紊乱等症，且久治不愈。引起这些病症的一个重要原因是肉食品中维生素 E 的残留，为维生素 E 对维生素 K 产生拮抗作用所致。

三、有害金属对食品安全性的影响

自然界中的金属元素有些是生物体必需的（如硒、锌、铜、铁、镒、铝等），但当必需的金属元素超过机体所需的量时，会产生毒害作用。也有不少金属对于生物体具有显著的毒性，如铅、汞、铬、铜、镣、锌、铝、砷（以有毒著名的类金属）等，其中引人关注的是铅、汞、砷，这些元素对人体有明显的毒害作用，被称为有害金属。它们在环境中不被微生物分解，相反可通过动植物的摄取而富集或转变成具有高毒性的有机金属化合物，受到有害金属污染的食物资源可引起食物的金属化学危害。

重金属是指比重大于或等于5.0的金属，是构成地壳的物质，在自然界分布非常广泛。重金属对人体健康及生态环境的危害极大。重金属污染物最主要的特性是：能被生物富集于体内，既危害生物，又能通过食物链成千上万倍地富集，而达到对人体相当高的危害程度。

（一）重金属污染的主要来源

重金属污染主要来源于工业的“三废”。对人体有害的重金属主要有汞、镉、砷、铅、铬以及有机毒物，这些有害的重金属大多是由矿山开采、工厂加工生产过程产生的，通过废气、残渣等污染土壤、空气和水。土壤、空气中的重金属由作物吸收直接蓄积在作物体内；水体中的重金属则可通过食物链在生物中富集，如鱼吃草或大鱼吃小鱼。用被污染的水灌溉农田，也使土壤中的金属含量增加，环境中的重金属通过各种渠道都可对食品造成严重污染，进入人体后可在人体中蓄积，引起对人体的急性或慢性毒害作用。

（二）重金属对食品的污染及毒害作用

不同的重金属污染，所造成的危害也不同，下面简要介绍几种重金属污染的危害。

1. 汞的污染

汞（Hg）俗称水银，是唯一的液体金属。水体汞的污染主要来自生产汞的厂矿、有色金属冶炼以及使用汞的生产部门排出的工业废水，尤以化工生产中汞的排放为主要污染来源。水中的汞多吸附在悬浮的固体微粒上而沉降于水底，使底泥中含汞量比水中高7 ~ 25倍，且可转化为甲基汞。环境中的汞通过食物链的富集作用导致在食品中大量残留。

汞有金属汞和化合汞两种形态。化合汞包括无机汞和有机汞化合物，后者最常见的是甲基汞、乙基汞和苯基汞。汞具有很强的毒性，有机汞比无机汞的毒性更大，更容易被吸收和积累，长期的毒性后果严重。汞对食品的污染主要是通过环境引起的，汞开采和冶炼，氯碱、造纸业、含汞农药、医疗药物、灯泡、电池等生产和应用中均可造成含汞废水、废气、废渣的排放，进而污染食品。除职业接触外，人体的汞主要来源于受污染的食物，其中又以鱼贝类食品的甲基汞污染对人体的危害最大。

甲基汞进入人体后分布较广，对人体的影响取决于摄入量的多少。长期食用被汞污染的食品，可引起慢性汞中毒等一系列不可逆的神经系统中毒症状，也能在肝、肾等脏器蓄积并透过人脑屏障在脑组织内蓄积；还可通过胎盘侵入胎儿，使胎儿发生中毒；严重的会造成妇女流产、死产或使初生婴儿患先天性水俣病，表现为发育不良、智力减退，甚至发生脑麻痹而死亡。

人的致死剂量为1 ~ 2g。汞浓度0.006 ~ 0.01mg/L可使鱼类或其他水生动物死亡，浓度0.01mg/L可抑制水体的自净作用。

中国国家标准规定各类食品中汞含量（以汞计）不得超过以下标准：粮食 0.02mg/kg，薯类、果蔬、牛奶 0.01mg/kg，鱼和其他水产品 0.3mg/kg（甲基汞为 0.2mg/kg），肉、蛋（去壳）、油 0.05mg/kg，肉罐头 0.1mg/kg。

2. 铅的污染

铅（Pb）在自然环境中分布很广，通过排放的工业“三废”使环境中铅含量进一步增加。植物通过根部吸收土壤中溶解状态的铅，农作物含铅量与生长期和部位有关，一般生长期长的高于生长期短的，根部含量高于茎叶和籽实。

使用的生产设备、食品容器、食具中的铅会污染食品，如铅合金、搪瓷、陶瓷、马口铁等均可能含铅；在一定条件下铅可进入食品，特别是在酸性食品中，铅的溶入量更高。国内曾有因用含铅容器蒸馋酒及盛酒导致酒中铅含量过高而引起中毒的多次报告。另外，使用含铅农药也可对食品造成污染，如砷酸铅可使水果和粮食上铅残留量达 1mg/kg。铅粉尘、含铅废气、废水等都可能造成食品的铅污染。

食用被铅化物污染的食品，可引起神经系统、造血器官和肾脏等发生明显的病变。患者可查出点彩红细胞和牙龈的铅线。常见的症状有食欲不振、胃肠炎、口腔金属味、失眠、头痛、头晕、肌肉关节酸痛、腹痛、腹泻或便秘贫血等。铅对鱼类的致死浓度为 0.1 ~ 0.3mg/L，铅浓度为 0.1mg/L 时，可破坏水体自净作用。

中国国家标准规定各类食品中铅最大允许含量（以铅计）为；冷饮食品、罐头、食糖、豆制品等 1.0mg/kg，发酵酒、汽酒、麦乳精、焙烤食品 0.5mg/kg，松花蛋 3.0mg/kg，色拉油 0.1mg/kg。

3. 镉的污染

镉（Cd）是重要的工业原料和环境污染物，镉对环境的污染主要来自如铅、锌矿的开采冶炼，合金钢、电镀镉、玻璃、蓄电池、塑料、陶瓷、照相材料等的生产加工过程。大气中的镉扩散后向地面降落，沉积于土壤中，是植物吸收镉的主要来源。动物性食品含镉量比植物性食品略高些，内脏含镉量明显比肌肉高。不同作物对镉的吸收能力不同，一般蔬菜含镉量比谷物籽粒高，且叶菜、根菜类高于瓜果蔬菜类。水生生物能从水中富集镉，其体内浓度可比水体含量高 4500 倍左右。

海产品、肉类（特别是肾脏）、食盐、油类和烟叶中镉的平均含量比饮料、蔬菜和水果高，在海产品中贝类含镉量最高。据调查非污染区贝类含镉量为 0.05mg/kg，而在污染区贝类镉含量可达 420Mg/kg。镉浓度为 0.2 ~ 1.1mg/L 可使鱼类死亡。动物体内的镉主要经食物、水摄入，且有明显的生物蓄积倾向。镉浓度为 0.1mg/L 时对水体的自净作用有害，如日本富山事件。

镉进入人体后，主要累积于肝、肾内和骨骼中。能引起骨节变形，腰关节受损，自然骨折，有时还引起心血管病。这种病潜伏期 10 多年，发病后难以治疗。镉对体内 Zn、Fe、Mn、Se、Ca 的代谢有影响，这些无机元素的缺乏及不足可增加镉的吸收及加强镉的毒性。

中国国家标准规定各类食品中镉含量（以镉计）不得超过以下标准：大米 0.2mg/

kg，面粉和薯类0.1mg/kg，杂粮0.05mg/kg，水果0.03mg/kg，蔬菜0.05mg/kg，肉和鱼0.1mg/kg，蛋0.05mg/kg。

4. 铬的污染

铬是构成地壳的元素之一，广泛地存在于自然界中。含有铬的废水和废渣是铬污染的主要污染源，尤其是皮革厂、电镀厂的废水、下脚料等含铬量较高。环境中的铬可以通过水、空气、食物的污染而进入生物体。目前食品中铬污染严重主要是由于用含铬污水灌溉农田。据测定，用污水灌溉的农田土壤及农作物的含铬量随污灌年限及污灌水的浓度而逐渐增加。作物中的铬大部分在茎叶中。水体中的铬能被生物吸收并在体内蓄积。

铬是人和动物所必需的一种微量元素，人体中缺铬会影响糖类和脂类的代谢，引起动脉粥样硬化。但过量摄入会导致人体中毒。铬中毒主要是由六价铬引起的，六价铬比三价铬的毒性大100倍，可以干扰体内多种重要酶的活性，影响物质的氧化还原和水解过程。小剂量的铬可加速淀粉酶的分解，高浓度则会减慢淀粉酶的分解过程，铬能与核蛋白、核酸结合，六价絡可促进维生素C的氧化，破坏维生素C的生理功能。近年来的研究表明，铬先以六价的形式渗入细胞，然后在细胞内还原为三价铬而形成终致癌物，与细胞内大分子相结合，引起遗传密码的改变，进而引起细胞的突变和癌变。

5. 砷的污染

神和神的化合物在工业、农业、医药上用途很广，农业上作为杀虫剂使用也很广泛。最常见的为三氧化二砷（ASzQ），俗称砒霜、白砒或信石；砷化物常用的有砷酸钙、亚砷酸钠、碎酸铅等。这些砷化物毒性较高，人类接触机会也较多，所以极易引起中毒。

在天然食品中含有微量的砷。由于化工冶炼、焦化、染料和砷矿开采后的“三废”中的含砷物质污染水源和土壤就会间接污染食品。水生生物特别是海洋甲壳纲动物对砷有很强的富集能力，浓缩可高达3300倍。用含砷废水灌溉农田，砷可在植株各部分残留，其残留量与废水中砷浓度成正比。农业上由于广泛使用含砷农药，导致农作物直接吸收和通过土壤吸收的砷大大增加。

摄入人体内的砷95% ~ 99%与血红蛋白结合，在24h内分布到全身。主要从尿排出，粪、乳、汗、毛发、指甲可以排出部分。砷在体内有强蓄积性，主要蓄积在肝、肾、肺、皮肤、毛发、指甲、子宫、胎盘和骨骼等上。毛发中砷含量常作为接触砷的监测指标。

由于砷污染食品或者受砷废水污染的饮水而引起的急性中毒，主要表现为胃肠炎症状，中枢神经系统麻痹，四肢疼痛，意识丧失甚至死亡。慢性中毒则表现为植物性神经衰弱症、皮肤色素沉着、过度角化、多发性神经炎、肢体血管痉挛、坏疽等症状。近年来有些资料提出，砷有致癌和致突变作用，特别是导致皮肤癌及肺癌。

FAO/WHO提出砷每日允许摄入量为0.05mg/kg体重。我国规定食品中砷允许含量（以As计）为：酱、酱油、味精、食盐、发酵和非发酵豆制品、淀粉类制品、腌菜、糕点、红茶、绿茶、冷饮均不超过0.5mg/kg；食醋不超过0.5mg/L；食用植物油不超过0.1mg/kg；粮食（以原粮计）不超过0.7mg/kg。

（三）其他化学性食物中毒

有毒化学物质种类繁多，引起中毒的毒物多是剧毒、在体内易被消化道吸收。对各种化学毒物存放、使用、运输、保管不当而使其污染食品或误食中毒的事件也屡有发生。

（四）重金属污染的控制措施

①妥善保管有毒有害金属及其化合物，防止误食、误用以及人为污染食品。

②健全法律法规，消除污染源，防止环境污染。建立健全工业“三废”的管理制度；废水、废气、废渣必须按规定处理后达标排放；采用新技术，控制“三废”污染物的产生；对于生活垃圾，要进行分类回收，集中进行无害化处理。只有消除污染源，才能有效控制有害重金属的来源，使其对食品安全的影响降到最低限度。

③加强化肥、农药的管理，制定相关标准。化肥特别是磷、钾、硼肥以矿物为原料，其中含有某些有害元素，如磷矿石中，除含五氧化二磷外，还含有砷、铬、镉、氟等。垃圾、污泥、污水被当作肥料施入土壤中，也含某些重金属。要合理安全使用化肥和含重金属的农药，减少残留和污染，并制定和完善农药残留限量的标准，并加强经常性的监督检测工作。

④对农业生态环境进行检测和治理，禁止使用重金属污染的水灌溉农田。

四、食物加工过程对食品安全性的影响

（一）高温油炸过程中产生有害物质

食物在进行煎、炸、炒等烹饪时，均需将油熬热以去除油脂中一些有异味的物质。油炸食品除应考虑油脂本身的安全性问题之外，在高温油炸过程中产生的有害物质也会带来安全问题。在日常生活中，加热油脂的温度，一般不超过 200 度。在此温度下，油脂不至于出现过热劣变产物；但在特殊情形下局部油温可超过 200℃，此时油脂会出现有害的热聚合物。

1. 多环芳烃

多环芳烃是指分子中含有两个或两个以上苯环的碳氢化合物，主要来源于煤、石油的燃烧，食用植物油及其加热产物中也含有多环芳烃，而且油烟雾中含量更高。目前已证实 30 余种多环芳烃具有不同程度的致癌性，如苯并蒽、二苯并蒽、苯并［α］芘等。例如，现代医学证实，食品中苯并［α］芘的含量与胃癌等多种肿瘤的发生有一定的关系。

2. 杂环胺类化合物

杂环胺类化合物是一类带杂环的伯胺。杂环胺主要产生于富含蛋白质的食物在高温烤、炸、煎的过程。杂环胺的形成主要受煎炸、烤的温度影响。富含蛋白质的食物在较高的煎烤温度（一般在 200℃以上）便会分解产生杂环胺及多环芳烃类等。杂环胺类化合物具有致突变性和致癌性。

3. 丙烯酰胺

丙烯酰胺是聚丙烯酰胺合成中的化学中间体（单体）。食品中的丙烯酰胺产生于高碳水化合物、低蛋白质的植物性食物的高温加热烹调过程。一般认为，天冬酰胺和还原性糖在高温加热过程中通过美拉德反应生成丙烯酰胺的是丙烯酰胺产生的最重要的途径。油炸、烘烤的淀粉类食品中丙烯酰胺含量较高，其代表性食品为薯条。目前已经有大量的动物试验数据表明，丙烯酰胺具有一定的神经毒性、生殖毒性、遗传毒性和致癌性，因此食品中丙烯酰胺的污染引起了各国卫生部门的高度关注。

4. 反式脂肪酸

植物油在精炼脱臭工艺中，由于高温（一般可达 250℃以上）及长时间（2h 左右）加热，也可能产生一定量的反式脂肪酸。反式脂肪酸的过量摄入会危害人体健康。它不但升高血液中被称作为恶性胆固醇的 HDL，同时还降低被称作为良性胆固醇的 HDL，这两种变化都会引发动脉阻塞而增加心血管疾病的危险性；增加患糖尿病的危险；反式脂肪酸能通过胎盘以及母乳转运给胎儿，使其易患上必需脂肪酸缺乏症，对视网膜、中枢神经系统和大脑功能的发生、发展产生不利影响。

防止高温加热引起油脂劣变，可以从以下两个方面着手：

①控制煎炸用油的温度，使之保持在 170℃ ~ 200℃。煎炸用油达 250℃ ~ 280℃时，油脂颜色很快变为深褐色且黏稠。

②煎炸用油加热时间不宜过长，应尽量减少反复使用煎炸油的次数，凡炸过三次的油，最好不再用于炸食物。炸食物时，尽量避免使用剩油，因此一次加油不宜过多，最好少量多次加入新油。炸食物时间较长时，应随时添加新的生油以稀释锅中陈旧的熟油，防止形成聚合物。

（二）调味品使用带来的污染

食品加工和烹饪中所需的调味品包括油、盐、酱、醋、糖及各种香料等。调味品可改善食品感官性质，促进食欲，提高消化吸收率。调味品消费量大，且用于佐餐及凉拌时常不经加热而直接食用，因此应防止有毒物质、微生物的污染，保证调味品安全质量。

酱油是我国传统的调味品，一般是以富含蛋白质的豆类和富含淀粉的谷类及其副产品为主要原料，在微生物酶的催化作用下分解成并经浸滤提取的调味汁液。酱油的安全问题主要有以下几方面：氯丙醇污染、微生物污染、焦糖色素的安全问题、镂盐的安全问题、防腐剂的安全问题、非食用物质的恶意添加等。

食醋是以粮食、果实、酒类等含有淀粉、糖类、酒精的原料，经微生物酿造而成的一种液体酸性调味品，是我国传统的调味品之一。食醋目前可能存在的安全问题主要有以下几方面：微生物污染问题、掺假、伪劣和非食用物质的恶意添加等。

味精是以碳水化合物（淀粉、大米、糖蜜等糖质）为原料，经微生物（谷氨酸棒杆菌等）发酵、中和、结晶精制而成的具有特殊鲜味的白色结晶或粉末。谷氨酸发酵过程中若遭受杂菌污染，轻者影响味精的产量或质量，重者可能导致倒罐，甚至停产。

酱按其原料分为黄豆酱、蚕豆酱、甜面酱和虾酱等。在酱及酱制品的生产过程中，存在一些不安全因素，如原辅料存在大量微生物可导致其霉烂变质，引起致病菌和霉菌毒素（如黄曲霉毒素）的污染；原料中泥沙、石子等产品的混入；农药残留、有害元素污染、无菌包装袋的辐射残留及生产设备中清洗消毒剂残留等。

食盐的主要成分是氯化钠。食盐的安全问题主要是杂质的污染。矿盐、井盐中硫酸钠含量通常较高，使盐有苦涩味并在肠道内影响食物的吸收，通常采用冷冻法或加热法除去硫酸钙和硫酸钠。此外，矿盐、井盐中还可能含有朝盐，长期少量食入可引起全身麻木刺痛、四肢乏力，严重时可出现弛缓性瘫痪。

食糖的主要成分为蔗糖，是以甘蔗、甜菜为原料经压榨取汁制成，食糖的安全问题主要是 SO_2 残留。食糖生产过程中为了降低糖汁的色值和黏度，需用 SO_2 漂白。人体若摄入大量 SO_2 可出现头晕、呕吐、腹泻等症状，严重时会损伤肝、肾功能。

蜂蜜是蜜蜂从开花植物的花中采得的花蜜在蜂巢中酿制而成的。其可能存在的安全问题主要有以下几方面：一些蜂农常用抗生素防治蜜蜂疾病造成抗生素残留；蜂蜜存放于金属容器中导致部分金属溶出；个别商家向蜂蜜中掺入水、蔗糖、转化糖、饴糖、羧甲基纤维素钠、糊精或淀粉等物质。

第四节　包装材料和容器引发的食品安全

食品包装在食品工业生产中已占据了相当重要的地位，目前，食品包装材料有塑料、纸与纸板、金属（镀锡薄板、铝、不锈钢）、陶瓷与搪瓷、玻璃、橡胶、复合材料、化学纤维等。它们最基本的作用是保藏食品，使食品免受外界因素的影响。另外，包装还可增加食品的商品价值。但是，食品在生产加工、储运和销售过程中，包装材料中的某些有害成分可能转移到食品中造成污染，危害人体健康。随着包装容器和材料种类的不断增多，由此而带来的安全问题也引起人们的关注。

一、塑料包装材料和容器对食品安全性的影响

塑料是一种以高分子聚合物树脂为基本成分，再加入一些适量的用来改善性能的各种添加剂制成的高分子材料。根据塑料受热后的变化情况，将其分为两类：一是热塑性塑料，如聚乙烯和聚丙烯，它们在被加热到一定程度时开始软化，可以吹塑或挤压成型，降温后可重新固化，这一过程可以反复多次；二是热固性塑料，如酚醛树脂和脲醛树脂，这类塑料受热后可变软被塑成一定形状，但在硬化后再加热也不能软化变形。

塑料包装材料具有来源丰富、成本低廉、质轻、机械性能好，适宜的阻隔性与渗透性，化学稳定性好，光学性能、卫生性能优良，良好的加工性能和装饰性等特点。因此，塑

料包装材料受到食品包装业的青睐，成为近几十年来世界上发展最快、用量最大的包装材料。塑料包装材料广泛应用于食品的包装，大量取代了玻璃、金属和纸类等传统包装材料，使食品包装的面貌发生巨大的改观，体现现代食品包装形式丰富多样、流通使用方便的发展趋势。塑料用作包装材料是现代包装技术发展的重要标志，但塑料包装用于食品也存在着一些安全性问题。

（一）塑料包装材料中有害物质的来源

塑料包装材料的不安全性主要表现为材料内部残留的有毒有害物质溶出、迁移而导致食品污染，其主要来源有以下几个方面。

1. 树脂本身具有一定毒性

树脂中未聚合的游离单体、裂解物（氯乙烯、苯乙烯、酚类、丁腈胶、甲醛）、降解物及老化产生的有毒物质对食品安全均有影响。

聚氯乙烯游离单体氯乙烯具有麻醉作用，可引起人体四肢血管的收缩而产生痛感，同时具有致癌、致畸作用。它在肝脏中形成氧化氯乙烯，具有强烈的烷化作用，可与DNA 结合产生肿瘤。

聚苯乙烯中的残留物质苯乙烯、乙苯、甲苯和异丙苯等，也可对食品安全构成危害。苯乙烯可抑制大鼠生育，使肝、肾质量减轻。低相对分子质量的聚乙烯溶于油脂产生腊味，影响产品质量。

制作奶瓶用的聚碳酸酯树脂原料产生苯酚，有一定毒性，产生异味。这些有害物质对食品安全的影响程度，取决于材料中该物质的浓度、结合的紧密性以及材料接触食物的性质、时间、温度及在食品中的溶解性等因素。

2. 塑料包装容器表面的微尘杂质及微生物污染

因塑料易带电，吸附在塑料包装表面的微生物及微尘杂质可引起食品污染。

3. 塑料制品制作加工中带来的危害

（1）稳定剂

稳定剂用来防止塑料制品在空气中长期受氧和光的作用而变质或在高温下降解。大多数为金属盐类，其中钙、锌盐稳定剂在许多国家允许使用，但铅、钹、镉盐对人体危害较大，一般不添加于接触食品的工具和容器中。

（2）塑化剂

塑化剂用来增加聚合物的塑性，表现为聚合物的硬度、软化温度和脆化温度下降，而伸长率、曲挠性和柔韧性提高，起到增加塑料弹性的作用，主要应用于玩具、食品包装材料、医用血袋和胶管、乙烯地板和壁纸、清洁剂、润滑油、个人护理用品的生产中。

塑化剂如果在体内长期累积，会引发激素失调，导致人体免疫力下降，最重要的是影响生殖能力，造成孩子性别错乱，包括生殖器变短小、性征不明显、诱发儿童性早熟。特别是尚在母亲体内的男性婴儿通过孕妇血液摄入邻苯二甲酸酯（DEHP）产生的危害

更大。目前虽无法证实塑化剂对人类是否致癌，但对动物明显会产生癌变反应。2011年发生在台湾的塑化剂风波，使“塑化剂”这个专业名词及其对健康的危害作用为普通消费者所熟知。

（3）抗氧化剂

可使塑料制品表面光滑，并能改进其结构和性质，以防止氧化，常用丁基羟基茴香醚（BHA）和二丁基羟基甲苯（BHT），二者毒性很低。

（4）抗静电剂

一般为表面活性剂，有阳离子型、阴离子型和非离子型，其中非离子型毒性最低。

（5）塑料着色

塑料着色是塑料加工工艺中的重要环节。而不合格塑料着色剂的使用或着色剂的不当使用则可能给消费者的健康安全造成隐患，主要包括致癌物质芳香胺超标、成品脱色试验不合格以及重金属含量超标等。此外，不合格着色剂还可能含多氯联苯等有害物质。由着色剂使用导致的品质问题已成为塑料制品安全卫生指标不合格的重要原因之一。目前，欧洲、美国、日本等国家和地区对可用于食品接触制品的着色剂种类和要求等都制定了相应规范。

（6）黏合剂

黏合剂按照使用类型可分为水性黏合剂、溶剂型黏合剂和无溶剂型黏合剂。水性黏合剂对食品安全不会产生什么影响，但由于功能方面的局限，在我国还不能广泛地应用。我国食品行业主要使用溶剂型黏合剂，对于这种黏合剂的安全性能，绝大多数人认为如果产生的残留溶剂不高就不会对食品安全产生影响，其实这种认识是片面的。我国食品行业使用的溶剂型黏合剂有99%是芳香族黏合剂，其中含有芳香族异氰酸酯，用这种材料袋包装食品后经高温蒸煮，可使芳香族异氰酸酯迁移至食品中，并水解生成致癌物质芳香胺。

（7）油墨污染

油墨厂家往往考虑树脂和助剂对食品安全性的影响，而忽视颜料和溶剂对食品安全的间接危害。一些不良厂家甚至用染料来代替颜料进行油墨的制作，而染料的迁移会严重影响食品的安全性。此外，为提高油墨的附着牢度会添加一些促进剂，如硅氧烷类物质，此类物质基团会在一定的干燥温度下发生键的断裂，生成甲醇等物质，而甲醇会对人的神经系统产生危害。在塑料食品包装袋上印刷的油墨，因为苯等一些有毒物不易挥发，对食品安全的影响更大。苯残留超标是各地塑料食品包装袋抽检中的主要不合格项，而造成苯超标的主要原因是在塑料包装印刷过程中为了稀释油墨使用含苯类溶剂。

4. 塑料回收再利用带来的污染

塑料材料的回收再利用是大势所趋。国家明确规定聚乙烯回收再生品不得用于制作食品包装材料，而其他回收的塑料材料，往往由于种种原因存在着影响食品安全问题。主要有以下几个方面：其一，由于回收渠道复杂，回收容器上常残留有害物质，如添加剂、重金属、色素、病毒等，难以保证清洗处理完全，从而对食品造成污染；其二，有的回收品被添加大量涂料以掩盖质量缺陷，导致涂料色素残留大，造成对食品的污染；其三，大量的医学垃圾塑料被不良商贩回收利用，造成食品安全隐患。

（二）食品包装常用塑料材料

尿素树脂（VR）由尿素和甲醛制成。树脂本身光亮透明，可随意着色。但在成型条件欠妥时，将会出现甲醛溶出的现象。即使合格的试验品也不适宜在高温下使用。

酚醛树脂（PR）由苯酚和甲醛缩聚而成。由于树脂本身为深褐色，所以可用的颜色受到一定的限制。酚醛树脂一般用来制造箱或盒，盛装用调料煮过的鱼贝类。酚醛树脂的溶出物主要来自甲醛、酚以及着色颜料。

三聚氰胺树脂（MF）由三聚氰胺和甲醛制成，在其中掺入填充料及纤维等而成型。三聚氰胺树脂成型温度比尿素树脂高，甲醛的溶出也较少。三聚氰胺树脂一般用来制造带盖的容卷，但在食品容器方面的应用要比酚醛树脂少一些。

聚氯乙烯塑料是以聚氯乙烯树脂为主要原料，再加以增塑剂、稳定剂等加工制成。聚氯乙烯树脂本身是一种无毒聚合物，但氯乙烯具有麻醉作用，可引起人体四肢血管的收缩而产生痛感，同时还具有致癌和致畸作用，它在肝脏中可形成氧化氯乙烯，具有强烈的烷化作用，可与DNA结合产生肿瘤。聚氯乙烯塑料的安全性问题主要是残留的氯乙烯单体、降解产物以及添加剂的溶出造成的食品污染。

聚偏二氯乙烯（PVDC）是由偏氯乙烯单体聚合而成，具有极好的防潮性和气密性，化学性质稳定，并有热收缩性等特点。聚偏二氯乙烯薄膜主要用于制造火腿肠、鱼香肠等灌肠类食品的肠衣。聚偏二氯乙烯中可能有氯乙烯和偏二氯乙烯残留，属中等毒性物质。毒理学试验表明，偏二氯乙烯单体代谢产物为致突变阳性。聚偏二氯乙烯塑料所用的稳定剂和增塑剂的安全性问题与聚氯乙烯塑料一样，存在残留危害。聚偏二氯乙烯所添加的增塑剂在包装脂溶性食品时可能溶出，因此添加剂的选择要谨慎，同时要控制残留量。

聚乙烯（PE）为半透明和不透明的固体物质，是乙烯的聚合物。采用不同工艺方法可形成不同聚乙烯品种，一般分为低密度聚乙烯和高密度聚乙烯两种。前者主要用于制造食品塑料袋、保鲜膜等；后者主要用于制造食品塑料容器、管等。聚乙烯塑料本身是一种无毒材料，它属于聚烯烃类长直链烷烃树脂。聚乙烯塑料的污染物主要包括聚乙烯中的单体乙烯、添加剂残留以及回收制品污染物。其中乙烯有低毒，但由于沸点低，极易挥发，在塑料包装材料中残留量很低，加入的添加剂量又非常少，基本上不存在残留问题，因此，一般认为聚乙烯塑料是安全的包装材料。但低分子质量聚乙烯溶于油脂使油脂具有腊味，从而影响产品质量。聚乙烯塑料回收再生制品存在较大的不安全性，由于回收渠道复杂，回收容器上常残留有害物质，难以保证清洗处理完全，从而造成对食品的污染。有时为了掩盖回收品质量缺陷往往添加大量涂料，导致涂料色素残留污染食品。因此，一般规定聚乙烯回收再生品不能用于制作食品的包装容器。

聚丙烯（PP）是由丙烯聚合而成的一类高分子化合物，主要用于制作食品塑料袋、薄膜、保鲜盒等。聚丙烯塑料残留物主要是添加剂和回收再利用品残留。由于其易老化，需要加入抗氧化剂和紫外线吸收剂等添加剂，造成添加剂残留污染，其回收再利用品残留与聚乙烯塑料类似。聚丙烯作为食品包装材料一般认为较安全，其安全性高于聚乙烯塑料与聚氯乙烯塑料相类似。

聚苯乙烯（PS）是由苯乙烯单体聚合而成。聚苯乙烯本身无毒、无味、无臭，不易生长霉菌，可制成收缩膜、食品盒等。其安全性问题主要是苯乙烯单体、甲苯、乙苯和异丙苯等的残留。残留量对大鼠经口的 LD5（半致死量）：苯乙烯单体 5.09g/kg，乙苯 3.5g/kg，甲苯 7.0g/kg。苯乙烯单体还能抑制大鼠生育，使肝、肾质量减轻。残留于食品包装材料中的苯乙烯单体对人体最大无作用剂量为 133mg/kg，塑料包装制品中单体残留量应限制在 1% 以下。

由对苯二甲酸或其甲酯和乙二醇缩聚而成的聚对苯二甲酸乙二醇酯（PET），由于具有透明性好、阻气性高的特点，广泛用于液体食品的包装，在美国和西欧作为碳酸饮料容器使用。聚对苯二甲酸乙二醇酯的溶出物可能来自乙二醇与对苯二甲酸的三聚物聚合时的金属催化剂，不过其溶出量非常少。

（三）塑料容器和塑料包装材料的卫生要求

用于食品容器和包装材料的塑料制品本身应纯度高，禁止使用可能游离出有害物质的塑料。我国对塑料包装材料及其制品的卫生标准也作了规定。对于塑料包装材料中有害物质的溶出残留量的测定，一般采用模拟溶媒溶出试验进行，同时进行毒理试验，评价包装材料毒性，确定有害物的溶出残留限量和某些特殊塑料材料的使用限制条件。溶出试验是在模拟盛装食品条件下选择几种溶剂作为浸泡液，然后测定浸泡液中有害物质的含量，常用的浸泡液有 3% ~ 4% 的乙酸（模拟食醋）、己烷或庚烷（模拟食用油）以及蒸储水、乳酸、乙醇、碳酸氢钠和蔗糖水溶液。浸泡液检测项目有单体物质、甲醛、苯乙烯、异丙苯等针对项目，以及重金属，溶出物总量（以高锰酸钾消耗量 mg/L 水浸泡液计）、蒸发残渣（以 mg/L 浸泡液计）。

（四）塑料容器和塑料包装材料生产与使用的对策和建议

塑料的生产和使用问题一直是食品包装行业的一个重要控制点，能否规范塑料及其添加剂的流通和使用，关系到食品包装行业的发展，更与人们的身体健康密切相关，国际食品包装协会提出了以下建议。

1. 完善相关政策及标准

现阶段食品常用包装材料方面的一些国家政策和标准体系尚不够完善，需要尽快完善和说明。

2. 未列入国家准许用于食品容器、包装材料的物质应申报行政许可

随着科技的进步，添加剂的种类也在不断创新，目前已经公布的可用于食品包装容器、材料的添加剂达千余种，但仍不能满足生产需要。因此，对于新的可用于食品容器、包装材料的物质，我国也在不断出台新的政策，鼓励其用于食品包装。

3. 加强自身对食品包装方面的认识

消费者要对食品包装有一个正确的认识，科学使用塑料包装容器和材料，改变日常生活中的一些生活习惯：

①尽量不使用一次性塑料餐饮具。在选用食品容器时，应尽量避免使用塑料器材，改用高质量的不锈钢、玻璃和搪瓷容器。

②保存食品用的保鲜膜宜选择不添加塑化剂的聚乙烯材质，并避免将保鲜膜和食品一起加热。而且最好少用保鲜膜、塑料袋等包装和盛放食品。

③尽量避免用塑料容器和塑料袋放热水、热汤、茶和咖啡等。

④尽量少用塑料容器盛放食品在微波炉中加热，因为微波炉加热时温度相当高，油脂性食品更会加速塑料的溶出。

二、橡胶包装材料及其制品对食品安全性的影响

橡胶也是高分子化合物，分为天然和合成橡胶两种。

天然橡胶是橡胶树上流出的乳胶，由以异戊二烯为主要成分的单体构成的长链、直链的高分子化合物，经凝固、干燥等工序加工工序制成的弹性固状物。天然橡胶既不被消化酶分解，也不被细菌和霉菌分解，因此也不会被肠道吸收，可以认为是无毒的物质。但因加工需要，往往加入橡胶添加剂，这可能是其毒性的来源。

合成橡胶多由二烯类单体聚合而成，可能存在单体和添加剂毒性。合成橡胶由单体聚合而成，合成橡胶因单体不同分为多种：①硅橡胶：有机硅氧烷的聚合物，毒性甚小，常制成奶嘴等。②丁橡胶（HR）：由异戊二烯和异丁二烯聚合而成。③丁二烯橡胶（BR）：是丁二烯的聚合物。以上二烯类单体都具有麻醉作用，但未证明有慢性毒性作用。④丁苯橡胶（SBR）：系由丁二烯和苯乙烯聚合而成，其蒸气有刺激性，但小剂量未发现慢性毒性。⑤丁腈橡胶：是丁二烯和丙烯腈的聚合物，耐油，但其中丙烯腈单体毒性较大，可引起溶血并有致畸作用。⑥氯丁二烯橡胶（CBR）：其单体为1.3-二氯丁二烯，有关于它可致肺癌和皮肤癌的报道尚有争论。⑦乙丙橡胶：其单体乙烯和丙烯在高浓度时也有麻醉作用，但未发现慢性毒性作用。

橡胶制品常用作奶嘴、瓶盖、高压锅垫圈及输送食品原料、辅料、水的管道等。橡胶加工时使用的促进物有氧化锌、氧化镁、氧化钙、氧化铅等无机化合物，由于使用量均较少，因而较安全（除含铅的促进剂外）。有机促进剂有醛胺类，如乌洛托品能产生甲醛，对肝脏有毒性；硫脲类如乙撑硫脲有致癌性；秋兰姆类能与锌结合，对人体可产生危害；另外还有胍类、噻唑类、次磺酰胺类等，它们大部分具有毒性。

三、纸和纸板包装材料及其对食品安全性的影响

纸是从纤维悬浮液中将纤维沉积到适当的成形设备上，经干燥制成的平整均匀的薄页，是一种古老的食品包装材料。随着人们对“白色污染”等环保问题的日益关注，纸质包装在食品包装领域的需求和优势越来越明显。一些国家规定食品包装一律禁用塑料袋，提倡使用纸制品进行绿色包装。

纸包装材料具有如下有点：材料来源丰富，价格较低廉；质量较轻，可折叠，具有一定的韧性和抗压强度，弹性良好，有一定的缓冲作用；纸容器易加工成型，结构多样，印刷装潢性好，包装适应性强；复合性好，加工纸与纸板种类多，性能全面；无二次环境污染，易回收利用或降解。为此，纸包装材料在食品包装中占有相当重要的地位。目前世界上用于食品的纸包装材料种类繁多，性能各异，各种纸包装材料的适应范围不尽相同。

（一）纸中有害物质的污染途径

1. 造纸原料本身带来的污染

生产食品包装纸的原材料有木浆、草浆等，存在农药残留。有的纸质包装材料使用一定比例的回收废纸制纸，废旧回收纸虽然经过脱色，但只是将油墨颜料脱去，而有害物质铅、铬、多氯联苯等仍可残留在纸浆中；有的采用霉变原料生产，使成品含有大量霉菌。

2. 造纸过程中的添加物和油墨污染

造纸需在纸浆中加入化学品，如防渗剂 / 施胶剂、填料、漂白剂、染色剂等。纸的溶出物大多来自纸浆的添加剂、染色剂和无机颜料，而这些物质的制作多使用各种金属，这些金属即使在 mg/kg 级以下也能溶出。例如，在纸的加工过程中，尤其是使用化学法制浆，纸和纸板通常会残留一定的化学物质，如硫酸盐法制浆过程残留的碱液及盐类。《食品安全法》规定，食品包装材料禁止使用荧光染料或荧光增白剂等致癌物。此外，从纸制品中还能溶出防霉剂或树脂加工时使用的甲醛。

我国没有食品包装专用油墨，在纸包装上印刷的油墨，大多是含甲苯、二甲苯的有机溶剂型凹印油墨，为了稀释油墨常使用含苯类溶剂，造成残留的苯类溶剂超标。苯类溶剂在食品容器、包装材料用添加剂使用卫生标准中早已禁止使用，但仍有不法分子在大量使用。另外，油墨所使用的颜料、染料中，存在重金属（铅、镉、汞、铬等）、苯胺或稠环化合物等物质，容易引起重金属污染，而苯胺类或稠环类染料则是明显的致癌物质。印刷时因相互叠在一起，造成无印刷面也接触油墨，形成二次污染。所以，纸制包装印刷油墨中的有害物质，对食品安全的影响很严重。为了保证食品包装安全，采用无苯印刷将成为发展趋势。

3. 贮存、运输过程中的污染

纸包装物在贮存、运输时表面受到灰尘、杂质及微生物污染，对食品安全造成影响。此外，纸包装材料封口困难，受潮后牢度下降，受外力作用易破裂。因此，使用纸类作为食品包装材料，要特别注意避免因封口不严或包装破损而引起的食品包装安全问题。

（二）食品包装用纸中的主要有毒有害物质

1. 荧光增白剂

荧光增白剂是能够使纸张白度增加的一种特殊白色染料，它能吸收不可见的紫外光，将其变成可见光，消除纸浆中的黄色，增加纸张的视觉白度。

目前造纸工业使用的荧光增白剂在化学结构上都具有环状的共轭体系，常用的是二苯乙烯型二氨基苯磺酸类荧光增白剂，包括二磺酸、四磺酸和六磺酸三种类型。荧光增白剂被人体吸收后会加重肝脏的负担。如果有伤口，荧光增白剂和伤口处的蛋白质结合，会阻碍伤口的愈合。医学临床试验证明，如过量接触荧光增白剂，可能会成为潜在的致癌因素。

废纸中的荧光增白剂和纯木浆中添加的荧光增白剂是食品包装用纸荧光增白剂的重要来源。例如，用回收废纸 + 消毒水 + 荧光增白剂 + 石灰粉制成的劣质餐巾纸和纸杯有异味、洞眼、沙眼，并会出现掉毛、掉粉等现象。使用这种劣质的食品包装用纸时，纸中的荧光增白剂就会渗透到食品中，进入人体后给人们的健康带来危害。

2. 重金属

在金属元素中，毒性较强的是重金属及其化合物，而铅、镉、汞和铬是在生产生活环境中经常遇到的有害重金属。有害重金属污染对环境和人类具有极大的危害，人体无法通过自身的代谢食物链或其他途径排泄累积的有害重金属。

食品包装用纸中重金属的来源主要有两个方面：一方面，是造纸用的植物纤维在生长过程中吸收了自然界存在的重金属；另一方面，是由于一些不法企业使用了可能含有有毒重金属的废纸。

3. 甲醛

甲醛为较高毒性的物质，在我国有毒化学品优先控制名单上，甲醛高居第一位。甲醛已经被世界卫生组织确定为致癌和致畸物质，是公认的变态反应源，也是潜在的强致突变物之一。

食品用纸包装产品中甲醛的可能来源主要有三个方面：第一，造纸过程中加入的助剂可能带来甲醛，如二聚氰胺甲醛树脂等；第二，部分不法企业使用废纸做原料，废纸中的填料、油墨等可能含有甲醛；第三，食品包装容器在成型时所使用的胶黏剂可能带来甲醛的残留。

4. 多氯联苯

多氯联苯易溶于脂肪，极难分解，易在生物体的脂肪内大量富集，很难排出体外。

动物毒性试验表明其具有高毒性，表现为致癌性；引起人类精子数量减少、精子畸形；抑制脑细胞合成、造成脑损伤，使婴儿发育迟缓、智商降低；干扰内分泌系统等。

我国食品包装用纸中的多氯联苯的来源主要是脱墨废纸。废纸经过脱墨后，虽可将油墨颜料脱去，但是多氯联苯仍可残留在浆中。我国颁布的《食品包装用原纸口生处理办法》中明确规定食品包装用原纸不得采用社会回收废纸做原料。有些不法企业，为降低成本通常掺入一定比例的废纸，用这些废纸作为食品包装纸时，纸浆中残留的多氯联苯就会污染食品。

5. 芳香族碳水化合物

纸质包装材料中存在的芳香族碳水化合物主要为二异丙基萘同分异构体混合物，用来作为多氯联苯的代替品，作为生产无碳复写纸的染料溶剂。有报道显示，6 种二异丙基萘同分异构体很容易从纸张中迁移到干燥的食品中，试验证实这些二异丙基萘同分异构体来自无碳复写纸。

6. 二苯甲酮

光固油墨以及光固胶黏剂因较为环保而用量不断增加。光固油墨与传统使用的苯胺油墨不一样，它不含或很少含有有机挥发成分。最常用的光固油墨是紫外光光固油墨，其主要组分是色料、低聚物、单体、光引发剂以及一些助剂。光引发剂的类型比较多，但二苯甲酮因价格比较低且比较有效而最常用。紫外光光固油墨中一般含有 5% ~ 10% 的光引发剂，在光固化反应的过程中只有少量的光引发剂会被反应掉。而没有反应掉的部分光引发剂就会留在纸张中，最后可能会迁移到被包装的食品中。

7. 二噁英

二噁英是一类含有一个或两个氧键连接两个苯环的含氯有机化合物的总称。根据氯原子在 1 ~ 9 位的取代位置不同分为许多种，其中有 17 种（2.3.7.8 位被氯原子取代）被认为对人类健康有巨大危害。

食品包装用纸中二噁英主要来源为：制浆造纸中含氯漂白剂的使用；制浆过程消泡剂的使用。此外，五氯苯酚常用作木材的防腐剂，也是 2.3.7.8- 四氯二苯并对二噁英（TCDD）的一个重要来源。

8. 防油剂

通过使用有机氟化物对纸和纸板包装材料进行处理，可以使纸张具有防油性。有些防油剂同时也是很好的防水剂。

最常用的防油剂是由全氟烃基磷酸酯和全氟烃基铵盐组成，在受热时形成了全氟辛基磺酰胺。已有研究表明，全氟辛基磺酰胺是具有中等毒性的肝致癌物，可引起脂肪代谢紊乱、能量代谢障碍、儿童正常骨化延迟和脂质过氧化作用，给人类健康带来潜在危害。

9. 其他

不同纸包装材料使用的原材料具有复杂的天然成分，因而产生的挥发性物质有很大的差别。在纸的加工过程中常加入清洁剂、涂料以及其他的改良剂等物质，也会影响纸包装材料的挥发性物质。

（三）我国食品包装用纸材料的卫生标准

纯净的纸是无毒、无害的，但由于原材料受到污染，或经过加工处理，纸和纸板中会有一些杂质、细菌和某些化学残留物，如挥发性物质、农药残留、制浆用的化学残留物、重金属、防油剂、荧光增白剂等，这些残留污染物有可能会迁移到食品中，影响包装食品的安全性，从而危害消费者的健康。

由于近两年食品包装纸存在的安全问题较多，所以大多数国家均规定了包装用纸材料有害物质的限量标准。

四、金属、玻璃、陶瓷和搪瓷包装材料及其对食品安全性的影响

（一）金属包装材料和容器对食品安全性的影响

铁、铝和不锈钢是目前主要使用的金属包装材料，另外还有铜、锡和银等。采用金属包装容器十分普遍，如以铁、铝、铜、不锈钢等金属板、片加工成型的桶、罐、管、盘、壶、锅、铲、刀、叉、勺等，以及铝箔制作的复合材料容器。

金属制品作为食品容器，在生产效率、流通性、保存性等方面具有优势，在食品包装材料中占有重要地位。其优点包括优良的阻隔性能、优良的机械性能、方便性好、表面装饰性好、废弃物容易处理、加工技术与设备成熟等。

金属容器内壁涂层的作用主要是保护金属不受食品介质的腐蚀，防止食品成分与金属材料发生不良反应，或降低其相互黏结能力。用于金属容器内壁的涂料漆成膜后应无毒，不影响内容物的色泽和风味，有效防止内容物对容器内壁的磨损，漆膜附着力好，并应具有一定的硬度。金属罐装罐头经杀菌后，漆膜不能变色、软化和脱落，并具有良好的贮藏性能。

金属容器外壁涂料主要是彩印涂料，避免了纸制商标的破损、脱落、褪色和容易沾染油污等缺点，还可防止容器外表生锈。

1. 铁制食品容器

铁制容器在食品中的应用较广，如烘盘及食品机械中的部件。铁制容器的安全性问题主要有以下两个方面：①白铁皮（俗称铅皮）镀有锌层，接触食品后锌迁移至食品，国内曾有报道用镀锌铁皮容器盛装饮料而发生食品中毒的事件；②铁制工具不宜长期接触食品。

2. 铝制食品容器

目前，铝制容器作为食具已经很普遍。铝制品的食品安全性问题主要在于铸铝和回收铝中的杂质。我国广西、江苏、上海等 8 个地区曾调查了精铝食具 486 件，回收铝食

具 426 件，测定了锌、砷、铅、镉等金属在 4% 乙酸中的溶出量。结果表明，精铝食具中金属溶出量明显低于回收铝食具，尤其是回收铝食具中铅的溶出量最大达 170mg/L。可见，精铝食具安全性较高，在食品中应用的铝材（包括铝箔）应该采用精铝。而回收铝中的杂质和金属难以控制，易造成食品的污染。

日常生活中用的铝制品分为熟铝制品、生铝制品、合金铝制品三类。它们都含有铅、锌等元素。据报道，一个人如果长期每日摄入铅 0.6mg 以上、锌 15.mg 以上，就会造成慢性蓄积中毒，甚至致癌。同时，过量摄入铝元素也将对人体的神经细胞带来危害，如炒菜普遍使用的生铝铲属硬性磨损炊具，会将铝屑过多地通过食物带入人体。因此，在铝制食具的使用上应注意，最好不要将剩菜、剩饭放在铝锅、铝饭盒内过夜，更不能存放酸性食物。

铝的毒性主要表现为对大脑、肝脏、骨骼、造血系统和细胞的毒性。临床研究证明，透析性脑痴呆症的发生与铝有关。长期接受含铝营养液的病人，可发生胆汁淤积性肝病、肝细胞变性。动物试验也证实了这一病理现象。

3. 不锈钢食品容器

随着科学技术的发展，不锈钢食具以其精美、华丽、耐热、耐用等优点，日益受到人们的青睐。目前我国用于食品容器的不锈钢大多为奥氏体型和马氏体型，不同型号的不锈钢加入的铬、镣等金属的量有所不同，两种型号的不锈钢食具使用 4% 乙酸煮沸 30min，再在室温放置 24h 后，测定浸泡液中铅、镍和镣的含量，铬的溶出量均小于 1mg/L，铬和镣的溶出量各不相同。

不锈钢的基本金属是铁，由于加入了大量的镣元素，能使金属铁及其表面形成致密的抗氧化膜，提高其电极电位，使之在大气和其他介质中不易被锈蚀。但在受高温作用时，镣会使容器表面呈现黑色，同时由于不锈钢食具传热快，温度会短时间升得很高，因而容易使食物中不稳定物质如色素、氨基酸、挥发物质、淀粉等发生糊化、变性等现象，还会影响食物成型后的感官性质。值得提醒的是，烹调食物发生焦糊，不仅使一些营养素遭到不同程度的破坏，使食物的色香味欠佳，而且能产生致癌物质。如在咖啡豆中的致癌物质并不多，但在炒焦后致癌物质可增加 20 倍，所以炒焦的豆类最好挑出不吃。

使用不锈钢还应该注意另一个问题，就是不能与乙醇（酒精）接触，以防锡、镣游离。不锈钢食具盛装料酒或烹调使用料酒时，料酒中的乙醇可将镣溶解，容易导致人体慢性中毒。总之，由于食品与金属制品直接接触会造成金属溶出，因此对某些金属溶出物都有控制指标。中国罐头食品中的铅溶出量不超过 1mg/kg，锡不超过 200mg/kg，砷不超过 0.5mg/kg。对铝制品容器的卫生标准规定为 4% 乙酸浸泡液中，锌溶出量不大于 1mg/L，铅溶出量不大于 0.2mg/L，锡溶出量不大于 0.02mg/L，砷溶出量不大于 0.04mg/L。

（二）玻璃包装材料的食品安全性问题

玻璃是由硅酸盐、碱性成分（纯碱、石灰石、硼砂等）、金属氧化物等为原料，在 1000℃ ~ 1500℃高温下熔化而成的固体物质。玻璃是一种历史悠久的包装材料。玻璃因其稳定的品质不会与油、醋等调味料发生化学反应，产生影响人们健康的有害物质，用玻璃瓶盛放液态调味料也是很好的选择。

玻璃包装材料具有以下优点：无毒无味，化学稳定性好，卫生清洁，耐气候性好；光亮、透明、美观、阻隔性能好，不透气；原材料来源丰富、价格便宜、成型性好、加工方便，品种形状灵活，可回收及重复使用；耐热、耐压、耐清洗，可高温杀菌，也可低温储藏。

玻璃的食品安全性问题主要是从玻璃中溶出的迁移物。玻璃中的迁移物与其他食品包装材料物质相比有不同之处。玻璃中的主要迁移物质是无机盐或离子。在高档玻璃器皿中，如高脚酒杯往往添加铅化合物，一般可高达玻璃的50%，有可能迁移到酒或饮料中，对人体造成危害。

（三）陶瓷、搪瓷包装材料和容器对食品安全性的影响

搪瓷、陶瓷容器在食品包装中主要用于装酒、咸菜和传统风味食品。搪瓷是将无机玻璃材料通过熔融凝于基体金属上，并与金属牢固结合在一起的一种复合材料。

我国是使用陶瓷制品历史最悠久的国家。陶瓷容器美观大方，与金属、塑料等包装材料制成的容器相比，具有如下优点：

①更能保持食品的风味。例如用陶瓷容器包装的腐乳，质量优于塑料容器包装的腐乳，是因为陶瓷容器具有良好的气密性，而且陶瓷分子间排列并不是十分严密，不能完全阻隔空气，这有利于腐乳的后期发酵。

②包装部分酒类饮料能保持相当长时间不会变质，甚至存放时间越久越醇香，由此产生了“酒是陈的香”这句俗语。

一般认为陶瓷包装容器是无毒、卫生、安全的，不会与所包装食品发生任何不良反应。搪瓷、陶瓷容器的主要危害来源于制作过程中在坯体上涂的瓷釉、陶釉、彩釉等。釉料主要是由铅、锌、镉、钛、铜、铬、钴等多种金属氧化物及其盐类组成，它们多为有害物质。陶瓷在1000℃ ~ 1500℃下烧制而成，如果烧制温度低，彩釉未能形成不溶性硅酸盐，在使用陶瓷容器时易使有毒有害物质溶出而污染食品。如在盛装酸性食品（如醋、果汁）和酒时，这些物质容易溶出而迁入食品，引起食品安全问题。

五、容器内壁涂料对食品安全性的影响

食品容器、工具及设备为防止腐蚀、耐浸泡等常需在其表面涂一层涂料。目前，中国允许使用的食品容器内壁涂料有聚酰胺环氧树脂涂料、过氯乙烯涂料、有机硅防粘涂料、环氧酚醛涂料等。

1. 聚酰胺环氧树脂涂料

聚酰胺环氧树脂涂料属于环氧树脂类涂料。环氧树脂一般由双酚A（二酚基苯烷）与环氧氯丙烷聚合而成，聚酰胺作为聚酰胺环氧树脂涂料的固化剂，其本身是一种高分子化合物，未见有毒性报道。聚酰胺环氧树脂涂料的主要问题是环氧树脂的质量（环氧

树脂的环氧值）、固化剂的配比以及固化度。固化度越高，环氧树脂向食品中迁移的未固化物质越少。按照《三聚氰胺成型品卫生标准》（GB96981988）的规定，聚酰胺环氧树脂涂料在各种溶剂中的蒸发残渣应控制在 30mg/L 以下。

2. 过氯乙烯涂料

过氯乙烯涂料以过氯乙烯树脂为原料，配以增塑剂、溶剂等助剂，经涂刷或喷涂后自然干燥成膜。过氯乙烯树脂中含有氯乙烯单体，氯乙烯是一种致癌的有毒化合物。成膜后的过氯乙烯涂料中仍可能有氯乙烯的残留，按照《三聚氰胺成型品卫生标准》（GB9690-88）的规定，成膜后的过氯乙烯涂料中氯乙烯单体残留量应控制在 1mg/kg 以下。过氯乙烯涂料中所使用的增塑剂、溶剂等助剂必须符合国家的有关规定，不得使用高毒的助剂。

3. 有机硅防粘涂料

有机硅防粘涂料是以含梭基的聚甲基硅氧烷或聚甲基苯基硅氧烷为主要原料，配以一定的助剂，喷涂在铝板、镀锡铁板等食品加工设备的金属表面，具有耐腐蚀、防粘等特性，主要用于面包、糕点等具有防粘要求的食品工具、模具表面，是一种比较安全的食品容器内壁防粘涂料。一般也不控制单体残留，主要控制一般杂质的迁移。按照《食品包装用聚苯乙烯成型品卫生标准》（GB 9689-1988）的规定，蒸发残渣应控制在 30mg/L 以下。

4. 环氧酚醛涂料

环氧酚醛涂料为环氧树脂的共聚物，一般喷涂在食品罐头内壁。虽经高温烧结，但成膜后的聚合物中仍可能含有游离酚和甲醛等聚合而成的单体和低分子质量化合物。与食品接触时可向食品迁移，按照《食品包装用聚苯乙烯成型品卫生标准》（GB 9689-1988）的规定，环氧酚醛涂料中游离酚的含量应低于 3.5%。

第三章　食品安全检测技术要求

第一节　实验室技术要求

一、病原微生物分级

国际上根据致病微生物对人类和动物不同程度的危害（包括个体危害和群体危害），将微生物分为 4 级。

1. 危害等级 I（低个体危害，低群体危害）

不会导致健康工作者和动物致病的细菌、真菌、病毒和寄生虫等生物因子。如双歧杆菌、乳酸菌。

2. 危害等级 II（中等个体危害，有限群体危害）

能引起人或动物发病，但一般情况下对健康工作者、群体、家畜或环境不会引起严重危害的病原体。实验室感染不导致严重疾病，具备有效治疗和预防措施，并且传播风险有限。如沙门菌、副溶血性弧菌。

3. 危害等级 III（高个体危害，低群体危害）

能引起人类或动物严重疾病，或造成严重经济损失，但通常不能因偶然接触而在个体间传播，或能食用抗生素、抗寄生虫治疗的病原体。如肉毒梭菌（发酵制品、肉制品）、炭疽杆菌（肉类）、肝炎病毒（水产品、肉类）。

4. 危害等级 IV（高个体危害，高群体危害）

能引起人类或动物非常严重的疾病，一般不能治愈，容易直接、间接或偶然接触在

人与人，或动物与人，或人与动物，或动物与动物间传播的病原体，如鼠疫耶尔森菌（畜肉）、埃尔托生物型霍乱弧菌（海产品）。

二、实验室生物安全防护水平分级

实验室生物安全是指实验室的生物安全条件和状态不低于容许水平，可避免实验室人员、来访人员、社区及环境受到不可接受的损害，符合相关法规、标准等对实验室生物安全责任的要求。根据对所操作生物因子采取的防护措施，将从事体外操作的实验室生物安全防护水平（bio-safety level，BSL）分为一级（BSL-1）、二级（BSL-2）、三级（BSL-3）和四级（BSL-4），一级防护水平最低，四级防护水平最高。

1. 生物安全防护水平为一级的实验室适用于操作在通常情况下不会引起人类或者动物疾病的微生物。

2. 生物安全防护水平为二级的实验室适用于操作能够引起人类或者动物疾病，但一般情况下对人、动物或者环境不构成严重危害，传播风险有限，实验室感染后很少引起严重疾病，并且具备有效治疗和预防措施的微生物。

3. 生物安全防护水平为三级的实验室适用于操作能够引起人类或者动物严重疾病，比较容易直接或者间接在人与人、动物与人、动物与动物间传播的微生物。

4. 生物安全防护水平为四级的实验室适用于操作能够引起人类或者动物非常严重疾病的微生物，以及我国尚未发现或者已经宣布消灭的微生物。

三、实验室设施和设备要求

1. BSL-1 实验室

（1）实验室的门应有可视窗并可锁闭，门锁及门的开启方向应不妨碍室内人员逃生。

（2）应设洗手池，宜设置在靠近实验室的出口处。

（3）在实验室门口处应设存衣或挂衣装置，可将个人服装与实验室工作服分开放置。

（4）实验室的墙壁、天花板和地面应易清洁、不渗水、耐化学品和消毒灭菌剂的腐蚀。地面应平整、防滑、不应铺设地毯。

（5）实验室台柜和座椅等应稳固，边角应圆滑。

（6）实验室台柜等和其摆放应便于清洁，实验台面应防水、耐腐蚀、耐热和坚固。

（7）实验室应有足够的空间和台柜等摆放实验室设备和物品。

（8）应根据工作性质和流程合理摆放实验室设备、台柜、物品等，避免相互干扰、交叉污染，并应不妨碍逃生和急救。

（9）实验室可以利用自然通风。如果采用机械通风，应避免交叉污染。

（10）如果有可开启的窗户，应安装可防蚊虫的纱窗。

（11）实验室内应避免不必要的反光和强光。

（12）若操作刺激或腐蚀性物质，应在30m内设洗眼装置，必要时应设紧急喷淋装置。

（13）若操作有毒、刺激性、放射性挥发物质，应在风险评估的基础上，配备适当的负压排风柜。

（14）若使用高毒性、放射性等物质，应配备相应的安全设施、设备和个体防护装备，应符合国家、地方的相关规定和要求。

（15）若使用高压气体和可燃气体，应有安全措施，应符合国家、地方的相关规定和要求。

（16）应设应急照明装置。

（17）应有足够的电力供应。

（18）应有足够的固定电源插座，避免多台设备使用共同的电源插座。应有可靠的接地系统，应在关键节点安装漏电保护装置或监测报警装置。

（19）供水和排水管道系统不应渗漏，下水应有防回流设计。

（20）应配备适用的应急器材，如消防器材、意外事故处理器材、急救器材等。

（21）应配备适用的通信设备。

（22）必要时，应配备适当的消毒灭菌设备。

2. BSL-2 实验室

（1）适用时，应符合 BSL-1 的要求。

（2）实验室主入口的门、放置生物安全柜，实验间的门应可自动关闭；实验室主入口的门应有进入控制措施。

（3）实验室工作区域外应有存放备用物品的条件。

（4）应在实验室工作区配备洗眼装置。

（5）应在实验室或其所在的建筑内配备高压蒸汽灭菌器，或其他适当的消毒灭菌设备，所配备的消毒灭菌设备应以风险评估为依据。

（6）应在操作病原微生物样本的实验间内配备生物安全柜。

（7）应按产品的设计要求安装和使用生物安全柜。如果生物安全柜的排风在室内循环，室内应具备通风换气的条件；如果使用需要管道排风的生物安全柜，应通过独立于建筑物其他公共通风系统的管道排出。

（8）应有可靠的电力供应。必要时，重要设备（如培养箱、生物安全柜、冰箱等）应配置备用电源。

3. BSL-3 实验室

（1）平面布局

①实验室应明确区分辅助工作区和防护区，应在建筑物中自成隔离区或为独立建筑物，应有出入控制。

②防护区中直接从事高风险操作的工作间为核心工作间，人员应通过缓冲间进入核心工作间。

③适用于操作通常认为非经传播致病性生物因子的实验室辅助工作区，应至少包括

监控室和清洁衣物更换间；防护区应至少包括缓冲间（可兼作脱防护服间）及核心工作间。

④适用于可有效利用安全隔离装置（如生物安全柜）操作常规量经空气传播致病性生物因子的实验室辅助工作区，应至少包括监控室、清洁衣物更换间和淋浴间；防护区应至少包括防护服更换间、缓冲间及核心工作间。

⑤适用于可有效利用安全隔离装置（如生物安全柜），操作常规量经空气传播致病性生物因子的实验室核心工作间不宜直接与其他公共区域相邻。

⑥如果安装传递窗，其结构承压力及密闭性应符合所在区域的要求，并具备对传递窗内物品进行消毒灭菌的条件。必要时，应设置具备送排风或自净化功能的传递窗，排风应经高效空气净化过滤器过滤后排出。

（2）围护结构

①围护结构（包括墙体）应符合国家对该类建筑的抗震要求和防火要求。

②天花板、地板、墙间的交角应易清洁和消毒灭菌。

③实验室防护区内围护结构的所有缝隙和贯穿处的接缝都应可靠密封。

④实验室防护区内围护结构的内表面应光滑、耐腐蚀、防水，以易于清洁和消毒灭菌。

⑤实验室防护区内的地面应防渗漏、完整、光洁、防滑、耐腐蚀、不起尘。

⑥实验室内所有的门应可自动关闭，需要时应设观察窗，门的开启方向不应妨碍逃生。

⑦实验室内所有窗户应为密闭窗，玻璃应耐撞击、防破碎。

⑧实验室及设备间的高度应满足设备的安装要求，应有维修和清洁空间。

⑨在通风空调系统正常运行状态下，采用烟雾测试等目视方法检查实验室防护区内围护结构的严密性时，所有缝隙应无可见泄漏。

（3）通风空调系统

①应安装独立的实验室送排风系统，应确保在实验室运行时气流由低风险区向高风险区流动，同时确保实验室空气只能通过 HEPA 过滤器过滤后经专用的排风管道排出。

②实验室防护区房间内送风口和排风口的布置应符合定向气流的原则，利于减少房间内的涡流和气流死角；送排风应不影响其他设备（如：II 级生物安全柜）的正常功能。

③不得循环使用实验室防护区排出的空气。

④应按产品的设计要求安装生物安全柜和其排风管道，可以将生物安全柜排出的空气排入实验室的排风管道系统。

⑤实验室的送风应经过 HEPA 过滤器过滤，宜同时安装初效和中效过滤器。

⑥实验室的外部排风口应设置在主导风的下风向（相对于送风口），与送风口的直线距离应大于 12m，应至少高出本实验室所在建筑的顶部 2m，应有防风、防雨、防鼠、防虫设计，但不应影响气体向上空排放。

⑦ HEPA 过滤器的安装位置应尽可能靠近送风管道在实验室内的送风口端和排风管道在实验室内的排风口端。

⑧应可以在原位对排风 HEPA 过滤器进行消毒灭菌和检漏。

⑨如在实验室防护区外使用高效过滤器单元，其结构应牢固，应能承受 2500 Pa 的压力；高效过滤器单元的整体密封性应达到在关闭所有通路，并维持腔室内的温度在设计范围上限的条件下，若使空气压力维持在 1000 Pa 时，腔室内每分钟泄漏的空气量应不超过腔室净容积的 0.1%。

⑩应在实验室防护区送风和排风管道的关键节点安装生物型密闭阀，必要时，可完全关闭。应在实验室送风和排风总管道的关键节点安装生物型密闭阀，必要时，可完全关闭。

⑪ 生物型密闭阀与实验室防护区相通的送风管道和排风管道应牢固、易消毒灭菌、耐腐蚀、抗老化，宜使用不锈钢管道；管道的密封性应达到在关闭所有通路并维持管道内的温度在设计范围上限的条件下，若使空气压力维持在 500 Pa 时，管道内每分钟泄漏的空气量应不超过管道内净容积的 0.2%。

⑫ 应有备用排风机，应尽可能减少排风机后排风管道正压段的长度．该段管道不应穿过其他房间。

⑬ 不应在实验室防护区内安装分体空调。

（4）供水与供气系统

①应在实验室防护区内的实验间的靠近出口处设置非手动洗手设施；如果实验室不具备供水条件，则应设非手动手消毒灭菌装置。

②应在实验室的给水与市政给水系统之间设防回流装置。

③进出实验室的液体和气体管道系统应牢固、不渗漏、防锈、耐压、耐温（冷或热）、耐腐蚀，应有足够的空间清洁、维护和维修实验室内暴露的管道，应在关键节点安装截止阀、防回流装置或 HEPA 过滤器等。

④如果有供气（液）罐等，应放在实验室防护区外易更换和维护的位置，安装牢固，不应将不相容的气体或液体放在一起。

⑤如果有真空装置，应有防止真空装置的内部被污染的措施；不应将真空装置安装在实验场所之外。

（5）污物处理及消毒灭菌系统

①应在实验室防护区内设置生物安全型高压蒸汽灭菌器，宜安装专用的双扉高压灭菌器，其主体应安装在易维护的位置，与围护结构的连接之处应可靠密封。

②对实验室防护区内不能高压灭菌的物品应有其他消毒灭菌措施。

③高压蒸汽灭菌器的安装位置不应影响生物安全柜等安全隔离装置的气流。

④如果设置传递物品的渡槽，应使用强度符合要求的耐腐蚀性材料，并方便更换消毒灭菌液。

⑤淋浴间或缓冲间的地面液体收集系统应有防液体回流的装置。

⑥实验室防护区内如果有下水系统，应与建筑物的下水系统完全隔离；下水应直接通向本实验室专用的消毒灭菌系统。

⑦所有下水管道应有足够的倾斜度和排量，确保管道内不存水；管道的关键节点应

按需要安装防回流装置、存水弯（深度应适用于空气压差的变化）或密闭阀门等；下水系统应符合相应的耐压、耐热、耐化学腐蚀的要求，安装牢固，无泄漏，便于维护、清洁和检查。

⑧应使用可靠的方式处理处置污水（包括污物），并应对消毒灭菌效果进行监测，以确保达到排放要求。

⑨应在风险评估的基础上，适当处理实验室辅助区的污水，并应监测，以确保排放到市政管网之前达到排放要求。

⑩可以在实验室内安装紫外线消毒灯或其他适用的消毒灭菌装置。

⑪ 应具备对实验室防护区及与其直接相通的管道进行消毒灭菌的条件。

⑫ 应具备对实验室设备和安全隔离装置（包括与其直接相通的管道）进行消毒灭菌的条件。

⑬ 应在实验室防护区内的关键部位配备便携的局部消毒灭菌装置（如：消毒喷雾器等），并备有足够的适用消毒灭菌剂。

（6）电力供应系统

①电力供应应满足实验室的所有用电要求，并应有冗余。

②生物安全柜、送风机和排风机、照明、自控系统、监视和报警系统等应配备不间断备用电源，电力供应应至少维持 30min。

③应在安全的位置设置专用配电箱。

（7）照明系统

①实验室核心工作间的照度应不低于 350lx，其他区域的照度应不低于 200 lx，宜采用吸顶式防水洁净照明灯。

②应避免过强的光线和光反射。

③应设不少于 30min 的应急照明系统。

（8）自控、监视与报警系统

①进入实验室的门应有门禁系统，应保证只有获得授权的人员才能进入实验室。

②需要时，应可立即解除实验室门的互锁；应在互锁门的附近设置紧急手动解除互锁开关。

③核心工作间的缓冲间的入口处应有指示核心工作间工作状态的装置（如：文字显示或指示灯），必要时，应同时设置限制进入核心工作间的连锁机制。

④启动实验室通风系统时，应先启动实验室排风，后启动实验室送风；关停时，应先关闭生物安全柜等安全隔离装置和排风支管密闭阀，再关实验室送风及密闭阀，后关实验室排风及密闭阀。

⑤当排风系统出现故障时，应有机制避免实验室出现正压和影响定向气流。

⑥当送风系统出现故障时，应有机制避免实验室内的负压影响实验室人员的安全、影响生物安全柜等安全隔离装置的正常功能和围护结构的完整性。

⑦应通过对可能造成实验室压力波动的设备和装置实行连锁控制等措施，确保生物

安全柜、负压排风柜（罩）等局部排风设备与实验室送排风系统之间的压力关系和必要的稳定性，并应在启动、运行和关停过程中保持有序的压力梯度。

⑧应设装置连续监测送排风系统 HEPA 过滤器的阻力，需要时，及时更换 HEPA 过滤器。

⑨应在有负压控制要求的房间入口的显著位置，安装显示房间负压状况的压力显示装置和控制区间提示。

⑩中央控制系统应可以实时监控、记录和存储实验室防护区内有控制要求的参数、关键设施设备的运行状态；应能监控、记录和存储故障的现象、发生时间和持续时间；应随时查看历史记录。

⑪ 中央控制系统的信号采集间隔时间应不超过 1min，各参数应易于区分和识别。

⑫ 中央控制系统应能对所有故障和控制指标进行报警，报警应区分一般报警和紧急报警。

⑬ 紧急报警应为声光同时报警，应可以向实验室内外人员同时发出紧急警报；应在实验室核心工作间内设置紧急报警按钮。

⑭ 应在实验室的关键部位设置监视器，需要时，可实时监视并录制实验室活动情况和实验室周围情况。监视设备应有足够的分辨率，影像存储介质应有足够的数据存储容量。

（9）实验室通信系统

①实验室防护区内应设置向外部传输资料和数据的传真机或其他电子设备。

②监控室和实验室内应安装语音通信系统。如果安装对讲系统，宜采用向内通话受控、向外通话非受控的选择性通话方式。

③通信系统的复杂性应与实验室的规模和复杂程度相适应。

（10）参数要求

①实验室的围护结构应能承受送风机或排风机异常时导致的空气压力载荷。

②适用于操作通常认为非经传播致病性生物因子的实验室核心工作间的气压（负压）与室外大气压的压差值应不小于 30Pa，与相邻区域的压差（负压）应不小于 10Pa。适用于可有效利用安全隔离装置（如生物安全柜）操作常规量经空气传播致病性生物因子的实验室的核心工作间的气压（负压）与室外大气压的压差值应不小于 40Pa，与相邻区域的压差（负压）应不小于 15Pa。

③实验室防护区各房间的最小换气次数应不小于 12 次 /h。

④实验室的温度宜控制在 18℃ ~ 26℃范围内。

⑤正常情况下，实验室的相对湿度宜控制在 30% ~ 70% 范围内；消毒状态下，实验室的相对湿度应能满足消毒灭菌的技术要求。

⑥在安全柜开启情况下，核心工作间的噪声应不大于 68dB（A）。

⑦实验室防护区的静态洁净度应不低于 8 级水平。

4. BSL-4 实验室

（1）适用时，应符合 BSL-3 的要求。

（2）实验室应建造在独立的建筑物内或建筑物中独立的隔离区域内。应有严格限制进入实验室的门禁措施，应记录进入人员的个人资料、进出时间、授权活动区域等信息；对与实验室运行相关的关键区域也应有严格和可靠的安保措施，避免非授权进入。

（3）实验室的辅助工作区应至少包括监控室和清洁衣物更换间。适用于可有效利用安全隔离装置（如生物安全柜）操作常规量经空气传播致病性生物因子的实验室防护区，应至少包括防护走廊、内防护服更换间、淋浴间、外防护服更换间和核心工作间，外防护服更换间应为气锁。

（4）适用于利用具有生命支持系统的正压服操作常规量经空气传播致病性生物因子的实验室的防护区，应包括防护走廊、内防护服更换间、淋浴间、外防护服更换间，化学淋浴间和核心工作间。化学淋浴间应为气锁，具备对专用防护服或传递物品的表面进行清洁和消毒灭菌的条件，具备使用生命支持供气系统的条件。

（5）实验室防护区的围护结构应尽量远离建筑外墙；实验室的核心工作间应尽可能设置在防护区的中部。

（6）应在实验室的核心工作间内配备生物安全型高压灭菌器；如果配备双扉高压灭菌器，其主体所在房间的室内气压应为负压，并应设在实验室防护区内易更换和维护的位置。

（7）如果安装传递窗，其结构承压力及密闭性应符合所在区域的要求。需要时，应配备符合气锁要求的并具备消毒灭菌条件的传递窗。

（8）实验室防护区围护结构的气密性应达到在关闭受测房间所有通路并维持房间内的温度在设计范围上限的条件下，当房间内的空气压力上升到 500Pa 后，20min 内自然衰减的气压小于 250Pa。

（9）符合利用具有生命支持系统的正压服操作常规量经空气传播致病性生物因子的实验室，应同时配备紧急支援气罐，紧急支援气罐的供气时间应不少于 60min/ 人。

（10）生命支持供气系统应有自动启动的不间断备用电源供应，供电时间应不少于 60min。

（11）供呼吸使用的气体的压力、流量、含氧量、温度、相对湿度、有害物质的含量等应符合职业安全的要求。

（12）生命支持系统应具备必要的报警装置。

（13）实验室防护区内所有区域的室内气压应为负压，实验室核心工作间的气压（负压）与室外大气压的压差值应不小于 60Pa，与相邻区域的压差（负压）应不小于 25Pa。

（14）适用于可有效利用安全隔离装置（如生物安全柜）操作常规量经空气传播致病性生物因子的实验室，应在 III 级生物安全柜或相当的安全隔离装置内操作致病性生物因子。同时应具备与安全隔离装置配套的物品传递设备以及生物安全型高压蒸汽灭菌器

（15）实验室的排风应经过两级 HEPA 过滤器处理后排放。

（16）应可以在原位对送风 HEPA 过滤器进行消毒灭菌和检漏。

（17）实验室防护区内所有需要运出实验室的物品或其包装的表面应经过可靠消毒灭菌。

（18）化学淋浴消毒灭菌装置应在无电力供应的情况下仍可以使用，消毒灭菌剂储存器的容量应满足所有情况下对消毒灭菌剂使用量的需求。

第二节　样品前处理技术要求

一、样品的采集

（一）采样的原则

样品的采集简称采样，是从整批产品中抽取一定数量具有代表性样品的过程。

样品的采集是食品理化检测工作中的重要环节，采样过程中必须遵循的原则是：

1. 采集的样品要均匀

具有代表性，能反映全部被检食品的组成、质量和卫生状况。对此，样品的数量应符合检验项目的需要。

2. 采集样品的过程中

要确保原有的理化指标，防止成分逸散或带入杂质。对此，理化检验取样一般使用干净的不锈钢工具，包装常用聚乙烯、聚氯乙烯等材料，并经过硝酸—盐酸（1+3）溶液浸泡，以去离子水洗净，晾干备用；样品如为罐、袋、瓶装者，应取完整的未开封的原包装；如为冷冻食品，应保持冷冻状态。

同类食品或原料，由于品种、产地、成熟期、加工或保藏条件不同，其成分和含量会有相当大的差异，甚至同一分析对象，不同部位的成分也会有一定差异。因此，要想从大量的、成分不均匀的被检样品中采集到能代表全部样品的分析样品，必须采用恰当的科学方法。否则，即使此后的样品处理、检测等一系列环节非常精密、准确，其检测结果也毫无价值，得出的结论也是错误的。

（二）采样的步骤

采集样品的步骤一般分 5 步，依次如下：

1. 获得检样

从分析的整批物料的各个部分采集的少量物料称为检样。

2. 形成原始样品

许多份检样综合在一起称为原始样品。如集采得的检样互不一致，则不能把它们放在一起做成一份原始样品，而只能把质量相同的检样混在一起，做成若干份原始样品。

3. 得到平均样品

原始样品经过技术处理后，再抽取其中一部分供分析检验用的样品称为平均样品。

4. 平均样品三等分

将平均样品均分为三等分，分别作为检验样品（供分析检测使用）、复验样品（供复验使用）和保留样品（供备用或查用）。

5. 填写采样记录

采样记录要求详细填写采样的单位、地址、日期、样品的批号、采样的条件、采样时的包装情况、采样的数量，以及要求检验的项目以及采样人等资料。

采样流程为：待检样品→检样→原始样品→平均样品（检验样品、复检样品、保留样品）→记录。

（三）采样方法及采样量

采集的样品应充分代表检测样品的总体情况，一般将采样的方法分为随机抽样和代表性取样两种。随机抽样是使每个样品的每个部分都有被抽检的可能；代表性取样是根据样品随空间、时间和位置等的变化规律，采集能代表其相应部分的组成和质量的样品，如分层取样、随生产过程的各个环节采样、定期抽取货架上陈列了不同时间的食品进行采样等。随机抽样可以避免人为倾向，但是对不均匀的食品进行采样，仅仅用随机抽样法是不完全的，必须结合代表性取样，要从有代表性的食品的各个部分分别取样。因此，通常采用随机抽样与代表性取样相结合的方式进行采样。

应根据分析对象的性质选择适用的采样方法。

1. 固体（散粒状）样品

（1）有完整包装（如桶、袋、箱、筐等）的样品

可用双套回转取样管插入容器中，回转 180 度。取出样品。每一包装须由上、中、下 3 层取出 3 份检样，把多份检样混合起来成为原始样品，用四分法将原始样品做成平均样品。四分法的具体程序是：将原始样品混合均匀后放在清洁的玻璃板上，压平成厚度在 3 cm 以下的圆台形料堆，在料堆上将其分成 4 份，取对角的两份混合，再如上分为 4 份，取对角的两份，如此操作直至取得所需数量为止。

（2）无包装的散装样品（如粮食等）

可采取四分法取样。即先将其划分为若干等体积层，再在每层的中心和四角部位用取样器取样，放于大塑料布上。提起四角摇荡，使其充分混匀，然后铺成均匀厚度的圆形或方形，划出两对角线，将样品分为 4 等份，取其对角两份，再铺平再分，如此反复

操作，直至取得需要量的平均样品为止。

2. 较稠的半固体样品（如蜂蜜、稀奶油等）等桶（缸、罐）装样品

确定采样桶数后，用虹吸法分上、中、下 3 层分别取样，混合后再分取，缩减得到所需数量的平均样品。

3. 液体样品（如植物油、鲜乳等）

在取样前需充分混合，可用混合器混合。如果容器内被检物的量较少，可用由一个容器转移到另一个容器的方法混合。然后，从每个包装中取一定量综合到一起，充分混合后，分取缩减到所需数量。

桶装或散装的液料不易混合均匀，可用虹吸法分层（分四角及中心 5 点）取样，每层 500 mL 左右，充分混合后，分取缩减到所需数量的平均样品。

4. 小包装食品（如罐头、袋或听装奶粉、瓶装饮料等）

一般按班次或批号连同包装一起采样。同一批号取样件数：250 g 以上的包装不得少于 6 个，250 g 以下的包装不得少于 10 个。其中，罐头食品开启罐盖，若是带汁罐头，液汁可供食用的，应将固体物与液汁分别称重，罐内固体物应去骨、去刺、去壳后称重，然后按固体与液汁比，取部分有代表性的量，置捣碎机内捣碎成均匀的混合物。

5. 不匀的固体食品（如肉、鱼、果品、蔬菜等）

这类食品各部位极不均匀，个体大小及成熟程度差异很大，可按下述方法采样：

（1）肉类

可从不同部位取样，经混合后能代表该只动物情况；或从一只或多只动物的同一部位取样，混合后可代表某一部位的情况。切细绞肉机反复绞 3 次，混合均匀后缩分。

（2）水产、禽类

可随机选取多个样品，去除非食用部分，食用部分切碎、混匀后分取缩减到所需数量。个体较大的鱼，可从若干个体上切割少量可食部分，切碎、混匀后分取缩减到所需数量。

（3）蛋和蛋制品

鲜蛋去壳，蛋白和蛋黄充分混匀。其他蛋制品，如粉状物经充分混匀即可。皮蛋等再制蛋，去壳后，置捣碎机内捣碎成均匀的混合物。

（4）果蔬类

体积较小的果蔬，如山楂、葡萄等，随机抽取若干个整体，切碎混匀，缩分到所需数量。体积较大的果蔬，如西瓜、苹果、萝卜等，可按成熟度及个体大小的组成比例，选取若干个体，对每个个体按生长轴纵剖为 4 份或 8 份，取对角线的 2 份，切碎混匀，缩分到所需数量。体积蓬松的叶菜类，如菠菜、小白菜等，从多个包装（筐、捆）中分别抽取一定数量，混合后捣碎、混匀，分取缩减到所需数量。

6. 腐败变质、被污染及食物中毒可疑的食品

遇到这类情况，可分别采集外观有明显区别的样品，如色、香、味、包装及存放条

件不同的食品。对于食物中毒可疑的食品，应直接采集餐桌或厨房中的剩余食品，同时还应采集接触可疑食品的刀、板、容器的刮拭物及患者的血、尿、粪便，这类样品切忌相混。

食品理化检验结果的准确与否通常取决于两个方面：采样的方法是否正确；采样的数量是否得当。因此，从整批食品中采集样品时，通常按一定的比例进行。确定采样的数量，应考虑分析项目的要求、分析方法的要求和被分析物的均匀程度三个因素。样品应一式三份，分别供检验、复检及备查使用，每份样品的质量一般不少于 0.5 kg。检测掺伪物的样品与一般成分分析的样品不同，由于分析的项目事先不明确，属于捕捉性分析，因此取样量要多一些。

（四）采样的注意事项

所采样品均应保持被检对象原有的性状，不应因任何外来因素使样品在外观、化学检验和细菌检验上受到影响。因此，采样时应特别注意以下操作事项：

第一，凡是接触样品的工具、容器必须保持清洁，必要时需要进行灭菌处理，不得带入污染物或被检样品需要检测的成分。例如，测定样品的含铅量时，接触食品的器物不得检出含铅。

第二，样品包装应严密，以防止被检样品中水分和挥发性成分损失，同时避免被检样品吸收水分或有气味物质。为防止食品的酶活性改变、抑制微生物繁殖以及减少食物的成分氧化，样品一般应在避光，低温下贮存、运输。

第三，样品采集后，应尽快进行分析，以缩短样品在各阶段的停留时间，防止发生变化。

第四，盛装样品的器具应贴牢标签，注明样品的名称、批号、采样地点、日期、检验项目、采样人及样品编号等。无采样记录的样品，不得接受检验。

第五，性质不相同的样品切不可混在一起，应分别包装，并分别注明性质。

二、样品的制备

按采样方法采集的样品往往数量过多，颗粒较大，组成不均匀。为了确保分析结果的正确性，必须对样品进行粉碎、混匀、缩分，这项工作即为样品的制备。制备样品的目的在于保证样品的均匀性，使在分析时取任何部分的样品都能代表全部样品的成分，得到相同的测定制备样品时需根据被检样品的性质和检测要求采用不同的方法。

（一）固体样品

一般固体样品应用切细、粉碎、捣碎、研磨等方法将样品制成均匀可检状态。水分含量少的、硬度较大的固体样品（如谷类等）可用粉碎法。水分含量较高的、质地松软的样品（如蔬菜、水果类）可用匀浆法。韧性较强的样品（如肉类等）可用捣碎或研磨法。常用的工具有粉碎机、组织捣碎机、研钵。

（二）液体、浆体及悬浮液体

一般将样品充分搅拌、摇匀。常用的简便工具有玻璃搅拌棒和可以任意调节搅拌速度的电动搅拌器。

（三）罐头样品

水果罐头在捣碎前需清除果核；肉禽罐头应预先剔除骨头；鱼类罐头要将调味品（葱、辣椒等）分出后再捣碎。常用捣碎工具有高速组织捣碎机等。

（四）互不相溶的液体

应首先使不相溶的成分分离（如油和水的混合物），再分别进行采样。

在样品制备过程中，应注意防止易挥发性成分的逸散，避免样品组成和理化性质发生变化。

三、样品的保存

采集的样品，为了防止其水分或挥发性成分散失以及其他待测成分含量的变化（如光解、高温分解、发酵等），应在短时间内进行分析。如果不能立即分析或是作为复验和备查的样品，则应妥善保存。

制备好的样品应放在密封、洁净的容器内，于阴暗处保存，并应根据食品种类选择其物理化学结构变化极小的适宜温度保存。易腐败变质的样品保存在0℃ ~ 5 ℃的冰箱里，保存时间也不宜过长。有些成分，如胡萝卜素、黄曲霉毒素 B1、维生素 B1 等，容易发生光解，以这些成分为分析项目的样品，必须在避光条件下保存。特殊情况下，样品中可加入适量的不影响分析结果的防腐剂，或将样品置于冷冻干燥器内进行升华干燥来保存。

此外，样品保存环境要清洁干燥，存放的样品要按日期、批号、编号摆放，以便查找。

第三节　实验方法评价与数据处理

食品分析是一门实践性很强的学科，分析检验后要对大量的实验数据进行科学的处理，去伪存真，最后得到符合客观实际的正确结论。然而，在分析过程中许多因素都会影响到分析结果，如仪器的性能、玻璃量器的准确性、试剂的质量、分析测定的环境和条件、分析人员的素质和技术熟练程度、采样的代表性及选用分析方法的灵敏度等。即

使是同一样品，用同样的方法、同一操作人员，在不改变任何条件的情况下进行平行实验，也难以获得相同的数据。因此，误差的存在是客观的。如何减少分析过程产生的误差，提高分析结果的准确度和精密度，是保证分析数据准确性的关键措施。

一、检验结果的表示方法

检验结果常用被测组分的相对量，如质量分数（w）、体积分数（Φ）、质量浓度（ρ）表示。质量单位可以用g，也可以用mg、μg等；体积单位可以用L，也可以用mL、L等。

对微量或痕量组分的含量，分别表示为mg/kg或mg/L以及g/kg或g/L。

二、数据处理方法

建立有效数字的概念并掌握它的计算规则，应用有效数字的概念在实验中正确做好原始记录，正确处理原始数据，正确表示分析与检验的结果，具有十分重要的意义。以下根据实验室的具体情况，介绍有效数字的记录和计算的一般规则，以及分析结果的正确表示方法。

（一）有效数字

食品理化检验中直接或间接测定的量，一般都用数字表示，但它与数学中的数不同，而仅仅表示量度的近似值，在测定值中常保留一位可疑数字。把测定值中能够反映被测量大小的带有一位可疑数字的全部数字叫有效数，如0.012 3与1.23都有3位有效数字。

（二）数字的修约规则

运算过程中，弃去多余数字（称为“修约”）的原则是“四舍六入五成双”，即当测量值中被修约的那个数字等于或小于4时舍去；等于或大于6时进位；等于5时，如进位后，测量值末位数为偶数，则进位，如舍去后末位数为偶数，则舍去。

例如，将0.374 2、4.586、13.35和0.476 5四个测量值修约为3位有效数字时，结果分别为0.374、4.59、13.4和0.476。

（三）有效数字的运算规则

在加减法的运算中，以绝对误差最大的数为准来确定有效数字的位数。例如，求“0.0121+25.64+1.05782=？”三个数据中，25.64中的4有0.01的误差，绝对误差以它为最大，因此所有数据只能保留至小数点后第2位，得到：0.01+25.64+1.06=26.71。

乘除法的运算中，以有效数字位数最少的数，即相对误差最大的数为准，确定有效数字位数。例如，求“0.0121×25.64×1.05782=？”其中，以0.0121的有效数字位数最少，EP相对误差最大，因此所有的数据只能保留3位有效数字。得到：0.0121×25.6×1.06=0.328。

对数的有效数字位数取决于尾数部分的位数，例如，1g=10.34，为两位有效数字，

pH=2.08，也是两位有效数字。

计算式中的系数（倍数或分数）或常数（如 e 等）的有效数字位数，可以认为是无限制的。

如果要改换单位，则要注意不能改变有效数字的位数（例如“5.6 g”）只有两位有效数字，若改用 mg 表示，正确表示应为“5.6×10^3mg”。若写为“5 600 mg”，则有 4 位有效数字，就不合理了。

分析结果通常以平均值来表示。在实际测定中，对质量分数大于 10% 的分析结果，一般要求有 4 位有效数字；对质量分数为 1% ~ 10% 的分析结果，则一般要求有 3 位有效数字；对质量分数小于 1% 的微量组分，一般只要求有两位有效数字。有关化学平衡的计算中，一般保留 2 ~ 3 位有效数字，pH 酸碱度的有效数字一般保留 1 ~ 2 位。有关误差的计算，一般也只保留 1 ~ 2 位有效数字，通常要使其值变得更大一些，即只进不舍。

（四）可疑测定值的取舍

在分析得到的数据中，常有个别数据特大或特小，偏离其他数值较远的情况。处理这类数据应慎重，不可为单纯追求分析结果的一致性而随便舍弃，应遵循 Q 检验法。

三、分析结果的评价

在研究一个分析结果时，通常用精密度、准确度和灵敏度这三项指标评价。

（一）精密度

精密度是指多次平行测定结果相互接近的程度。这些测试结果的差异是由偶然误差造成的，它代表着测定方法的稳定性和重现性。

精密度的高低可用偏差来衡量。偏差是指个别测定结果与几次测定结果的平均值之间的差别。测定值越集中，偏差越小，精密度越高；反之，测定值越分散，偏差越大，精密度越低。偏差有绝对偏差和相对偏差之分。测定结果与测定平均值之差为绝对偏差，绝对偏差占平均值的百分比为相对偏差。

标准偏差较平均偏差有更多的统计意义，因为单次测定的偏差平方后，较大的偏差更显著地反映出来，能更好地说明数据的分散程度。所以，在考虑一种分析方法的精密度时，常用标准偏差和变异系数来表示。

（二）准确度

准确度是指测定值与真实值的接近程度。测定值与真实值越接近，则准确度越高。准确度主要是由系统误差决定的，它反映测定结果的可靠性。准确度高的方法精密度必然高，而精密度高的方法准确度不一定高。

准确度高低可用误差来表示。误差越小，准确度越高。误差是分析结果与真实值之差。误差有两种表示方法，即绝对误差和相对误差。绝对误差是指测定结果（通常用平均值代表）与真实值之差；相对误差是绝对误差占真实值的百分率。

某一分析方法的准确度，可通过测定标准试样的误差或做回收试验计算回收率，以误差或回收率来判断。

在回收试验中，加入已知量的标准物的样品，称为加标样品，未加标准物质的样品称为未知样品。

（三）灵敏度

灵敏度是指分析方法所能检测到的最低限量，不同的分析方法有不同的灵敏度。一般而言，仪器分析法具有较高的灵敏度，而化学分析法（重量分析法和滴定分析法）的灵敏度相对较低。在选择分析方法时，要根据待测成分的含量范围选择适宜的方法。一般来说，待测成分含量低时，需选用灵敏度高的方法；待测成分含量高时，宜选用灵敏度低的方法，以减少由于稀释倍数太大所引起的误差。由此可见，灵敏度的高低并不是评价分析方法好坏的绝对标准。一味地追求选用高灵敏度的方法是不合理的，如重量分析法和滴定分析法，灵敏度虽不高，但对于高含量组分的测定能获得满意的结果，相对误差一般为千分之几。相反，对于低含量组分的测定，重量分析法和滴定分析法的灵敏度一般达不到要求，这时应采用灵敏度较高的仪器分析法。而灵敏度较高的方法相对误差较大，但对低含量组分允许有较大的相对误差。

（四）检出限

检出限是指产生一个能可靠地被检出的分析信号所需要的某元素的最小浓度或含量，而测定限则是指定量分析实际可以达到的极限。因为当元素在试样中的含量相当于方法的检出限时，虽然能可靠地检测其分析信号，证明该元素在试样中确实存在，但定量测定的误差可能非常大，测量的结果仅具有定性分析的价值。测定限在数值上应总高于检出限。

四、分析误差的来源及控制

（一）误差及其产生原因

误差或测量误差是指测量值与真实值之间的差异，根据误差的性质，可将其分为系统误差、偶然误差和过失误差三大类。

1. 系统误差

系统误差是由分析过程中某些固定因素造成的，使测定结果系统地偏高或偏低。系统误差的大小基本恒定不变，并可检定，故又称之为可测误差。系统误差的原因可以发现，其数值大小可以测定，因此系统误差是可校正的。常见的系统误差根据其性质和产生的原因，可分为方法误差、仪器误差、试剂误差、操作误差（或主观误差）等几种。

2. 偶然误差

偶然误差又称随机误差。它是由某些难以控制、无法避免的偶然因素造成的，其大小与正负值都不固定。偶然误差的产生难以找到确定的原因，似乎没有规律性，但如果进行很多次测量，就会发现其服从正态分布规律。偶然误差在分析操作中是不可避免的。

3. 过失误差

分析工作中除上述两类误差外，还有一类“过失误差”。它是由于分析人员粗心大意或未按规程操作所造成的误差。在分析工作中，当出现的误差值很大时，应分析其原因，如是过失误差引起的，则应舍去该结果。

（二）控制和消除误差的方法

误差的大小，直接关系到分析结果的精密度与准确度。误差虽然不能完全消除，但是通过选择适当的方法，采取必要的处理措施，可以降低和减少误差的出现，使分析结果达到相应的准确度。为此，在分析实验中应注意以下几个方面：

1. 选择合适的分析方法

样品中待测成分的分析方法往往有多种，但各种分析方法的准确度和灵敏度是不同的，如质量分析及容量分析，虽然灵敏度不高，但对常量组分的测定，一般能得到比较满意的分析结果，相对误差在千分之几。相反，质量分析及容量分析对微量成分的检测却达不到要求。仪器分析方法灵敏度较高、绝对误差小，但相对误差较大，不过微量或痕量组分的测定常允许有较大的相对误差，所以采用仪器分析是比较合适的。在选择分析方法时，需要了解不同方法的特点及适宜范围，要根据分析结果的要求、被测组分含量以及伴随物质等因素来选择适宜的分析方法。

2. 正确选取样品量

样品中待测组分含量的多少，决定了测定时所取样品的量，取样量多少会影响分析结果的准确度，同时也受测定方法灵敏度的影响。例如，比色分析中，样品中某待测组分与吸亮度在某一范围内呈直线关系。所以，应正确选取样品的量，使其待测组分含量在此直线关系范围内，并尽可能在仪器读数较灵敏的范围内，以提高准确度，这可以通过增减取样量或改变稀释倍数等来实现。

3. 计量器具、试剂、仪器的检定、标定或校正

定期将分析用器具等送计量管理部门鉴定，以保证仪器的灵敏度和准确性。用作标准容量的容器或移液管等，最好经过标定，按校正值使用。各种标准溶液应按规定进行定期标定。

4. 增加平行测定次数

测定次数越多，其平均值就越接近真实值，并且会降低偶然误差。一般每个样品应平行测定两次，结果取平均值，如误差较大，则应增加平行测定 1 次或 2 次。

5. 做对照试验

在测定样品的同时，可用已知结果的标准样品与测定样品对照，测定样品和标准样品在完全相同的条件下进行测定，最后将结果进行比较。这样可检查发现系统误差的来源，并可消除系统误差的影响。

6. 做空白试验

在测定样品的同时进行空白试验，即在不加试样的情况下，按与测定样品相同的条件（相同的方法、相同的操作条件、相同的试剂加入量）进行试验，获得空白值，在样品测定值中扣除空白值，可消除或减少系统误差。

7. 做回收试验

在样品中加入已知量的标准物质，然后进行对照试验，看加入的标准物质是否定量地回收，根据回收率的高低可检验分析方法的准确度，并判断分析过程是否存在系统误差。

8. 标准曲线的回归

在用比色法、荧光剂色谱法等进行分析时，常配制一套具有一定梯度的标准样品溶液，测定其参数（吸亮度、荧光强度、峰高等），绘制参数与浓度之间的关系曲线，称为标准曲线。在正常情况下，标准曲线应是一条穿过原点的直线。但在实际测定中，常出现偏离直线的情况，此时可用最小二乘法求出该直线的方程，代表最合理的标准曲线。

五、分析结果的报告

填写检验记录的注意事项如下：

1. 填写内容要真实、完全、正确，记录方式简单明了。

2. 记录内容包括样品来源、名称、编号，采样地点，样品处理方式，包装与保管等情况，检验分析项目，采用的分析方法，检验依据（标准）。

3. 操作记录要记录操作要点，操作条件，试剂名称、纯度、浓度、用量，意外问题及处理。

4. 要求字迹清楚整齐，用钢笔填写，不允许随意涂改，只能修改，但一般不能超过 3 处。更正方法是：在需更正部分画两条平行线后，在其上方写上正确的数字和文字，更改人签字或加盖印章。

5. 数据记录要根据仪器准确度要求记录。如果操作过程错误，得到的数据必须舍去。

第四节　食品安全检测技术中的标准物质要求

一、食品分析的方法

（一）感官分析法

感官分析法又称感官检验或感官评价，主要依靠检验者的感觉器官（眼、耳、鼻、舌、皮肤）的功能：如视觉、嗅觉、味觉和触觉等的感觉，结合平时积累的实践经验，并借助一定的器具对食品的色泽、气味、滋味、质地、口感、形状和组织结构等质量特性和卫生状况进行判定和客观评价的方法。

感官检验具有简便易行、快速灵敏、不需要特殊器材等特点，特别适用于目前还不能用仪器定量评价的某些食品特性的检验，如水果滋味的检验、食品风味的检验以及酒、茶的气味检验。

（二）物理分析法

根据食品的某些物理指标，如密度、折光率、旋亮度等与食品的组成成分及其含量之间的关系进行检测，进而判断被检食品纯度、组成的方法。密度法可测定酒精的含量；检验牛奶是否掺水；折光法可测定果汁、西红柿制品中固形物的含量；旋光法可测定谷类食品中淀粉的含量等。

（三）化学分析法

化学分析法是以物质的化学反应为基础，对食品中某组分的性质和数量进行测定的一种方法。包括定性分析和定量分析，定性分析主要是确定某种物质在食品中是否存在；定量分析是确定某种物质在食品中的准确含量，主要包括重量法和滴定法。化学分析法使用仪器简单，在常量分析范围内结果较准确，有完整的分析理论，计算方便，所以是常规分析的主要方法。

（四）仪器分析法

是在物理、化学分析的基础上发展起来的一种快速、准确的分析方法。这种方法灵敏、快速、准确，尤其对微量成分分析所表现的优势是理学分析无法比拟的，但必须借助特殊的仪器，如分光亮度计、气相色谱仪、液相色谱仪、原子吸收分光亮度计、电化学分析仪等，一般都比较昂贵。

（五）微生物检验法、酶分析法和免疫学分析法

应用微生物学的理论与方法，研究外界环境和食品中微生物的种类、数量、质量、活动规律及其对人和动物健康的影响，如细菌总数、大肠菌群数、致病菌等。

二、食品理化分析技术的发展方向

随着科学技术的迅猛发展，特别是在 21 世纪，食品理化分析采用的各种分离、分析技术和方法得到了不断完善和更新，许多高灵敏度、高分辨率的分析仪器已经被越来越多地应用于食品理化分析中。目前，在保证检测结果的精密度和准确度的前提下，食品理化分析技术正朝着快速、自动化的方向发展。

（一）食品理化分析技术的仪器化、快速化

现在许多先进的仪器分析方法，如气相色谱法、高效液相色谱法、原子吸收光谱法、毛细管电泳法、紫外可见分光亮度法、荧光分光亮度法以及电化学方法等已经在食品理化分析中得到了广泛应用，在我国的食品卫生标准检验方法中，仪器分析方法所占的比例也越来越大。样品的前处理方面也采用了许多新颖的分离技术，如固相萃取、固相微萃取、加压溶剂萃取、超临界萃取以及微波消化等，较常规的前处理方法省时省事，分离效率高。以上种种技术和方法的使用，为提高食品理化分析的精度和准确度奠定了坚实的基础，并大幅地节省了分析时间。

（二）食品理化分析技术的自动化、智能化

自动分析技术的开发研究始于 20 世纪 50 年代末期，由程序分析器的应用发展至连续流动分析检验方法。近年来，发展起来的多学科交叉技术 —— 微全分析系统可以实现化学反应、分离检测的整体微型化、高通量和自动化。过去需要在实验室中花费大量样品、试剂和较长时间才能完成的分析检验，在小小的芯片上仅用微升或纳升级的样品和试剂，以很短的时间（数秒或数分钟）即可完成大量的检测工作。目前，DNA 芯片技术已经用于转基因食品的检测，以激光诱导荧光检测 —— 毛细管电泳分离为核心的微流控芯片技术也将在食品理化检验中逐步得到应用，将会大大幅缩短分析时间和减少试剂用量，成为低消耗、低污染、低成本的绿色检验方法。我国目前正在逐步开展以上各种分析方法的研究工作，相信在不久的将来，这些技术和方法将广泛应用于我国的食品分析检验之中。

此外，传统离线的、破坏性的或侵入式的分析测试方法将逐步被淘汰，而在线的、非破坏性的、非侵入式的、可以进行原位和实时测量的方法将备受青睐。提供多维特别是三维以上的化学信息（如各种成像技术，特别是化学成像技术），不仅可以测试被检验对象在整体上发生了什么变化，而且可以观测到这种变化发生的具体部位、具体化学成分及其随时间的改变。这不仅对于生命过程的研究极其重要，对于生产和生活也具有

重要意义。可以预见，计算机视觉技术和光谱分析方法的应用，如近红外光谱法、超光谱成像、正电子成像等实时在线、非侵入、非破坏的食品检测技术，将是现代食品检测技术发展的主要趋势。

总之，随着科学技术的进步和食品工业的发展，食品理化分析技术的发展十分迅速，国际上有关食品分析技术方面的研究开发工作至今方兴未艾，许多学科的先进技术不断渗透到食品理化分析中来，分析检验方法和分析仪器设备日益增多。许多自动化分析检验技术在食品理化分析中已得到普遍的应用，这些技术不仅缩短了分析时间，减少了人为的误差，而且大幅提高了测定的灵敏度和准确度。同时，随着人们生活和消费水平的不断提高，人们对食品的品种、质量等要求越来越高，要求分析的项目也越来越多，食品理化分析正由单组分的分析检验发展为多组分的分析检验，食品纯感官项目的评定正发展为与仪器分析结果相结合的综合评定。

第五节　食品安全技术预警应急预案中的技术要求

一、监管对象的全程可追溯性

全程追溯是为了保障从原料供给、生产、运输、流通和消费各个环节质量控制有据可依，明确产品的生产过程中供应商、生产商、仓储中心、分销商、零售商等成员的责任主体有效衔接，实现责任前追溯补偿的制度。全程追溯是行政执法部门按照全程追溯各关键环节，及时发现问题，进行追溯协调、责任明确，确保从产地到餐桌全过程监管。建立全程追溯程序是前提，实现全程追溯是目标，最终达到保护消费者合法权益是目的。建立食品安全全程可追溯系统，加强对整个食品链的监督和管理，就要做到以下几个方面：

（1）健全食品污染物监测网络。食品污染物数据是控制食源性疾病的危害、制定国家食品安全政策、法规、标准的重要依据。建立完善食品污染物监测网络，有利于化学和生物污染物监测，有利于收集有关食品污染信息，有利于开展适合我国国情的危险性评估、创建食品污染预警系统。食品污染物监测体系的建立可确保消费者避免遭受食品中化学污染物或有害微生物的危害，还通过适时源头控制检测掌握食品原料中农残和兽残暴露水平，通过从食品中分离出的病原体数据与暴发数据、人类疾病数据等为食品安全预警提供依据。

（2）健全食源性疾病监测网络。建立国家食源性致病菌及其耐药性的监测网络，对食源性致病菌进行联动监测，建立食源性致病菌分子分型电子网络，强化对食源性疾病暴发的准确诊断和快速溯源能力。

（3）加强动植物检疫防疫体系建设。一是加强动物防疫检疫体系。建立符合国际

规范、高效的动物检验监测体系，完善的诊断标准体系，加大动物的疫情监测力度，以实时监测和疫情快速报告为主，目标监测、特定区域监测、暴发监测、哨兵群监测和平行监测等多种方法共用。要严格评估、建立无病认证体系。二是加快植物监控技术支持体系建设。建设从中央到省、地、县植物病虫害监测、监控中心（站），完善各级植物防疫检疫监督机构。针对敏感作物和敏感地区，有计划、有重点加强风险分析，加强重点地（市）、县（市）植物检疫实验室建设，装备检疫检验基本仪器和设备，提高检验检疫整体水平，建立健全植物有害生物监测网络体系。

（4）结合产地认证制度，加强农业、环保等部门的产地环境监测站（室）的建设，建立健全产地环境监测网络。对影响食品安全的土壤污染（包括化肥污染、农药污染等）、大气污染（主要 PM2.5、PM10 飘尘、酸雨等）、水体污染（主要包括无机有毒物，如各类重金属、氰化物、氟化物等；有机有毒物如苯酚、多环芳烃、多氯联苯等）和病原体（如生活污水、医院污水和畜禽污水中含有的病毒、病菌和寄生虫等）进行严密监测，为严格控制各类污染物的排放提供基础数据，保证食品原料（源头）质量控制。

（5）完善进出口食品安全监测体系。根据国际市场变化，进一步整合完善进出口食品安全检测体系，发挥全国重点专业实验室和区域性重点实验室资源优势，加强进口食品注册制度及对进口国的检验检疫评估制度。

二、检测方法快速、准确、适时性

由于科学技术的发展，检验手段与方法多种多样，检测仪器越来越灵敏，检测方法的检测限也越来越低。如何采用最快捷、最经济、最准确适时的检测方法，是食品安全领域的一项重要研究内容。就目前的发展趋势来看，发展安全检测方法首先要体现快速，因为食品在生产、储存、运输及销售等各个环节，都有可能受到污染，食品生产经营企业、质检人员、进出口商检、政府管理部门都希望能够得到准确而又及时的监控结果。从定性和定量检测技术出发，准确、可靠、方便、快速、经济、安全是食品安全检测的发展方向。食品安全事件不断发生，使世界各国对快速、准确及时的检测方法越来越重视。很多快速、准确的检测方法被纳入各个国家的标准方法。

三、风险评估依据

随着经济全球化和国际食品贸易的增加，食品新技术不断引入，食品安全问题备受关注。现阶段的食品安全风险分析则代表了食品安全管理的发展方向，是制定食品安全标准和解决国际食品贸易争端的依据，是制定食品安全政策，预防及降低食品安全事件发生比较有效的手段。因此，研究建立食品安全风险评估制度更有利于对食品安全进行科学化管理。

风险评估是利用科学技术信息及其不确定度的方法，针对危害健康风险特征进行评价，并且根据信息选择相关模型做出推论。其过程可以分为：危害识别、危害描述、暴露评估、风险描述。如食品中化学因素（包括食品添加剂、农药和兽药残留、污染物和天然毒素）的危害识别主要是确定某种物质的毒性（即产生的不良效果），并适时对这种物质导致不良效果的固有性质进行鉴定，可以通过流行病学研究和动物实验进行评价，或从适当的数据库、同行评审的文献以及相应研究中得到的科学信息进行充分评议。危害描述一般是由毒理学试验获得的数据外推到人，计算人体的每日容许摄入量（ADI 值）或暂定每日耐受摄入量；对于营养素，制定每日推荐摄入量（RDI 值）。暴露评估主要根据膳食调查和各种食品中化学物质暴露水平调查的数据进行，通过计算，可以得到人体对于该种化学物质的暴露量。风险描述是依据暴露过程对人群健康产生不良效果的可能性进行分析评价，说明风险评估过程中每一步所涉及的不确定性。

国际上通用的食品风险分析方法主要是 SPS 风险评估方法，即世界贸易组织 WTO（原 GATT）在 1986—1994 年的乌拉圭回合多边贸易谈判中通过的《实施卫生和动植物检疫措施协议》（SPS）。在 SPS 中确定了成员国政府有权采取适当的措施来保护人类与动植物的健康，确保人畜食物免遭污染物、毒素、添加剂而造成的伤害。SPS 提出的卫生和动植物检疫措施包括所有与之有关的法律、法令、规定、要求和程序，特别包括：①最终产品标准；②加工和生产方法；③检测、检验、出证和批准程序；④检疫处理，包括与动物或植物运输有，或在运输途中为维持其动植物生存所需物质有关的要求在内的检疫处理；⑤有关统计方法、抽样程序和风险评估方法的规定；⑥与食品安全直接相关的包装和标签要求。

目前，与公众健康有关的主要是生物性危害包括致病性细菌、病毒、蠕虫、原生动物、藻类和它们产生的某些毒素。全球最显著的食品安全危害是致病性细菌，但尚未形成一套较为统一的科学的风险评估方法，因此一般认为，要想使食品中的生物危害消除或者降到一个可接受的水平，危害分析关键控制点（HACCP）应是迄今为止控制食源性生物危害最经济有效的手段。在制定具体的 HACCP 计划时，必须确定所有潜在的危害，这就需要包括建立在风险概念基础之上的危害评估。这种危害评估将找出一系列显著性危害关键控制点，并在 HACCP 计划中预防实施。需要指出的是，风险评估必须使用严格的科学资料，同时在透明的条件下，采用科学的方法对这些资料加以分析，但有时研究结论一般都伴随着一定的不确定度。

第四章　食品一般成分的分析检验

第一节　水分含量和水分活度的测定

一、概述

水分含量是指食品中所含水分的总量，包括自由水和结合水，水分活度则体现了食品非水组分与食品中水分的亲和能力大小，水分活度的大小对食品的色、香、味、质构以及食品的稳定性都有着重要影响。各种微生物的生命活动及各种化学、生物化学变化都要求一定的水分活度，故水分含量和水分活度与食品的保藏性能密切相关。

（一）水在食品中的作用

水是食品中的重要组分，各种食品中的水分含量都有各自的标准。天然食品中水分的含量范围一般为 50% ~ 92%，比如蔬菜含水量为 85% ~ 91%，水果为 80% ~ 90%，鱼类为 67% ~ 81%，蛋类为 73% ~ 75%，乳类为 87% ~ 89%，猪肉为 43% ~ 59%。食品的含水量高低影响着食品的感官性状、结构、组成比例和储藏的稳定性，例如，当水分含量超过 3.5% 时，奶粉即易结块、变色，且储藏期缩短。

水在食品中不仅以纯水状态存在，而且常溶解一些可溶性物质，如糖类、盐类、亲水性蛋白质等。高分子物质也会分散在水中形成凝胶而赋予食品一定的形态，或在适当的条件下分散于水中成为乳浊液或胶体溶液。有些食品水分含量过高，组织会发生软化，弹性也会降低甚至消失。食品加工过程中，水还能发挥膨润、浸透等方面的作用。在许多法定的食品质量标准中，水分是一个重要的检测指标。

（二）水分在食品中存在的形式

食品有固体状的、半固体状的，还有液体状的，它们不论是原料，还是半成品以及成品，都含有一定量的水，但是食品在切开时一般不会流出水来，这是由于水与食品中的各种复杂成分以不同的方式结合，即水分子在食品中的存在状态是不同的。一般来说，可将食品中的水分为自由水和结合水。

1. 自由水（free water）

自由水又称游离水，是指没有被非水物质化学结合的水，是食品的主要分散剂，可分为滞化水或不可移动水、毛细管水、自由流动水。滞化水是指被组织中的显微和亚显微结构与膜所阻留住的水，不能自由流动；毛细管水是指在生物组织的细胞间隙和制成食品的结构组织中存在着的一种由毛细管力所系留的水，其性质与滞化水相同；自由流动水是指动物的血浆、淋巴，植物的导管和细胞内液泡中的水，可以自由移动。自由流动水具有水的一切性质，比如易结冰、易转移、易失去、易被微生物利用、易参与各种与水有关的反应，具有水的溶解能力，易对食品品质产生各种影响。

2. 结合水（bound water）

结合水是指食品中的非水成分与水通过氢键结合的水，也称束缚水。蛋白质，淀粉，纤维素，果胶物质中的氨基、羧基、羟基、亚氨基、巯基等都可以通过氢键与水结合。束缚水具有两个特点，①不易结冰（冰点为 -40℃）；②不能作为溶质的溶剂。根据水与其他组分的结合能力不同，食品中的结合水又可以分为化合水、邻近水和多层水。

（三）水分含量测定的意义

水是食品的重要组分，其含量、分布和状态影响着食品的感官性状、结构、风味、新鲜度以及加工、储藏等特性，是决定食品品质的成分之一。某些食品中的水增减到一定程度时将会引起水分和食品中其他组分平衡关系的破坏，产生蛋白质变性，糖和盐的结晶，从而影响食品的组织形态和储藏性等。此外，食品中水分的测定对于计算生产中的物料平衡、实行工艺监督以及保证产品质量等方面，都具有很重要的意义。因此，食品中水分含量的测定是食品分析的重要项目之一。

食品去除水分后剩下的干基称为总固形物，包括蛋白质、脂肪、粗纤维、无氮抽出物、灰分等，它是指导食品生产、评价食品营养价值的一个很重要的指标。

二、水分的测定方法

食品中水分的测定方法有直接测定法和间接测定法，一般根据食品的性质和检测目的进行选择。直接测定法是利用水分本身的理化性质除去样品中的水分，再对其定量的方法，比如干燥法、蒸馏法和卡尔·费休法。间接测定法是根据一定条件下样品的密度、

折射率、电导率等物理性质测定水分含量的方法，不需除去水分。直接测定法比间接测定法准确度高，但是费时、劳动强度大，间接测定法测定速度快，能自动连续测量。

（一）干燥法

在一定的温度和压力下，通过加热将样品中的水分蒸发完全，根据样品加热前后的质量差来计算水分含量的方法称为干燥法，包括常压干燥法和减压干燥法。应用干燥法测定水分的样品必须符合下列条件：①水分是唯一挥发物质；②水分挥发要完全；③食品中其他成分由于受热而引起的化学变化可以忽略不计。

1. 常压干燥法

（1）原理

将食品在 101.3 kPa（一个大气压），101℃ ~ 105℃下采用挥发方法直接干燥，测定干燥前后样品质量，其差值即为水分含量（包括吸湿水、部分结晶水和该条件下能挥发的物质）。

（2）适用范围

常压干燥法适用于在 101 ~ 105° 下，不含或含其他挥发性物质甚微的谷物及其制品、水产品、豆制品、乳制品、肉制品及卤菜制品等食品中水分的测定，不适用于水分含量小于 0.5 g/100 g 的样品的测定。

（3）仪器

电热恒温干燥箱；扁形铝制或玻璃制称量瓶；分析天平（感量 0.1 mg）；干燥器。

（4）试剂

第一，盐酸（6 mol/L）。

第二，氢氧化钠溶液（6mol/L）。

第三，海沙：取用水洗去泥土的海沙或河沙，先用 6 mol/L 盐酸煮沸 0.5 h，用水洗至中性，再用 6 mol/L 氢氧化钠溶液煮沸 0.5 h，用水洗至中性，经 105℃干燥备用。

（5）分析步骤

试样的制备方法依据食品种类及存在状态而异，一般情况下，食品以固态（如面包、饼干、乳粉等）、液态（如牛乳、果汁等）和浓稠态（如炼乳、果酱等）存在。

第一，固态试样：固态试样必须磨碎，全部经过 20 ~ 40 目筛，混匀。在磨碎过程中，要防止样品中水分含量发生改变。一般水分含量在 14% 以下时称为安全水分，即在实验室条件下迅速进行粉碎、过筛等处理，水分含量一般不会发生太大变化。

测定时取洁净铝制或玻璃制的扁形称量瓶，置于 101℃ ~ 105℃干燥箱中，瓶盖斜支于瓶边，加热 1.0h，取出盖好，置于干燥器内冷却 0.5 h，称量，并重复干燥至前后两次质量差不超过 2 mg，即为恒重。将混合均匀的试样迅速磨细至颗粒小于 2 mm，不易研磨的样品应尽可能切碎，称取 2 ~ 10 g 试样（精确至 0.000 1 g），放入此称量瓶中，试样厚度不超过 5 mm，如为疏松试样，厚度不超过 10 mm，加盖，精密称量后，置于

101℃ ~ 105℃干燥箱中，瓶盖斜支于瓶边，干燥 2 ~ 4 h 后，取出盖好，放入干燥器内冷却 0.5 h 后称量。然后放入 101℃ ~ 105℃干燥箱中干燥 1 h 左右，取出，放入干燥器内冷却 0.5 h 后再称量。并重复以上操作至前后两次质量差不超过 2 mg，即为恒重。

第二，浓稠态或液态试样：浓稠态试样若直接加热干燥，表面易结壳焦化，应加入精制的海沙或河沙，搅拌均匀以增大蒸发面积。液态试样若直接加热，会因沸腾而造成损失，需低温浓缩后再进行高温干燥。

测定时取洁净的称量瓶，内加 10 g 海沙及一根小玻璃棒，置于 101℃ ~ 105℃干燥箱中，干燥 1.0 h 后取出，放入干燥器内冷却 0.5 h 后称量，并重复干燥至恒重。然后称取 5 ~ 10 g 试样（精确至 0.000 1 g），置于蒸发皿中，用小玻璃棒搅匀放在沸水浴上蒸干，并随时搅拌，擦去皿底的水滴，置于 101℃ ~ 105℃干燥箱中干燥 4 h 后盖好取出，放入干燥器内冷却 0.5 h 后称量。然后放入 101℃ ~ 105℃干燥箱中干燥 1 h 左右，取出，放入干燥器内冷却 0.5 h 后，再称量。并重复以上操作至前后两次质量差不超过 2 mg，即为恒重。

（6）结果计算

$$X = \frac{m_1 - m_2}{m_1 - m_3} \times 100$$

式中：

X—— 试样中水分的含量（g/100g）；

m_1—— 称量瓶（加海沙、玻璃棒）和试样干燥前的质量（g）；

m_2—— 称量瓶（加海沙、玻璃棒）和试样干燥后的质量（g）；

m_3—— 称量瓶（加海沙、玻璃棒）的质量（g）。

（7）操作条件的选择

第一，样品的预处理。

样品的预处理方法对分析结果影响很大。在采集、处理和保存过程中，要防止组分发生变化。固态样品必须磨碎。谷类用 18 目筛，其他食品用 30 ~ 40 目筛。液态样品宜先在水浴上浓缩，然后用烘箱干燥。糖浆、甜炼乳等浓稠液体，一般要加水稀释。糖浆稀释液的固形物含量应控制在 20% ~ 30%。

第二，样品质量和称量皿规格。

样品质量通常控制其干燥残留物为 2 ~ 4g。对于水分含量较低的固态、浓稠态食品，将称样量控制在 3 ~ 5 g，而对于果汁、牛乳等液态食品，一般称样量控制在 15 ~ 20 g 为宜。

称量皿分为玻璃称量皿和铝制称量盒两种。前者耐酸碱，不受样品性质的限制，常用于直接干燥法。后者质量轻，导热性强，但不耐酸，常用于减压干燥法。称量皿规格的选择可以以称量皿底部直径为标准：对少量液体为 4 ~ 5 cm，对较多液体为 6.5 ~ 9.0 cm；对水产品为 9 cm。

第三，干燥设备。

最简便的干燥设备是装有温度调节器的常压电热烘箱。它分为对流式或强力通风式两类，一般采用对流式。烘箱内各部位的温度变动不应超过 ±2℃，或者用 4 ~ 6 个样品同时检查烘箱，其偏差应为 0.1% ~ 0.3%。为了保证恒温，可使用双层烘箱。

第四，干燥条件。

烘箱干燥法所选用的温度、压力及干燥时间，因被测样品的性质及分析目的不同而有所改变。干燥温度通常取 70℃ ~ 100℃。对热较稳定的食品，甚至可以采用 120℃、130℃或更高的温度，这样可以大幅缩短干燥时间。

第五，干燥剂。

无水硫酸钙、无水过氯酸镁、无水过氯酸钡、刚灼烧过的氧化钙、无水五氧化二磷、无水浓硫酸以及变色硅胶，都是比较有效的干燥剂。常见的浓硫酸、颗粒状氯化钙等干燥剂，干燥效能较差。

（8）说明及注意事项

第一，干燥糖浆、富含糖分的水果、富含糖分和淀粉的蔬菜之类的样品时，样品表层可能会结成薄膜，因此应将样品加以稀释，或加入干燥助剂（如海沙、石英砂），或采用红外线干燥法，也可采用两步干燥法，即先在低温条件下干燥，再用较高温度继续干燥。

第二，样品水分含量较高，干燥温度也较高时，有些样品可能发生化学反应，如糊精化、水解作用等，这些变化造成水分无形损失。为了避免这种现象，可先在低温条件下加热，然后在某一指定温度下继续完成干燥。

第三，糖分，特别是果糖对热很不稳定。当温度高于 70℃时，会发生分解，产生水分及其他挥发性物质。因此，对于含有果糖的样品，如蜂蜜、果酱、水果及其制品等，都采用真空烘箱（减压干燥法），干燥温度取 70℃。

第四，对于脂肪含量高的样品，由于脂肪易发生氧化，后一次质量可能高于前一次，应用前一次的数据进行计算。

第五，含有较多氨基酸、蛋白质和羰基化合物的样品，长时间加热则会发生羰氨反应，析出水分而导致误差，对此类样品宜用其他方法测定水分含量。

第六，测定过程中，称量皿从烘箱中取出后，应迅速放入干燥器中进行冷却，否则，不易达到恒重。

第七，测定水分后的样品，可供测脂肪、灰分含量用。

2. 减压干燥法

又称真空干燥法，依据的标准为《食品安全国家标准食品中水分的测定》（GB 5009.3）第二法。

（1）原理

利用水的沸点随压力下降而降低的原理，在真空箱内压力达到 40℃ ~ 53℃后，将样品加热至（60 ± 5）℃，去除样品中的水分，再通过烘干前后的称量数值计算出水分的含量。

（2）适用范围

减压干燥法适用于在高温下易热分解、变质或不易除去结合水的食品，如糖浆、味精、麦乳精、高脂肪食品等的水分含量测定。

（3）仪器

真空烘箱；真空泵；干燥瓶；安全瓶。

（4）分析步骤

试样的制备及铝皿的烘烤同常压干燥法。准确称取 2 ~ 10 g（精确至 0.000 1 g）的样品于已烘至恒重的称量瓶中，放入真空烘箱内，烘箱连接真空泵，抽出真空烘箱内空气（所需压力一般为 40 ~ 53 kPa），并同时加热至所需温度（60±5）℃。关闭真空泵上的活塞，停止抽气，使真空烘箱内保持一定的温度和压力，经 4 h 后，打开活塞，使空气经干燥装置缓缓通入真空烘箱内，待压力恢复正常后再打开。取出称量瓶，放入干燥器中 0.5 h 后称量，并重复以上操作至前后两次质量差不超过 2 mg，即为恒重。

（5）结果计算

结果计算同常压干燥法。

（6）说明及注意事项

第一，所用的干燥温度取决于样品的种类，如 70℃适用于水果和其他一些高糖食品。

第二，真空烘箱内各部位温度要求均匀一致，若干燥时间较短，更应严格控制。

第三，减压干燥法选择的压力和温度在实际应用时可根据样品的性质及干燥箱耐压能力不同而调整。

第四，减压干燥时，自烘箱内部压力降至规定真空度时起计算干燥时间，一般每次烘干时间为 4 h，但也有样品需 5 h，恒重一般以减量不超过 0.5 mg 为标准，但对受热后易分解的样品则以不超过 1 ~ 3 mg 的减量为恒重标准。

3. 红外线干燥法

以红外线灯管为热源，利用红外线的辐射热与直射热加热试样，高效、快速地使水分蒸发，根据干燥前后质量差，求出样品中水分含量。

红外线干燥法采用一种低光度的特制钨丝灯，功率为 250 ~ 500 W。辐射热可以穿透样品，到达样品内部的一定深处，可加速水分的蒸发，而样品本身温度升高并不大。但比较而言，其精密度较差。一般测定一份试样需 10 ~ 30 min，称样量为 2 ~ 10 g。

（二）蒸馏法

蒸馏法有多种形式，其中应用最广的蒸馏法为共沸蒸馏法。

1. 原理

基于两种互不相溶的液体二元体系的沸点低于各组分的沸点这一事实，将食品中的水分与苯、甲苯或二甲苯共沸蒸出，蒸馏出的蒸气被冷凝、收集于标有刻度的接收管中，

由于密度不同而分层，冷凝的溶剂回流到蒸馏瓶中而和水分分离。根据溜出液中水分的体积，计算样品中的水分含量。

2. 适用范围

此法为一种高效的换热方法，水分可以被迅速地移去，加热温度比直接干燥法低。另外，此法是在密闭的容器中进行的，设备简单，操作方便，广泛用于各类果蔬、油类等多种样品的水分的测定。特别是对于香料，此法是唯一公认的水分含量的标准分析方法。

3. 仪器

蒸馏式水分测定仪，水分接收管，容量 5 mL，最小刻度值 0.1 mL，容量误差小于 0.1 mL。

4. 试剂

甲苯或二甲苯（化学纯）：取甲苯或二甲苯，先以水饱和后，分去水层，进行蒸馏，收集馏出液备用。

5. 分析步骤

准确称取适量试样（应使最终蒸出的水控制在 2 ~ 5 mL，但最多取样量不得超过蒸馏瓶容积的 2/3），放入 250 mL 烧瓶中，加入新蒸馏的甲苯（或二甲苯）75 mL，连接冷凝管与水分接收管，从冷凝管顶端注入甲苯，装满水分接收管。加热，慢慢蒸馏，使每秒钟的馏出液为 2 滴，待大部分水分蒸出后，加速蒸馏，约每秒钟 4 滴，当水分全部蒸出后，接收管内的水分体积不再增加时，从冷凝管顶端加入甲苯冲洗。如冷凝管壁附有水滴，可用附有小橡皮头的铜丝擦下，再蒸馏片刻至接收管上部及冷凝管壁无水滴附着，接收管水平面保持 10 min 不变即为蒸馏终点，读取接收管水层的体积。

6. 结果计算

试样中水分的含量按下式进行计算：

$$X=\frac{V}{m}\times100$$

式中：

X——试样中水分的含量（mL/100g），或按水在 20C 的密度 0.99823g/mL 计算质量；

V——接收管内水的体积（mL）；

m——试样的质量（g）。

以重复性条件下获得的两次独立测定结果的算术平均值表示，结果保留三位有效数字。

7. 说明及注意事项

第一，样品用量：一般谷类、豆类约为 20 g，鱼、肉、蛋、乳制品为 5 ~ 10 g，蔬菜、水果约为 5 g。

第二，有机溶剂一般用甲苯，其沸点为110.7℃。对于高温易分解的样品则用苯作蒸馏溶剂（纯苯的沸点为80.2℃，水－苯二元共沸物的沸点为69.25℃），但蒸馏的时间需延长。

第三，加热温度不宜太高，温度太高时冷凝管上端水蒸气难以全部回收。蒸馏时间一般为2～3 h，样品不同，蒸馏时间也不同。

第四，为了避免接收管和冷凝管壁附着水滴，仪器必须洗涤干净。

第五，添加少量戊醇、异丁醇，可防止出现乳浊液。

第六，对富含糖分或蛋白质的黏性试液，宜把它分散涂布于硅藻土上或将样品放在蜡纸上。

（三）卡尔·费休法

卡尔·费休（Karl Fischer）法简称费休法或K–F法（GBS009.3—2010第四法），是由卡尔·费休提出的测定水分的定量方法，属于碘量法。该法对于测定水分最为专一，是测定水分最为准确的化学方法，国际标准化组织把这个方法定为测定微量水分的国际标准。该方法快速、准确，而且无须加热，可有效避免易氧化、热敏性组分的氧化、分解。

1. 原理

卡尔·费休法是一种以滴定法测定水分的化学分析法，测定水分的原理是基于水存在时碘与二氧化硫的氧化还原反应。

$$2H_2O+I_2+SO_2=2HI+H_2SO_4$$

当硫酸浓度达到0.05%以上时，上述反应即发生可逆反应。要使反应顺利地向右进行，需要适当的向体系中加入碱性物质（吡啶和甲醇），以中和反应过程生成的酸。

$$C_5H_5N\cdot I_2+C_5H_5N\cdot SO_2+C_5H_5N+H_2O-2C_5H_5N\cdot HI+C_5H_5N\cdot SO_3$$

生成的硫酸吡啶很不稳定，能与水发生副反应，消耗一部分水而干扰测定，若有甲醇存在，则硫酸吡啶可生成稳定的甲基硫酸氢吡啶：

$$C_5H_5N\cdot SO_3+CH_3OH-C_5H_5N\cdot HSO_4CH_3$$

由此可见，滴定操作所用的标准溶液是将I_2,SO_2,C_5H_5N和CH_3OH按比例配在一起的混合溶液，此溶液称为卡尔·费休试剂。

卡尔·费休法的滴定总反应方程式可写为

$$I_2+SO_2+3C_5H_5N+CH_3OH+H_2O-2C_5H_5N\cdot H1+C_5H_5N\cdot HSO_4CH_3$$

由上列反应方程式可知，1 mol水需要1 mol碘、1 mol二氧化硫、3 mol吡啶和1 mol甲醇。但实际使用的卡尔·费休试剂中的二氧化硫、吡啶和甲醇的用量都是过量的。

卡尔·费休试剂的有效浓度取决于碘的浓度。新鲜配制的试剂，其有效浓度会不断降低，这是由于试剂中各组分本身也含有水分。可是，试剂浓度降低的主要原因是由一些副反应引起的，它消耗了一部分碘。为此，新鲜配制的卡尔·费休试剂，混合后需再

放置一定时间才能使用，同时每次临用前均应标定。该方法必须在密闭玻璃容器内进行，以防止空气中的水蒸气对样品含水量产生影响。

卡尔·费休法又分为库仑法和滴定法。库仑法测定的碘是通过化学反应产生的，只要电解液中存在水，所产生的碘就会和水以 1 ∶ 1 的关系按照化学反应式进行反应。当所有的水都参与了化学反应时，过量的碘就会在电极的阳极区域形成，反应终止。滴定法测定的碘是作为滴定剂加入的，滴定剂中碘的浓度是已知的，根据消耗滴定剂的体积，计算消耗碘的量，从而计量出被测物质中水的含量。

卡尔·费休试剂滴定水分的终点，可用试剂本身中的碘作为指示剂。试液中有水存在时，呈淡黄色，接近终点时呈琥珀色，当刚出现微弱的黄棕色时即为滴定终点。精确的测定以电位滴定确定其终点，如使用电极电位计来滴定终点，可提高灵敏度。目前使用的卡尔·费休水分测定仪采用时间滞留法作为终点判断准则，并配有声光报警指示。

2. 适用范围

卡尔·费休法是一种迅速而又准确的水分测定法，在食品工业凡是用常压干燥法会得到异常结果的样品，或是以减压干燥法进行测定的样品，均可采用本法进行测定。本法广泛应用于各种液态、固态，以及一些气态样品中水分含量的测定，也常作为水分痕量级标准分析方法，还可用此法校定其他的测定方法。在食品分析中，已应用于脱水果蔬、面粉、砂糖、人造奶油、可可粉、糖蜜、茶叶、乳粉及香料等食品中的水分测定，结果的准确度优于直接干燥法，也是测定脂肪和油品中痕量水分的理想方法。

3. 仪器

KF-1 型水分测定仪；SDY-84 型水分滴定仪。

4. 试剂

第一，无水吡啶：要求其含水量在 0.1% 以下，脱水方法为取吡啶 200 mL，置于干燥的蒸馏瓶中，加 40 mL 苯，加热蒸馏，收集 110℃ ~ 116℃馏分备用。甲醇有毒，处理时应避免吸入其蒸气。

第二，无水甲醇：要求其含水量在 0.05% 以下，脱水方法为取甲醇 200 mL，置于干燥圆底烧瓶中，加光洁镁条 15 g 和碘 0.5 g，接上冷凝装置，冷凝管的顶端和接收器支管要装上无水氯化钙干燥管，加热回流至镁条溶解，分馏，用干燥的抽滤瓶作接收器，收集 64℃ ~ 65℃馏分备用。

第三，碘：将固体碘置于硫酸干燥器内干燥 48 h 以上。

第四，卡尔·费休试剂：称取碘 85 g，置于干燥的 1 L 具塞棕色烧瓶中，加入无水甲醇 50 mL，盖上瓶塞，摇动至碘全部溶解后，加入 270 mL 吡啶混匀，然后将烧瓶置于冰盐浴中充分冷却，通入经硫酸脱水的二氧化硫气体 60-70 g，通气完毕后塞上瓶塞。在暗处放置 24 h 后，按下法标定。

标定：在反应瓶中加一定体积（浸没铂电极）的甲醇，在搅拌下用卡尔·费休试剂滴定至终点。加入 10 mg 水（精确至 0.000 1 g），滴定至终点并记录卡尔·费休试剂的用量（V）。卡尔·费休试剂的滴定度按下式计算：

$$T=\frac{M}{V}$$

式中：

T—— 卡尔·费休试剂的滴定度（mg/mL）；

M—— 水的质量（mg）；

V—— 滴定水消耗的卡尔·费休试剂的用量（mL）。

5. 分析步骤

（1）样品预处理

可粉碎的固态试样要尽量粉碎，使之均匀。不易粉碎的试样可切碎。

（2）试样中水分的测定

于反应瓶中加一定体积的甲醇或卡尔·费休水分测定仪中规定的溶剂浸没铂电极，在搅拌下用卡尔·费休试剂滴定至终点。迅速将易溶于上述溶剂的试样直接加入滴定杯中；对于不易溶解的试样，应采用对滴定杯进行加热或加入已测定水分的其他溶剂辅助溶解后用卡尔·费休试剂滴定至终点。建议采用库仑法测定时试样中的含水量应大于 10 μg，滴定法应大于 100 μg。对于某些需要较长时间滴定的试样，需要扣除其漂移量。

（3）漂移量的测定

在滴定杯中加入与测定样品一致的溶剂，并滴定至终点，放置不少于 10 min 后再滴定至终点，两次滴定之间的单位时间内的体积变化即为漂移量（D）。

6. 结果计算

固态试样中水分含量按下式计算：

$$X=\frac{(V_1-Dt)\times T}{m}\times 100$$

液态试样中水分含量按下式进行计算：

$$X=\frac{(V_1-Dt)\times T}{V_2\rho}\times 100$$

式中：

X—— 试样中水分含量（g/100g）；

V_1—— 滴定样品时卡尔·费休试剂体积（mL）；

T—— 卡尔·费休试剂的滴定度（g/mL）；

m—— 样品质量（g）；

V_2—— 液态样品体积（mL）；

D—— 漂移量（mL/min）；

T—— 滴定时所消耗的时间（min）；

ρ—— 液态样品的密度（g/mL）。

7. 说明及注意事项

第一，每次使用卡尔·费休试剂时，必须用蒸馏水或稳定的水合盐对试剂进行标定。

第二，样品细度约为 40 目。样品宜用破碎机处理，不宜用研磨机，以防水分损失。

第三，干燥粉末状样品（如乳粉等），若选用适当溶剂，水分很容易萃取。一般加热温度为60℃，回流时间为 20 ~ 30 min。面粉之类的萃取效果最差，油脂、奶油则最适合。

第四，样品溶剂可用甲醇或吡啶，这些无水试剂宜加入无水硫酸钠保存。其他溶剂有甲酰胺或二甲基甲酰胺。用目测法或永停法确定终点。

第五，卡尔·费休法不仅可测得样品中的自由水含量，而且可测出结合水含量，即此法测得结果更客观地反映出样品中总水分含量。

（四）食品中水分的其他检测方法简介

1. 化学干燥法（参考方法）

化学干燥法就是将某种对于水蒸气具有强烈吸附作用的化学药品与含水样品一同装入一个干燥容器（如普通玻璃干燥器或真空干燥器）中，通过等温扩散及吸附作用使样品达到干燥恒重，然后根据干燥前后样品的矢量即可计算出其水分含量。

本法一般在室温下进行，需要较长的时间，如数天、数周甚至数月时间。用于干燥（吸收水蒸气）的化学药品称为干燥剂，主要包括五氧化二磷、氧化钡、氢氧化钾（熔融）、活性氧化铝、硅胶、硫酸（100%）、氧化镁、氢氧化钠（熔融）、氧化钙、无水氯化钙、硫酸（95%）等，它们的干燥效率依次降低。鉴于价格等原因，虽然 1975 年 AOAC 已推荐前三种为最实用的干燥剂，但常用的则为浓硫酸、固体氢氧化钠、硅胶、活性氧化铝、无水氯化钙等。该法适宜于对热不稳定及含有易挥发组分的样品（如茶叶、香料等）中的水分含量测定。

2. 快速微波干燥法（参考方法）

微波法测定水分含量，最初应用于建材，以后推广至造纸、食品、化肥、煤炭、纤维、石化等部门的各种粉末状、颗粒状、片状及黏稠状的样品中水分含量测定，此法为 AOAC 法，现已广泛应用于工业过程的在线分析，且通过采用微波桥路及谐振腔等方法可测定 10^{-6} 级的水分。市场上可买到微波水分分析仪，直接用于食品的水分分析。

（1）原理

微波是指频率范围为 $10^{-3}\times10^{5}$ MHz（波长为 0.1 ~ 30 cm）的电磁波。当微波通过含水样品时，因微波能把水分从样品中驱除而引起样品质量的损耗，在干燥前后用电子天平来测定质量差，并且用数字百分读数的微处理机将质量差换算成水分含量。

（2）仪器

微波水分分析仪的最低检出量为 0.2 mg 水分。水分 / 固体范围为 0.1% ~ 99.9%，读数精度为 0.01%，包括自动平衡的电子天平、微波干燥系统和数字微处理机。

（3）样品制备

第一，奶酪。将块状样品切成条状，通过食品切碎机三次；也可将样品放在食品切碎机内捣碎；或切割得很细，再充分混匀。对于含奶油的松软白奶酪或类似奶酪，在低于15℃下取300 ~ 600g，，放入高速均质器的杯子中，按得到均质混合物的最少时间进行均质。最终温度不应超过25℃。这需要经常停顿均质器，并用小勺将奶酪舀回到搅刀之中再开启均质器。

第二，肉和肉制品。为了防止制备样品时和随后的操作中样品水分的损失，样品不能太少。磨碎的样品要保存在带盖、不漏气、不漏水的容器中。

（4）分析步骤

将带有玻璃纤维垫和聚四氟乙烯圈的平皿置于微波炉内部的称量器上，去皮重后调至零点。将10.00 g样品均匀涂布于平皿的表面，在聚四氟乙烯圈上盖以玻璃纸，将平皿放在微波炉膛内的称量台上。关上炉门，将定时器定在2.25 min，电源微波能量定在74%单位。启动检测器，当仪器停止后，直接读取样品中水分的含量。

定期地按样品分析要求进行校正，当一些样品所得值超过2倍标准偏差时，才有必要进行调整，调整时间和电源使之保持相应的值。

（5）说明及注意事项

第一，本法是近年发展的新技术，适用于奶酪、肉及肉制品、番茄制品等食品中水分含量的测定。

第二，对于不同品种的食品，时间与电源微波能量设定均有不同：奶酪食品，电源微波能量定为74%单位，定时器定在2.25 min；肉及肉制品，电源微波能量定于80% ~ 100%单位，定时为3 ~ 5 min；加工番茄制品，电源微波能量定于100%单位，定时为4 min。

第三，对于某些不同种类的食品，需要附加调整系数来取得准确的结果数据。例如，熟香肠，混合肉馅，腌、熏、烤等方法加工处理过的熟肉，系数为0.05%。

3. 红外吸收光谱法

红外线一般指波长为0.75 ~ 1 000 μm的光，红外波段范围又可进一步分为三部分：①近红外区，0.75 ~ 2.5μm②中红外区，2.5 ~ 25 μm；③远红外区，25 ~ 1 000μm。其中，中红外区是研究、应用最多的区域，水分子对三个区域的光波均具有选择吸收作用。

红外吸收光谱法是根据水分对某一波长的红外光的吸收强度与其在样品中含量存在一定的关系的事实建立起来的一种水分测定方法。

日本、美国和加拿大等国已将近红外吸收光谱法应用于谷物、咖啡、可可、核桃、花生、肉制品（如肉焰、腊肉、火腿等）、巧克力浆、牛乳、马铃薯等样品的水分测定；中红外吸收光谱法则已被用于面粉、脱脂乳粉及面包中的水分测定，其测定结果与卡尔·费休法、近红外吸收光谱法及减压干燥法一致；远红外吸收光谱法可测出样品中大约0.05%水分含量。总之，红外光谱法准确、快速、方便，存在深远的研究前景和广阔的应用前景。

测定食品中水分的方法还有气相色谱法、声波和超声波法、直流和交流电导率法、

介电滴定法、核磁共振波谱法等。

第二节 灰分的测定

一、灰分测定

（一）概述

食品的组成非常复杂，除了含有大量有机物外，还含有较丰富的无机成分。食品经高温灼烧，有机成分挥发逸散，而无机成分则残留下来，这些残留物称为灰分。灰分是标志食品中无机成分总量的一项指标。

食品的灰分与食品中原来存在的无机成分在数量和组成上并不完全相同。因为食品在灰化时，某些易挥发元素如氯、碘、铅等，会挥发散失，使这些无机成分减少；另一方面，某些金属氧化物会吸收有机物分解产生的二氧化碳而形成碳酸盐，又使无机成分增多。因此，灰分并不能准确地表示食品中原来的无机成分的总量。通常把食品经高温灼烧后的残留物称为粗灰分（或总灰分）。

食品的灰分除总灰分外，按其溶解度还可分为水溶性灰分、水不溶性灰分和酸不溶性灰分。水溶性灰分是一些可溶性碱金属或碱土金属的氧化物及盐类，水不溶性灰分多是些粉尘、泥沙和铁、铝等氧化物及碱土金属的碱式磷酸盐，酸不溶性灰分反应的是污染的泥沙和食品中原来存在的微量二氧化硅。

食品中的灰分含量能反映出原料、加工及储藏方面的问题。当原料和加工条件一定时，其食品的灰分含量应在一定范围内，如谷物及豆类为1% ~ 4%，蔬菜为0.5% ~ 2%，水果为0.5% ~ 1%，鲜肉为0.5% ~ 1.2%、鲜鱼、贝类为1% ~ 5%。若超出了正常的范围，说明食品生产中使用了不符合标准的原料或食品添加剂，或食品在加工、储运过程中受到了污染。因此，测定灰分可以判断食品受污染的程度。此外，灰分还可以评价食品的加工精度和食品的品质。例如，在面粉加工中，常以总灰分含量评定面粉等级，富强粉为0.3% ~ 0.5%、标准粉为0.6% ~ 0.9%；总灰分含量可以说明果胶、明胶等胶质品的胶冻性能；水溶性灰分含量反映果酱、果冻等食品中果汁的含量；酸不溶性灰分的增加则表示可能存在污染和掺杂。总之，灰分是很多食品的重要质量指标，是食品常规检验的项目之一。

二、总灰分的测定

1. 原理

食品经灼烧后所残留的无机物质称为灰分。灰分数值可通过灼烧、称重后计算得出。

2. 适用范围

本方法（GB 5009.4）适用于除淀粉及其衍生物之外的食品中灰分含量的测定。

3. 仪器

马弗炉（温度 > 600℃）；石英坩埚或瓷坩埚；电热板；干燥器（内有干燥剂）；水浴锅。

4. 试剂

第一，乙酸镁[（$(CH_3COO)_2Mg \cdot 4H_2O$）]：分析纯。

第二，乙酸镁溶液（80 g/L）：称取 8.0 g 乙酸镁，加水溶解并定容至 100 mL，混匀。

第三，乙酸镁溶液（240 g/L）：称取 24.0 g 乙酸镁，加水溶解并定容至 100 mL，混匀。

5. 分析步骤

灰分的测定 1）坩埚的灼烧

取大小适宜的石英坩埚或瓷坩埚置于马弗炉中，在（550 ± 25）℃下灼烧 0.5 h，冷却至 200℃左右，取出，放入干燥器中冷却 30 min，准确称量。重复灼烧至前后两次称量相差不超过 0.5 mg 为恒重。

灰分的测定 2）称样

灰分大于 10 g/100 g 的试样称取 2 ～ 3 g（精确至 0.000 1 g）；灰分小于 10 g/100 g 的试样称取 3 ～ 10 g（精确至 0.000 1 g）。

灰分的测定 3）测定

第一，一般食品。

液态和半固态试样应先在沸水浴上蒸干。固态试样或蒸干后的试样，先在电热板上以小火加热使试样充分炭化至无烟，然后置于马弗炉中，在（550±25）℃灼烧 4 h。冷却至 200 ℃左右，取出，放入干燥器中冷却 30 min，称量前如发现灼烧残渣有炭粒，应向试样中滴入少许水湿润，使结块松散，蒸干水分再次灼烧至无炭粒即表示灰化完全，方可称量。重复灼烧至前后两次称量相差不超过 0.5 mg 为恒重，可得试样中灰分的含量 X_1。

第二，含磷量较高的豆类及其制品、肉禽制品、蛋制品、水产品、乳及乳制品。

①称取试样后，加入 1.00 mL 乙酸镁溶液（240 g/L）或 3.00 mL 乙酸镁溶液（80 g/L），使试样完全润湿。放置 10min 后，在水浴上将水分蒸干，以下步骤按第一，自“先在电热板上以小火加热……”起操作。可得试样中灰分的含量 X_2。

②吸取 3 份与①相同浓度和体积的乙酸镁溶液，做三次试剂空白实验。当三次实验结果的标准偏差小于 0.003 g 时，取算术平均值作为空白值。若标准偏差超过 0.003 g，

应重新做空白实验。

6. 结果计算

$$X_1 = \frac{m_1 - m_2}{m_3 - m_2} \times 100$$

$$X_2 = \frac{m_1 - m_2 - m_0}{m_3 - m_2} \times 100$$

式中：

X_1—— 试样中灰分的含量（测定时未加乙酸镁溶液）（g/100g）；

X_2—— 试样中灰分的含量（测定时加入乙酸镁溶液）（g/100g）；

m_0—— 氧化镁（乙酸镁灼烧后生成物）的质量（g）；

m_1—— 坩埚和灰分的质量（g）；

m_2—— 坩埚的质量（g）；

m_3—— 坩埚和试样的质量（g）。

当灰分含量 > 10 g/100g 时，保留三位有效数字；当灰分含量 < 10g/100g 时，保留两位有效数字。精密度：在重复性条件下获得的两次独立测定结果的绝对差值不得超过算术平均值的 5%。

7. 说明及注意事项

（1）灰化容器的选择

测定灰分通常以坩埚作为灰化容器，坩埚分素瓷坩埚、铂坩埚、石英坩埚等多种。其中最常用的是素瓷坩埚，它具有耐高温、耐酸、价格低等优点，但耐碱性差，当灰化碱性食品（如水果、蔬菜、豆类等）时，瓷坩埚内壁的釉层会部分溶解，反复使用多次后，往往难以得到恒重。在这种情况下，宜使用新的瓷坩埚，或使用铂坩埚等其他灰化容器。铂坩埚具有耐高温、耐碱、导热性好、吸湿性小等优点，但价格昂贵，所以使用时应特别注意其性能和使用规则。

（2）取样量

应考虑称量误差，以灼烧后得到的灰分量为 10 ~ 100 mg 来确定称样量。

（3）灰化温度

灰化温度的高低对灰分测定结果影响很大。一般为 500℃ ~ 550℃，温度过高易造成挥发元素的损失；温度过低则灰化速度慢、时间长，不易灰化完全。因此，对于不同类型的食品，应选择合适的灰化温度。如果蔬及其制品、肉及肉制品、糖及制品不高于 525℃，鱼类及海产品、谷类及其制品、乳制品（奶油除外）不高于 550℃。

（4）灰化时间

以样品灰化完全为度，即重复灼烧至恒重为止。

（5）加速灰化方法

对于难灰化样品，可以用以下方法处理。

第一，样品初步灼烧后，取出冷却，加少量水，使水溶性盐类溶解，被包住的炭粒暴露出来。然后在水浴上蒸干，置于120℃～130℃干燥箱中充分干燥，再灼烧至恒重。

第二，样品初步灼烧后放冷，加入几滴硝酸或双氧水，蒸干后灼烧至恒重，利用它们的氧化作用加速炭粒的灰化。也可加入碳酸铵作疏松剂，促进未灰化的炭粒灰化。这些物质在灼烧后完全消失，不提高残灰质量。

第三，加入乙酸镁、硝酸磷等助灰化剂，这类镁盐随着灰化的进行而分解，与过剩的磷酸结合，防止灰分熔融，使其呈松散状态，避免炭粒被包裹，可大幅缩短灰化时间。此法应做空白实验。

（6）其他注意事项

样品炭化时要注意热源强度，防止产生大量泡沫，溢出坩埚。当样品量少时，可直接在马弗炉中分两阶段炭化，首先在150℃炭化至无烟，然后在300℃炭化至无烟。

（三）水溶性灰分和水不溶性灰分的测定

在测定总灰分所得的残渣中，加入适量水，盖上表面皿，加热至近沸。以无灰滤纸过滤，用适量热水洗涤坩埚，将滤纸和残渣移回坩埚中，按测定总灰分方法进行操作直至恒重。残灰即为水不溶性灰分。总灰分与水不溶性灰分之差即为水溶性灰分。

（四）酸不溶性灰分的测定

在水不溶性灰分或测定总灰分的残留物中加入稀盐酸（0.1 mol/L），再按上述方法操作，可得酸不溶性灰分的含量。

二、部分矿物元素的测定

（一）概述

1. 矿物元素及其分类

食品中所含的元素约有几十种，除去C、H、O、N四种构成水分和有机物质以外，其余的统称矿物元素。

存在于食品中的各种矿物元素，从营养的角度，可以分为必需元素、非必需元素和有毒元素三类。从人体需要量的角度，可分为常量元素（major element）和微量元素（trace element）。常量元素需求比例较大，如K、Na、Ca、Mg、P、S、Cl等。微量元素的需求浓度通常严格局限在一定的范围内。微量元素在这个特定的范围内，可以使组织的结构和功能的完整性得到维持；当其含量低于需要的浓度时，组织功能会减弱或不健全，甚至会受到损害并处于不健康状态中；如果浓度高于这一特定范围，则可能导致不同程度的中毒反应。这一浓度范围，有的元素比较宽，有的元素却非常窄。例如，硒的正常需要量和中毒量之间相差不到10倍，人体对硒的每日安全摄入量为50～200 μg，如低

于 50 μg 会导致心肌炎、克山病等疾病，并诱发免疫功能低下和老年性白内障，但如果摄入量在 200 ~ 1 000 μg 之间则会导致中毒，如果每日摄入量超过 1 mg 则可导致死亡。另外，微量元素的功能与化学价态和化学形式有关。例如：铬的正六价状态对人体的毒害很大，只有适量的正三价铬对人体才是有益的；有机汞比无机汞对人体的毒害也要大得多。人类对微量元素的认识远没有穷尽，随着研究的深入，将来还有可能变动，现在普遍认为人体需要的微量元素有铁、碘、铜、锌、锰、铬、钴、钼、硒、镍、锡、硅、氟、钒等 14 种。

有些元素，目前尚未证实对人体具有生理功能，而其极小的剂量即可导致机体呈毒性反应，这类元素称为有毒元素，如铅、镉、汞、砷等，这类元素在人体中具有蓄积性，随着有毒元素在人体内蓄积量的增加，机体会出现各种中毒反应，如致癌、致畸甚至致人死亡。对于这类元素，必须严格控制其在食品中的含量。

2. 元素的提取与分离

食品中含有的矿物元素，常与蛋白质、维生素等有机物质结合成难溶或难以离解的有机矿物化合物，从而失去原有的特性。因此，在测定这些矿物元素之前，需破坏其有机结合体，释放出被测组分。通常采用有机物破坏法，根据待测元素的性质选择干法灰化或湿法消化。破坏有机物后得到的样液中，除含有待测元素外，通常还含有多种其他元素。这些共有元素常常干扰测定，而且待测元素的浓度通常都很低。因此，需要进一步分离和浓缩，以除去干扰元素和富集待测元素。通常采用螯合溶剂萃取法和离子交换法进行分离和浓缩。

（1）螯合溶剂萃取法

向样品溶液中加入螯合剂，金属离子与螯合剂形成金属螯合物，然后利用与水相不相溶的有机溶剂同试液一起振荡，金属螯合物进入有机相，另一些组分仍留在水相中，从而达到分离、浓缩的目的。

食品分析中常用的螯合剂有二硫腙（HOZ）、二乙基二硫代甲酸钠（NaDDTC）、丁二酮肟、铜铁试剂 CUP（N- 亚硝基苯胲铵）。这些螯合剂与金属离子生成金属螯合物，相当稳定，难溶于水，易溶于有机溶剂，许多有颜色的可直接比色测定。

一种螯合剂往往同时和几种金属离子形成螯合物，控制条件可有选择地只萃取一种离子或连续萃取几种离子，使之相互分离。

第一，控制酸度。

控制适当的酸度，可以做到选择性地只萃取一种离子，或连续地萃取几种离子，使它们分离。

第二，使用掩蔽剂。

这是螯合反应中使用最普遍的一种方法。

（2）离子交换法

离子交换法是利用离子交换树脂与溶液中的离子之间所发生的反应来进行分离的方法，适用于带相反电荷的离子之间和带相同电荷或性质相近的离子之间的分离，在食品分析中，可对微量元素进行富集和纯化。例如，欲测定样品中六价铬的含量，为了使之与三价铬及其他金属离子分离，可使样液通过强酸性阳离子交换树脂，六价铬（$Cr_2O_7^{2-}$）不被吸附而流出柱外。

3. 食品中矿物元素的测定方法

食品中矿物元素的测定方法很多，常用的有化学分析法、分光光度法、原子吸收分光光度法及极谱法、离子选择电极法、荧光分光光度法等。20 世纪 60 年代发展起来的原子发射光谱法，随着计算机技术及电感耦合等离子体（inductively coupled plasma，ICP）光谱技术的发展、应用，近年来在食品分析中也得到越来越广泛的应用。

（二）常见必需矿物元素的测定

1. 钙的测定

钙是人体必需的营养元素，是构成骨骼和牙齿的重要组分，具有调节神经组织、控制心脏、调节肌肉活性和体液等功能。我国营养学会建议，钙的适宜摄入量为成年男女 800 mg/d，孕妇 1 000 ~ 1 200 mg/d，乳母 1 200 mg/d。长期缺钙会影响骨骼和牙齿的生长发育，严重时产生骨质疏松或发生软骨病；血液中钙含量过低，会产生手足抽搐现象。食物中钙的最好来源是牛奶、新鲜蔬菜、豆类和水产品。

钙的测定方法主要有原子吸收分光光度法、EDTA 滴定法和高锰酸钾滴定法。

（1）原子吸收分光光度法

第一，原理。

将样品消化处理后，导入原子吸收分光光度计中，经火焰原子化后，吸收波长 422.7 nm 的共振线，其吸收量与钙的含量成正比，与标准系列比较定量。

第二，仪器。

原子吸收分光光度计（附钙空心明极灯）。

第三，试剂。

①盐酸。

②硝酸。

③高氯酸。

④混合酸：硝酸 + 高氯酸（4+1）。

⑤氧化镧溶液（20 g/L）：称取 23.45 g 氧化镧（纯度大于 99.99%）于烧杯中，加少许水润湿，再加入 75 mL 盐酸，边加边用玻璃棒搅拌，待完全溶解后，转入盛有 500 mL 水的 1 000mL 容量瓶中，用水定容至刻度，摇匀。

⑥钙标准储备液（500 μg/mL）：称取 1.248 6 g 碳酸钙（纯度大于 99.9%），加入 50 mL 去离子水，加盐酸溶解，移入 1 000 mL 容量瓶中，用 20 g/L 氧化镧溶液稀释定容至刻度，摇匀。储存于聚乙烯瓶内，4℃下保存。

⑦钙标准使用液（25 peg/mL）：吸取钙标准储备液 5.0 mL，置于 100 mL 容量瓶中，

用 20 g/L 氧化镧溶液稀释定容至刻度，摇匀。

第四，分析步骤。

①样品消化，精确称取混合均匀的样品适量（按样品含钙量而定，如干样 0.5 ~ 1.5 g，湿样 2.0 ~ 4.0 g，液态样品 5.0 ~ 10.0 g＞于 250 mL 高脚烧杯中，加入混合酸 20 ~ 30 mL，盖上表面皿。置于电热板或沙浴上加热消化。当酸液过少而未消化好时，再补加几毫升混合酸消化液，继续加热消化，直至无色透明为止。加几毫升水，加热以除去多余的硝酸。待烧杯中液体接近 2 ~ 3mL 时，取下冷却。用 20 g/L 氧化镧溶液洗并转移至 10 mL 刻度试管中，并定容至刻度。同时做试剂空白实验。

②标准曲线制备：准确吸取钙标准使用液 1.0、2.0、3.0、4.O、6.0 mL，分别置于 50 mL 容量瓶中，用 20 g/L 氧化镧溶液稀释定容至刻度，摇匀。此标准系列含钙分别为 0.5、1.0、1.5、2.0、3.0 μg。

③仪器条件：波长 422.7 nm；灯电流、狭缝宽度、空气及灯头高度等条件，均按使用的仪器说明调至最佳工作状态。

④测定：将样品溶液、试剂空白和标准系列溶液分别导入火焰原子化器进行测定，记录其相应的吸光度，与标准曲线比较定量。

第五，结果计算。

$$X = \frac{(c - c_0) \times V}{m}$$

式中：

X—— 样品中钙的含量（mg/kg）；

c—— 测定用样品溶液中钙的浓度（μg/mL）；

c_0—— 试剂空白液中钙的浓度（μg/mL）；

V—— 样品定容体积（mL）；

m—— 样品的质量（g）。

第六，说明及注意事项。

①实验室平行测定结果的允许偏差为 5%，本方法钙的最低检出限为 0.2 μg/mL。

②样品消化后用氧化镧溶液定容，目的是将钙从结合型变为游离型。

（2）EDTA 滴定法

第一，原理。

EDTA（乙二胺四乙酸二钠）是一种氨羧配合剂，在 pH=12 ~ 14 时，可与 Ca^{2+} 定量地生成 EDTA-Ca 配合物，可直接滴定。根据 EDTA 标准溶液的消耗量，可计算钙的含量。

终点指示剂为钙红指示剂，其水溶液在 PH ＞ 11 时为纯蓝色，可与钙结合生成酒红色的配合物，其稳定性比 EDTA-Ca 小，在滴定过程中 EDTA 首先与游离钙结合，接近终点时 EDTA 夺取 NN-Ca 中的 Ca，溶液从紫红色变成纯蓝色，即为滴定终点。

第二，仪器。

所有玻璃仪器均以硫酸－重铬酸钾洗液浸泡数小时，再用洗衣粉充分洗刷，然后用水反复冲洗，最后用去离子水冲洗晒干或烘干，方可使用。

高脚烧杯（250 mL）、微量滴定管（1 mL 或 2 mL）、碱式滴定管（50 mL）、刻度吸量管（0.5 mL、1 mL）、电热板（1 000 ～ 3 000 W）。

第三，试剂。

①混合酸消化液：硝酸＋高氯酸（4+1）。

②氢氧化钾溶液（1.25 mol/L）：精确称取 70.13 g 氢氧化钾，用去离子水稀释至 1 000 mL。

③氰化钠溶液（10 g/L）：称取 10g 氰化钠，用去离子水稀释至 100 mL。

④柠檬酸钠溶液（0.05 mol/L）：称取 14.7 g 柠檬酸钠，用去离子水稀释至 1 000 mL。

⑤ EDTA 溶液：精确称取 4.50 g EDTA（乙二胺四乙酸二钠），用去离子水稀释至 1 000 mL，储存于聚乙烯瓶中，4℃下保存。使用时稀释 10 倍即可。

EDTA 标准溶液的标定：吸取 0.50 mL 钙标准溶液于 100 mL 锥形瓶中，加 10 mL 水，分别加 1 滴氰化钠溶液、0.1 mL 柠檬酸钠溶液、1.5 mL 氢氧化钾溶液及 3 滴钙红指示剂，立即用 EDTA 标准溶液滴定，溶液由酒红色变为纯蓝色为终点，根据滴定结果计算出每毫升 EDTA 相当于钙的质量（mg），即滴定度（T）。

⑥钙标准溶液：精确称取 0.1 248 g 碳酸钙（纯度大于 99.99%，105℃ ～ 110℃烘干 2 h），加 20 mL 去离子水及 3 mL 0.5 mol/L 盐酸溶解，移入 500 mL 容量瓶中，加去离子水稀释至刻度，储存于聚乙烯瓶中，4℃下保存。此溶液每毫升相当于 100μg 钙。

⑦钙红指示剂：称取 0.1 g 钙红指示剂，用去离子水稀释至 100 mL，溶解后即可使用。储存于冰箱中可保持一个半月以上。

第四，分析步骤。

①试样处理。

样品处理，通常低钙样品采用灰化法，高钙样品采用湿法消化。

湿法消化同原子吸收分光光度法。

灰化法：精确称取混合均匀的样品（通常干样 1.0 g，湿样 3.0 g，液态样品 5 ～ 10 g）于瓷坩埚中，置于电热板上炭化至无烟后移入马弗炉中，在 550℃温度下灰化至不含炭粒为止（5 ～ 6 h），可采用优级纯硝酸作为助灰化剂，取出坩埚，冷却后小心加入 6 mol/L 盐酸 5 mL，置于水浴上蒸干，然后加入 6 mol/L 盐酸 5 mL，转入 25 mL 容量瓶，以 70℃ ～ 90℃热水冲洗坩埚内壁，洗液并入容量瓶，冷却后用去离子水稀释至刻度，摇匀。

②测定。

吸取 0.1 ～ 0.5 mL（根据钙的含量而定）试样消化液及空白试液于 100 mL 锥形瓶中，加水 10 mL，以下操作同 EDTA 标准溶液的标定。

第五，结果计算。

$$x=\frac{T\times\left(V-V_0\right)\times f\times 100}{m}$$

式中：

x—— 样品中钙的含量（mg/100 g）；

T——EDTA 滴定度（mg/mL）；

V—— 滴定试样时所用 EDTA 标准溶液的体积（mL）；

V_0—— 滴定试剂空白时所用 EDTA 标准溶液的体积（mL）；

f—— 试样的稀释倍数；

m—— 样品质量（g）。

第六，说明及注意事项。

①加入指示剂后立即滴定，不宜放置时间太久，否则终点不明显。

②如用湿法消化的溶液，测定时所加氢氧化钾溶液的量不够，要相应增加氢氧化钾溶液的量，须使溶液保持 pH=12 ~ 14，否则滴定达不到终点。

③如食物中含有很多磷酸盐，钙在碱性条件下会生成磷酸钙沉淀，使终点不灵敏，可采用返滴定法。

④样品中若含有少量铁、铜、锌、镍等，会产生干扰，主要是对指示剂起封闭作用，可加入氰化钠掩蔽，如果样品中含有高价金属，加入少量盐酸羟胺，可使高价金属还原为低价，以消除高价金属的影响，同时还可稳定指示剂的颜色。

2. 铁的测定

铁是人体不可缺少的微量元素，是血红蛋白的载氧成分，缺铁时可产生低血色素性贫血，又称缺铁性贫血。铁也是与能量代谢有关的酶的成分，所以人体每日都必须摄入一定量的铁。但摄入铁过多，可能导致纤维组织增生及脏器功能障碍，临床表现有肝硬化、糖尿病、皮肤色素沉着、内分泌紊乱、心脏和关节病变。我国营养学会建议铁的适宜摄入量为成年男子 15 mg/d，成年女子 20mg/d。膳食中铁的最好来源为肝脏、全血、肉类、鱼类和某些蔬菜（如油菜、莴笋、韭菜等）。另外，在食品加工及储藏过程中铁的含量发生变化，并影响食品的质量。如三价铁具有氧化作用，可破坏维生素，引起食品褐变或使之产生金属味等，所以食品中铁的测定不但具有营养学意义，还可以鉴别食品的铁质污染。

铁的测定方法主要有原子吸收分光光度法、邻二氮菲法、硫氰酸盐比色法。

（1）原子吸收分光光度法

第一，原理。

样品经湿法消化后，导入原子吸收分光光度计中，经火焰原子化后，吸收 248.3 nm 的共振线，其吸收量与铁的浓度成正比，与标准系列比较定量。

本法适用于各种食品中铁的测定。

第二，仪器。

原子吸收分光光度计。

第三，试剂。

①盐酸。

②硝酸。

③高氯酸。

④混合酸：硝酸 + 高氯酸（4+1）。

⑤硝酸溶液（0.5 mol/L）：量取 45 mL 硝酸，加去离子水并稀释至 1 000 mL。

⑥铁标准储备液：精确称取铁（浓度大于 99.99%）1.000 0 g，加硝酸溶解，移入 1 000 mL 容量瓶中，用 0.5 mol/L 硝酸溶液稀释至刻度，储存于聚乙烯瓶内，4℃下保存，此溶液每毫升相当于 1mg 铁。

⑦铁标准使用液：吸取标准储备液 10.0 mL，置于 100 mL 容量瓶中，用 0.5 mol/L 硝酸溶液稀释至刻度。储存于聚乙烯瓶内，4℃下保存。此溶液每毫升相当于 100 μg 铁。

第四，分析步骤。

①样液制备：精确称取均匀样品（干样 0.5 ~ 1.5 g，湿样 2.0 ~ 4.0 g，饮料等液态样品 5.0 ~ 10.0 g）于 250 mL 高脚烧杯中，加混合酸 20 ~ 30 mL，盖上表面皿。置于电热板上加热消化，直至无色透明为止（当酸液过少而未消化好时，再补加几毫升混合酸继续消化）。取下放冷后，加约 10 mL 去离子水，继续加热至冒白烟为止。待烧杯中液体接近 2 ~ 3 mL 时，取下冷却。用去离子水洗入 10 mL 刻度试管中，加水定容至刻度，摇匀。

同时做试剂空白实验。

②标准曲线的绘制：吸取 100 μg/mL 铁标准使用液 0.5、1.0、2.0、3.0、4.0 mL，分别置于 100 mL 容量瓶中，用 0.5 mol/L 硝酸溶液稀释至刻度，摇匀。此标准液系列含铁为 0.5、1.0、2.0、3.0、4.0 μg/mL。

③工作条件选择：波长 284.3 nm。灯电流、狭缝宽度、空气及乙炔流量、灯头高度等条件，均按使用的仪器说明调至最佳工作状态。

④测量：将样品溶液、试剂空白和标准系列溶液分别导入火焰原子化器进行测定，记录其相应的吸光度，与标准曲线比较定量。

第五，结果计算。

$$X=\frac{(c-c_0)\times V\times f\times 100}{m\times 1000}$$

式中：

X—— 样品中铁的含量（mg/100 g）；

c—— 测定用样液中铁的浓度（由标准曲线上查得）（μg/mL）；

c_0—— 试剂空白液中铁的浓度（由标准曲线上查得）（μg/mL）；

V—— 试样定容体积（mL）；

f—— 稀释倍数；

m—— 样品质量（g）。

第六，说明及注意事项。

①该方法也适用于食品中镁、锰的测定。

②在重复条件下获得的两次独立测定结果的绝对差值不得超过算术平均值的 10%。

③由于铁在自然界普遍存在，在样品制备和分析过程中应特别注意防止各种污染，所用设备（如绞肉机、匀浆机、打碎机等）必须是不锈钢制品。

（2）邻二氮菲法

第一，原理。

在 pH 为 2 ~ 9 的溶液中，二价铁离子与邻二氮菲生成稳定的橙红色化合物，在 510 nm 处有最大吸收，其吸光度与铁含量成正比，可用比色法测定。

第二，仪器。

分光光度计。

第三，试剂。

①盐酸羟胺溶液（100g/L）。

②邻二氮菲溶液（1.2 g/L）：新鲜配制。

③乙酸钠溶液（1 mol/L）。

④盐酸（2 mol/L）。

⑤铁标准溶液：准确称取 0.351 1g 硫酸亚铁铵，用盐酸 15mL 溶解，移至 500 mL 容量瓶中，用水稀释至刻度，摇匀，得标准储备液，此液浓度为 100 μg/mL。取铁标准储备液 10 mL 于 100 mL 容量瓶中，加水至刻度，混匀，得标准使用液，此液浓度为 10 μg/mL。

第四，分析步骤。

①样品处理：称取均匀样品 10.0 g，干法灰化后，加入 2 mL 盐酸（1+1），在水浴上蒸干，再加入 5 mL 水，加热煮沸，冷却后移入 100 mL 容量瓶中，用水稀释至刻度，摇匀。

②标准曲线的绘制：吸取 10 μg/mL 铁标准使用液 0.0、0.1、0.2、0.3、0.4、0.50 mL，分别置于 50 mL 容量瓶中，各加入 1 mL 盐酸羟胺溶液、2 mL 邻二氮菲溶液、5 mL 乙酸钠溶液，每加入一种试剂都要摇匀。然后用水稀释至刻度，摇匀。10 min 后，以不加铁的试剂空白作参比液，在 510 nm 波长处，用 1 cm 比色皿测吸光度，以含铁量为横坐标，吸光度为纵坐标，绘制标准曲线。

③样品测定：准确吸取适量样液（视铁含量高低而定）于 50 mL 容量瓶中，以下按标准曲线绘制操作，测定吸光度，在标准曲线上查出相对应的含铁量（μg）。

第五，结果计算。

$$X=\frac{m_1}{m\times\frac{V_1}{V_2}}\times 100$$

式中：

X——样品中铁的含量（μg/100 g）；

m_1——从标准曲线上查得测定用样液相应的铁含量（μg）；

V_1——测定用样液体积（mL）；

V_2——样液定容总体积（mL）；

m——样品质量（g）。

第六，说明及注意事项。

① Cu^{2+}、Ni^{2+}、CO^{2+}、Zn^{2+}、Hg^{2+}、Cd^{2+}、Mn^{2+} 等离子，也能与邻二氮菲生成有颜色的配合物，量少时不影响测定，量大时可通过加 EDTA 掩蔽或预先分离。

②加入试剂的顺序不能任意改变，否则会因 Fe3+ 水解等原因造成较大误差。

3. 碘的测定

碘是一种生物元素，是合成甲状腺激素的主要成分，该激素在促进人体的生长发育，维持机体的正常生理功能等方面起着十分重要的作用。人体缺乏碘时，会产生地方性甲状腺肿和地方性克汀病，但是碘过量又可引起甲状腺功能低和甲状腺肿大。世界卫生组织建议，正常人摄入碘量在 1 000 Mg/d 以下是安全的。我国营养学会建议碘的适宜摄入量为成人 150 μg/d。含碘较多的食品是海产品，特别是海带，含碘量为 3% ~ 5%；陆地食品含碘量，动物性食品高于植物性食品，蛋、奶含碘量相对较高，其次为肉类。因此，食品中碘的测定在营养学上具有重要意义。

食品中碘的测定方法有三氯甲烷萃取分光光度法、硫酸铈接触法、溴水氧化碘滴定法，其中最常用的是三氯甲烷萃取分光光度法，下面介绍该法。

（1）原理

样品在碱性条件下灰化，碘被有机物还原成 I^-，I^- 与碱金属离子结合成碘化物，碘化物在酸性条件下与重铬酸钾作用生成碘。用三氯甲烷萃取时，碘溶于氯仿中呈粉红色，在最大吸收波长 510 nm 处比色测定。

（2）仪器

分光光度计。

（3）试剂

第一，氢氧化钾溶液（10mol/L）。

第二，重铬酸钾溶液（0.02 mol/L）。

第三，三氯甲烷。

第四，碘标准溶液，准确称取经 105℃烘 1 h 的碘化钾 0.130 8 g 于烧杯中，加少量水溶解，移入 1 000 mL 棕色容量瓶中，加水至刻度，摇匀。此溶液每毫升含 0.1 mg 碘。使用时加水稀释成 10 μg/mL。

（4）分析步骤

第一，样品处理：准确称取样品 2.00 ~ 4.00 g 于坩埚中，加入 10 mol/L 氢氧化钾溶液 5 mL，烘干，电炉上炭化，然后移入马弗炉中，在 500℃下灰化至呈白色灰烬。待

冷却后取出，加 10mL 水加热溶解，过滤到 50 mL 容量瓶中，用 30 mL 热水分数次洗涤坩埚和滤纸，洗液并入容量瓶中，以水稀释至刻度，摇匀。

第二，标准曲线的绘制。

准确吸取 10 μg/mL 的碘标准溶液 0、2.0、4.0、6.0、8.0、10.0 mL，分别移入 125 mL 分液漏斗中，加水至 40 mL，再加入 2 mL 浓硫酸、0.02 mol/L 重铬酸钾溶液 15 mL，摇匀后放置 30 min，加入 10 mL 三氯甲烷，振摇 1 min，通过棉花过滤，将滤液置于比色皿中，用分光光度计于 510 nm 处测定吸光度，并绘制标准曲线。

第三，样品测定。

吸取一定量的样品溶液（视样品中碘含量而定），移入 125 mL 分液漏斗中，加水至 40 mL。以下同标准曲线的绘制。根据测得的样品吸光度，从标准曲线中查得相应的碘量。

（5）结果计算

$$X=\frac{m}{m_s}\times 1000$$

式中：

X—— 样品中的碘含量（mg/kg）；

m—— 从标准曲线中查得相当于碘的标准量（mg）；

m_2—— 测定时所取样品液相当于样品量（g）。

（6）说明及注意事项

样品灰化时，加入氢氧化钾的作用是使碘形成难挥发的碘化钾，可防止在高温灰化时碘挥发损失。

4. 锌的测定

锌是人体必需的微量元素，是许多酶的活性中心，现已确认与锌有关的酶有 70 多种。缺乏锌时，可表现为味觉及嗅觉异常、厌食、小儿发育欠佳、骨成熟延缓、肝脾肿大、垂体调节机能障碍等。为了预防缺锌，卫生部已批准锌可作为营养强化剂使用。但摄入过量也会引起急性肠炎和呕吐等锌中毒现象。世界卫生组织暂定人对锌的最大可耐受日摄入量为 0.3 ~ 1 mg/kg 体重，即每人每日膳食锌的需要量为 0.3 mg/kg 体重，最大耐受量为 1 mg/kg 体重。我国营养学会建议锌的适宜摄入量为成年男子 15.5 mg/d。锌的来源广泛，但食物中锌的含量差别很大，贝壳类海产品、红色肉类、动物内脏是锌的极好来源，植物性食物含锌较低。

食品中锌的测定方法有原子吸收分光光度法和二硫腙比色法。下面分别予以介绍。

（1）原子吸收分光光度法

第一，原理。

样品经处理后，导入原子吸收分光光度计中，经火焰原子化以后，吸收 213.8 nm 共振线，其吸收值与锌含量成正比，与标准系列比较定量。

第二，仪器。

原子吸收分光光度计。

第三，试剂。

①磷酸溶液（1+10）。

②盐酸（1+11）：量取 10 mL 盐酸，加到适量水中，再稀释至 120 mL。

③混合酸：硝酸＋高氯酸（3+1）。

④锌标准溶液：准确称取 0.500 g 金属锌（99.99%），溶于 10 mL 盐酸中，然后在水浴上蒸发至近干，用少量水溶解后移入 1 000 mL 容量瓶中，以水稀释至刻度，贮于聚乙烯瓶中，此溶液每毫升相当于 0.50 mg 锌。

⑤锌标准使用液：吸取 10.0 mL 锌标准溶液，置于 50 mL 容量瓶中，以盐酸（0.1 mol/L）稀释至刻度，此溶液每毫升相当于 100.0 μg 锌。

第四，分析步骤。

①样品处理。

谷类：去除其中的杂物及尘土，必要时除去外壳，磨碎，过 40 目筛，混匀。称取 5.00 ~ 10.00 g，置于 50 mL 瓷坩埚中，小火炭化至无烟后移入马弗炉中，（500 ± 25）℃灰化约 8 h 后，取出坩埚，放冷后再加入少量混合酸，小火加热，不使干涸，必要时加少许混合酸，如此反复处理，直至残渣中无炭粒，待坩埚稍冷，加 10 mL 盐酸（1+11），溶解残渣并移入 50 mL 容量瓶中，再用盐酸（1+11）反复洗涤坩埚，洗液并入容量瓶中，并稀释至刻度，混匀备用。

取与样品处理相同的混合酸和盐酸（1+11），按同一操作方法做试剂空白实验。

蔬菜、瓜果及豆类：取可食部分洗净晾干，充分切碎或打碎混匀，称取 10.00 ~ 20.00 g，置于瓷坩埚中，加 1mL 磷酸溶液（1+10），小火炭化，以下按谷类样品的处理自“至无烟后移入马弗炉中”起，按规定操作。

禽、蛋、水产及乳制品：取可食部分充分混匀，称取 5.00 ~ 10.00 g，置于瓷坩埚中，小火炭化，以下按谷类样品的处理自“至无烟后移入马弗炉中”起，按规定操作。

乳类：经混匀后量取 50 mL，置于瓷坩埚中，加 1 mL 磷酸溶液（1+10），在水浴上蒸干，再小火炭化，以下按谷类样品的处理自“至无烟后移入马弗炉中”起，按规定操作。

②测定。

吸取 0.0.10.0.20.0.40.0.80 mL 锌标准使用液，分别置于 50 mL 容量瓶中，以盐酸（1 moL/L）稀释至刻度，混匀（各容量瓶中每毫升分别相当于 0、0.2、0.4、0.8、1.6 μg 锌）。

将处理后的样液、试剂空白液和各容量瓶中锌标准溶液分别导入调至最佳条件的火焰原子化器进行测定。参考测定条件：灯电流 6 mA，波长 213.8 nm，狭缝 0.38 nm，空气流量 10 L/min，乙炔流量 2.3 L/min，灯头高度 3 mm，氘灯背景校正，以锌含量对应吸光值，绘制标准曲线或计算直线回归方程，将样品吸光度与曲线比较或代入回归方程求出含量。

第五，结果计算。

$$X = \frac{(c_1 - c_2) \times V \times 1000}{m \times 1000}$$

式中：

X——样品中锌的含量（mg/kg 或 mg/L）；

c_1——测定用样品液中锌的含量（μg/mL；

c_2——试剂空白液中锌的含量（μg/mL）；

m——样品质量（或体积 g 或 mL）；

V——样品处理液的总体积（mL）。

第六，说明及注意事项。

本方法检出限为 0.4 mg/kg，在重复性条件下获得的两次独立测定结果的绝对差值不得超过算术平均值的 10%。

（2）二硫腙比色法

第一，原理。

样品经消化后，在 pH 为 4.0–5.5 时，锌离子与二硫腙形成紫红色配合物，溶于四氯化碳，加入硫代硫酸钠，防止铜、汞、铅、铋、银和镉等离子干扰，与标准系列比较定量。

本法适用于各类食品中锌的测定。

第二，仪器。

分光光度计。

第三，试剂。

①乙酸溶液（2 mol/L）：量取 10 mL 冰乙酸，用水稀释至 85 mL。

②乙酸钠溶液（2 mol/L）：称取 68 g 三水合乙酸钠，溶解于水中，用水稀释至 250 mL。

③乙酸 - 乙酸钠缓冲溶液：将上述两种溶液等体积混合（pH 约为 4.7），用二硫腙 - 四氯化碳溶液（0.1 g/L）提取数次，每次 10 mL，除去其中的锌，至四氯化碳层绿色不变为止。弃去四氯化碳层，再用四氯化碳提取乙酸 - 乙酸钠缓冲溶液中过剩的二硫腙，至四氯化碳层无色，弃去四氯化碳层。

④氨水（1+1）。

⑤盐酸（2 mol/L）：量取 10 mL 盐酸，加水至 60 mL。

⑥盐酸（0.02 mol/L）：量取 1 mL 盐酸（2 mol/L），加水稀释至 100 mL。

⑦酚红指示液（1 g/L：称取 0.1 g 酚红，用乙醇溶解并稀释至 100 mL。

⑧盐酸羟胺溶液（200 g/L）：称取 20 g 盐酸羟胺，加 60 mL 水，滴加氨水（1+1），调节 PH 至 4.0 ~ 5.5. 按③的方法除去其中的锌。

⑨硫代硫酸钠溶液（250 g/L）：用乙酸（2 mol/L）调节至 pH 至 4.0 ~ 5.5. 以下按③的方法除去其中的锌。

⑩二硫腙 - 四氯化碳溶液（0.1 g/L）。

⑪ 二硫腙使用液：吸取 1.0 mL 二硫腙－四氯化碳溶液（0.1 g/L），加四氯化碳至 100mL，混匀。用 1 cm 比色皿，以四氯化碳调节零点，于波长 530 nm 处测吸光度（A）。用下列公式计算出配制 100 mL 二硫腙使用（57% 透光率）所需的二硫腙－四氯化碳溶液（0.1 g/L）体积（V，单位为 mL）：

$$V=\frac{10\times(2-\lg 57)}{A}=\frac{2.44}{A}$$

⑫ 锌标准储备液：准确称取 0.1000 g 锌，加 10 mL 盐酸（2 mol/L），溶解后移入 1 000 mL 容量瓶中，加水稀释至刻度。此溶液每毫升相当于 100 μ g 锌。

⑬ 锌标准使用液：吸取 1.0 mL 锌标准储备液，置于 100 mL 容量瓶中，加 1 mL 盐酸（2 mol/L），以水稀释至刻度，此溶液每毫升相当于 1 锌。

第四，分析步骤。

①样品处理。

根据样品含水分的多少确定不同的取样量。对含水分较少的固体食品，称取 5.0 ~ 10.0g 粉碎的样品；对酱类食品，称取 10.0 ~ 20.0 g 样品；对含水分较高的果蔬，称取 25.0 ~ 50.0 g 洗净打成匀浆的样品；对饮料，可吸取 10.0 ~ 20.0 mL。将试样置于 250 ~ 500 mL 凯氏烧瓶中，对干燥的试样，可加少许水润湿，加数粒玻璃珠，10 ~ 15 mL 硝酸－高氯酸混合液，放置片刻，用小火缓缓加热，待作用缓和，放冷。沿瓶壁加入 5 mL 或 10 mL 硫酸，再加热至瓶中液体开始变成棕色时，不断沿瓶壁加硝酸－高氯酸混合液至有机质分解完全。加大火力，至产生白烟，待瓶口白烟冒净后，瓶内液体再产生白烟为消化完全，该溶液应澄清无色或微带黄色，放冷。在消化过程中应注意热源强度。

加 20 mL 水煮沸，除去残余的硝酸至产生白烟为止，如此处理两次，放冷。将冷后的溶液移入 50mL 或 100 mL 容量瓶中，用水洗涤凯氏烧瓶，洗液并入容量瓶中，放冷，加水至刻度，摇匀。

取与消化样品相同量的硝酸和硫酸，按同一方法做试剂空白实验。

②样品测定。

吸取 5.0 ~ 10.0 mL 定容后的样品溶液和同量的试剂空白液，分别置于 125 mL 分液漏斗中，加水 5mL、200 g/L 盐酸羟胺溶液 0.5 mL，摇匀，再加酚红指示剂 2 滴，用氨水（1+1）调至红色，再多加 2 滴。然后加 0.1 g/L 二硫腙－四氯化碳溶液 5 mL，剧烈振摇 2 min。静置分层后，将四氯化碳层移入另一分液漏斗中，水层再用少量二硫腙－四氯化碳溶液振摇提取，每次用量 2 ~ 3 mL，直至二硫腙－四氯化碳层绿色不变为止。合并提取液，用 5 mL 水洗涤，四氯化碳层用 0.02 mol/L 盐酸提取两次，每次用量 10 mL，提取时剧烈振摇 2 min。合并盐酸提取液，用少量四氯化碳洗去残留的二硫腙。

准确吸取锌标准使用液 0、1.0、2.0、3.0、4.0、5.0 mL（相当于 0、1.0、2.0、3.0、4.0、5.0 μg 锌），分别置于 125 mL 分液漏斗中，各加 0.02 mol/L 盐酸至 20 mL。于样品提取液、试剂空白提取液及锌标准溶液各分液漏斗中，加乙酸－乙酸钠缓冲溶液 10mL、250 g/L

硫代硫酸钠溶液 1 mL，摇匀，再各加入二硫腙使用液 10.0 mL，剧烈振摇 2 min。静置分层后，将四氯化碳层经脱脂棉滤入 1 cm 比色皿中，以零管调节零点，于波长 530 nm 处测定吸光度，绘制标准曲线进行比较。

第五，结果计算。

$$X=\frac{(m_1-m_2)\times 1000}{m\times(V_2/V_1)\times 1000}$$

式中：

X—— 样品中锌的含量（mg/kg 或 mg/L）；

m_1—— 测定用样品消化液中锌的含量（μg）；

m_2—— 试剂空白液中锌的含量（μg）；

m_7—— 样品质量（或体积）（g（或 mL））；

V_1—— 样品消化液的总体积（mL）；

V_2—— 测定用样品消化液的体积（mL）。

第六，说明及注意事项。

①测定时所用的玻璃仪器须用 10% ~ 20%HNO_2 溶液浸泡 24h 以上，并用不含锌的蒸馏水冲洗干净。

②加入硫代硫酸钠可防止铜、汞、铋、银、镉等金属离子的干扰，但硫代硫酸钠也能配合锌，所以其用量不能任意增加，否则会使测定结果偏低。

③本方法的最低检出量为 2.5 测定的适宜范围为 4 ~ 20 Mg，在重复性条件下获得的两次独立测定结果的绝对差值不得超过算术平均值的 10%。

第三节　酸类物质的测定脂类的测定

一、酸类物质的测定

食品中的酸类物质包括有机酸、无机酸、酸式盐以及某些酸性有机化合物（如单宁、蛋白质分解产物等）。这些酸有的是食品中本身固有的，例如，果蔬中含有苹果酸、柠檬酸、酒石酸、醋酸、草酸，鱼肉类中含有乳酸等；有的是外加的，如配制型饮料中加入的柠檬酸；有的是因发酵而产生的，如酸奶中的乳酸。

酸度可分为总酸度、有效酸度和挥发酸度。

（一）总酸度分析

总酸度是指食品中所有酸性物质的总量，包括离解的和未离解的酸的总和，常用标准碱溶液进行滴定，并以样品中主要代表酸的质量分数来表示，故总酸又称为可滴定酸度。

1. 原理

食品中的酒石酸、苹果酸、柠檬酸、草酸、乙酸等其电离常数均大于 10^{-8}，可以用强碱标准溶液直接滴定，用酚酞作指示剂，当滴定至终点（溶液呈浅红色，30 s 不褪色）时，根据所消耗的标准碱溶液的浓度和体积，可计算出样品中总酸含量。

2. 仪器与试剂

组织捣碎机、水浴锅、研钵、冷凝管。

0.100 0 mol/L、0.010 00 mol/L、O.050 00 mol/L NaOH 标准滴定溶液，1% 酚酞溶液。

① 0.1 mol/L NaOH 标准溶液：称取氢氧化钠（AR）120 g 于 250 mL 烧杯中，加入蒸馏水 100 mL，振摇使之溶解成饱和溶液，冷却后注入聚乙烯塑料瓶中，密闭，放置数日澄清后备用。准确吸取上述溶液的上层清液 5.6 mL，加新煮沸过并已冷却的无二氧化碳蒸馏水至 1 000 mL，摇匀。

标定：精密称取 0.4 ~ 0.6g（准确至 0.000 1 g）经 105℃ ~ 110℃烘箱干燥至恒重的基准邻苯二甲酸氢钾，加 50 mL 新煮沸过的冷蒸馏水，振摇使其溶解，加酚酞指示剂 2 ~ 3 滴，用配制的 NaOH 标准溶液滴定至溶液呈微红色 30 s 不褪色为终点。同时做空白试验。计算式如下：

$$c=\frac{m\times1000}{\left(V_1-V_2\right)\times204.2}$$

式中，c 为氢氧化钠标准溶液的浓度（moL/L）；m 为基准邻苯二甲酸氢钾的质量（g）；V_1 标定时所耗用氢氧化钠标准溶液的体积（mL）；V_2 为空白实验中耗用氢氧化钠标准溶液的体积（mL）；204.2 表示邻苯二甲酸氢钾的摩尔质量（g/mol）。

② 1% 酚酞乙醇溶液：称取 1 g 酚酞溶解于 1 000 mL 95% 乙醇中。

3. 操作方法

（1）样品处理

①固体样品（如干鲜果蔬、蜜饯及罐头）。将样品用粉碎机或高速组织捣碎机捣碎并混合均匀。取适量样品（按其总酸含量而定），用 15 mL 无 CO_2 蒸馏水（果蔬干品须加 8 ~ 9 倍无 CO_2 蒸馏水）将其移入 250 mL 容量瓶中，在 75℃ ~ 80℃水浴上加热 0.5 h（果脯类沸水浴加热 1 h），冷却后定容，用干滤纸过滤，弃去初始滤液 25 mL，收集滤液备用。

②含 CO_2 的饮料、酒类。将样品置于 40℃水浴上加热 30 min，以除去 CO_2，冷却后备用。

③调味品及不含 CO_2 的饮料、酒类。将样品混匀后直接取样，必要时加适量水稀释（若样品浑浊，则需过滤）。

④咖啡样品。将样品粉碎通过 40 目筛，取 10 g 粉碎的样品于锥形瓶中，加入 75 mL 80% 乙醇，加塞放置 16 h，并不时摇动，过滤。

⑤固体饮料。称取 5 ~ 10 g 样品，置于研钵中，加少量无 CO_2 蒸馏水，研磨成糊状，用无 CO_2 蒸馏水加入 250 mL 容量瓶中，充分振摇，过滤。

（2）样品测定

准确吸取上法制备滤液 50 mL，加酚酞指示剂 3 ~ 4 滴，用 0.1 mol/L NaOH 标准溶液滴定至微红色 30 s 不退，记录消耗 0.1 mol/L NaOH 标准溶液的体积（mL）。

4. 结果计算

$$总酸度=\frac{c\times V\times K\times V_0}{m\times V_1}\times 100$$

式中，c 为标准 NaOH 溶液的浓度（mol/L）；V 为滴定消耗标准 NaOH 溶液体积（mL）；m 为样品质量或体积（g 或 mL）；V_0 为样品稀释液总体积（mL）；V_1 为滴定时吸取的样液体积（mL）；K 为换算系数，即 1 mmol NaOH 相当于主要酸的质量（g）。

5. 说明及注意事项

①食品中的酸是多种有机弱酸的混合物，用强碱滴定测其含量时滴定突跃不明显，其滴定终点偏碱，一般在 pH 8.2 左右，故可选用酚酞作终点指示剂。

②对于颜色较深的食品，因它使终点颜色变化不明显，遇此情况，可通过加水稀释，用活性炭脱色等方法处理后再滴定。若样液颜色过深或浑浊，则宜采用电位滴定法。

③样品浸渍、稀释用的蒸馏水不能含有 CO_2，因为 CO_2 溶于水中以酸性的 H_2CO_3 形式存在，影响滴定终点时酚酞颜色变化，无 CO_2 蒸馏水在使用前应煮沸 15 min 并迅速冷却备用。必要时须经碱液抽真空处理。

④样品中 CO_2 对测定也有干扰，故在测定之前将其除去。

⑤样品浸渍、稀释之用水量应根据样品中总酸含量来慎重选择，为使误差不超过允许范围，一般要求滴定时消耗 0.1 mol/L NaOH 溶液不得少于 5 mL，最好在 10 ~ 15 mL。

（二）有效酸度分析

有效酸度是指样品中呈游离状态的氢离子的浓度（准确地说应该是活度），常用 pH 表示。常用的测定溶液有效酸度（pH）的方法有比色法和电位法（pH 计法）两种。

①比色法。比色法是利用不同的酸碱指示剂来显示 pH，它具有简便、经济、快速等优点，但结果不甚准确，仅能粗略地估计各类样液的 pH。

②电位法（pH 计法）。电位法适用于各类饮料、果蔬及其制品，以及肉、蛋类等食品中 pH 的测定。它具有准确度较高（可准确到 0.01 pH 单位）、操作简便、不受试样本身颜色的影响等优点，在食品检验中得到广泛的应用。

1. 电位法测定 pH 的原理

将玻璃电极（指示电极）和甘汞电极（参比电极）插入被测溶液中组成一个电池，其电动势与溶液的 pH 有关，通过对电池电动势的测量即可测定溶液的 pH。

2. 酸度计

酸度计也称为pH计，它是由电计和电极两部分组成。电极与被测液组成工作电池，电池的电动势用电计测量。目前各种酸度计的结构越来越简单、紧凑，并趋向数字显示式。

3. 食品 pH 的测定

（1）样品处理

①果蔬样品。将果蔬样品榨汁后，取其压榨汁直接进行测定。对于果蔬干制品，可取适量样品，加数倍的无 CO_2 蒸馏水，在水浴上加热 30 min，再捣碎，过滤，取滤液进行测定。

②肉类制品。称取 10 g 已除去油脂并绞碎的样品，置于 250 mL 锥形瓶中，加入 100 mL 无 CO_2 蒸馏水，浸泡 15 min（随时摇动）。干滤，取滤液进行测定。

③罐头制品（液固混合样品）。将内容物倒入组织捣碎机中，加适量水（以不改变 pH 为宜）捣碎，过滤，取滤液进行测定。

④对含 CO_2 的液体样品（如碳酸饮料、啤酒等），要先去除 CO_2，其方法同“总酸度测定”。

（2）样液 pH 的测定

用蒸馏水冲洗电极和烧杯，再用样液洗涤电极和烧杯。然后将电极浸入样液中，轻轻摇动烧杯，使溶液均匀。调节温度补偿器至被测溶液温度，按下读数开关，指针所指之值，即为样液的 pH。测量完毕后，将电极和烧杯清洗干净，并妥善保管。

（三）挥发性酸分析

挥发酸是指易挥发的有机酸，如醋酸、甲酸及丁酸等可通过蒸馏法分离，再用标准碱溶液进行滴定。挥发酸含量可用间接法或直接法测定。

①间接法。间接法是先用标准碱滴定总酸度，将挥发酸蒸发去除后，再用标准碱滴定非挥发酸的含量，两者的差值即为挥发酸的含量。

②直接法。直接法是用水蒸气蒸馏法分离挥发酸，然后用滴定方法测定其含量。直接法操作简单、方便，适合挥发酸含量较高的样品测定。

如果样品挥发酸含量很低，则应采用间接法。

1. 原理

样品经处理后，在酸性条件下挥发酸能随水蒸气一起蒸发，用碱标准溶液滴定，计算挥发酸的质量分数。

2. 仪器与试剂

（1）仪器

蒸馏装置，主要由水蒸气发生器、样品瓶、冷凝管、接收瓶以及电炉等组成。

（2）试剂

①（DO，050 00 mol/L、0.010 00 mol/L 氢氧化钠标准溶液。

②磷酸溶液［ρ = 10 g/（100 mL）］。

③ 10 g/L 酚酞指示液；盐酸溶液（1+4）。

④ 0.005 000 mol/L 碘标准溶液。

⑤ 5 g/L 淀粉指示液。

⑥硼酸钠饱和溶液。

3. 操作方法

（1）一般样品

安装好蒸馏装置。准确称取均匀样品 2.00 ~ 3.00 g，加 50 mL 煮沸过的蒸馏水和 1 mL 磷酸溶液［ρ = 10 g/（100 mL）］。连接水蒸气蒸馏装置，加热蒸馏至馏出液 300 mL。馏出液加热至 60℃ ~ 65℃，加入酚酞指示剂 3 ~ 4 滴，用 0.100 0 mol/L 氢氧化钠标准溶液滴定至微红色，30 s 内不褪色为终点。

（2）葡萄酒或果酒

以蒸馏的方式蒸出样品中的低沸点酸类即挥发酸，用碱标准溶液滴定，再测定游离二氧化硫和结合二氧化硫，通过计算与修正，得出样品中挥发酸含量。

①实测挥发酸。准确量取 10 mL 样品（V，液温 20℃）进行蒸馏，收集 100 mL 馏出液，将馏出液加热至沸，加入 2 滴酚酞指示液，用 0.050 00 mol/L 氢氧化钠标准溶液滴定至粉红色，30 s 内不变色即为终点，记下消耗氢氧化钠标准溶液的体积（V_1）。

②测定游离二氧化硫。于上述溶液中加 1 滴盐酸溶液酸化，加 2 mL 淀粉指示液和几粒碘化钾，混匀后用碘标准溶液滴定，得出碘标准溶液消耗的体积（V_2）。

③测定结合二氧化硫。在上述溶液中加硼酸钠饱和溶液至显粉红色，继续用碘标准溶液滴定至溶液呈蓝色，得到碘标准溶液消耗的体积（V_3）。

④样品中实测挥发酸的质量分数的计算。如果挥发酸接近或超过理化指标时，需进行修正，其计算公式为

$$\omega = \frac{c \times (V_1 - V_2) \times 0.060}{m} \times 100$$

式中，ω 为样品中挥发酸的质量分数（以乙酸计）（g/（100 g））；c 为氢氧化钠标准溶液的浓度（mol/L）；V_1 为样液消耗氢氧化钠标准溶液的体积（mL）；V_2 为空白实验时消耗氢氧化钠标准溶液的体积（mL）；0.060 为乙酸的换算系数；m 为样品质量（g）。

$$\rho_1 = \frac{c \times V_1 \times 0.060}{V} \times 100$$

式中，ρ_1 为样品中实测挥发酸的质量浓度（以乙酸计）（g/（100 mL））；c 为氢氧化钠标准溶液的浓度（mol/L）；V_1 为消耗氢氧化钠标准溶液的体积（mL）；0.060 为乙酸的换算系数；V 为吸取样品的体积（mL）。

$$\rho=\rho_1-\frac{c_2\times V_2\times 0.032\times 1.875}{V}\times 100-\frac{c_2\times V_3\times 0.032\times 0.9375}{V}\times 100$$

式中，ρ 为样品中真实挥发酸的质量浓度（以乙酸计）（g/（100 mL））；ρ_1 为实测挥发酸的质量浓度（g/（100 mL））；c_2 为碘标准溶液的浓度（mol/L）；V_2 为测定游离二氧化硫消耗碘标准溶液的体积（mL）；V_3 为测定结合二氧化硫消耗碘标准溶液的体积（mL）；0.032 为二氧化硫的转换系数；1.875 为 1 g 游离二氧化硫相当于乙酸的质量（g）；0.937 5 为 1 g 结合二氧化硫相当于乙酸的质量（g）；V 为吸取样品的体积（mL）。

4. 说明及注意事项

①样品挥发酸若直接蒸馏，而不采用水蒸气蒸馏，则很难将挥发酸都蒸馏出来，因为挥发酸与水构成一定百分比的混溶体，并有固定的沸点。若采用水蒸气，则挥发酸和水蒸气是与水蒸气分压成比例地从溶液中一起被蒸馏出来，因而可加速挥发酸的蒸馏分离。

②本方法适用于各类饮料、果蔬及其制品（如发酵制品、酒等）中总挥发酸含量的测定。

③溶液中加入磷酸可使结合态的挥发酸游离出来，使结果更准确。

④样品中若含有 CO_2、SO_2 等易挥发性成分，对结果有干扰，需去除 CO_2 排除方法同上。SO_2 排除方法如下：在已用标准碱滴定过的蒸馏液中加入 5 mL 25% 硫酸酸化，以淀粉溶液为指示剂，用 0.002 mol/L 碘液滴定至蓝色，10 s 不褪色即为滴定终点，从计算结果中扣除。

二、脂类的测定

脂肪、蛋白质和糖类是自然界存在的三大重要物质，是食品的三大主要成分，脂类为人体的新陈代谢提供所需的能量和碳源、必需脂肪酸、脂溶性维生素和其他脂溶性营养物质，同时也赋予了食品特殊的风味和加工特性。脂肪是一大类天然有机化合物，它的定义为混脂肪酸甘油三酯的混合物。食品中的脂类主要包括脂肪（甘油三酸酯）和一些类脂化合物（如脂肪酸、糖脂、甾醇、磷脂等）。

脂肪在长期存放过程中易产生一系列的氧化作用和其他化学变化而变质。变质的结果不仅使油脂的酸价增高，而且由于氧化产物的积聚而呈现出色泽、口味及其他变化，从而导致其营养价值降低。因此，对油脂进行理化指标的检测以保证食用安全是必要的。

（一）酸水解法

某些食品，其所含脂肪包含于组织内部，如面粉及其焙烤制品（面条、面包之类）；由于乙醚不能充分渗入样品颗粒内部，或由于脂类与蛋白质或碳水化合物形成结合脂，特别是一些容易吸潮、结块、难以烘干的食品，用索氏抽提法不能将其中的脂类完全提

取出来，这时用酸水解法效果就比较好。即在强酸、加热的条件下，使蛋白质和碳水化合物水解，使脂类游离出来，再用有机溶剂提取。本法适用于各类食品中总脂肪含量的测定，但对含磷脂较多的一类食品，如鱼类、贝类、蛋及其制品，在盐酸溶液中加热时，磷脂几乎完全分解为脂肪酸和碱，使测定结果偏低，多糖类遇强酸易炭化，会影响测定结果。本方法测定时间短，在一定程度上可防止脂类物质的氧化。

1. 原理

将试样与盐酸溶液一起加热进行水解，使结合或包埋在组织内的脂肪游离出来，再用有机溶剂提取脂肪，回收溶剂，干燥后称量，提取物的质量即为样品中脂类的含量。

2. 仪器与试剂

100 mL 具塞刻度量筒。

乙醇（体积分数 95%）、乙醚（无过氧化物）、石油醚（30℃ ~ 60℃）、盐酸。

3. 操作方法

（1）样品处理

①固体样品。精确称取约 2.0 g 样品于 50 mL 大试管中，加 8 mL 水，混匀后再加 10 mL 盐酸。

②液体样品。精确称取 10.0 g 样品于 50 mL 大试管中，加入 10 mL 盐酸。

（2）水解

将试管放入 70℃ ~ 80℃水浴中，每隔 5 ~ 10 min 搅拌一次，至脂肪游离完全为止，约需 40 ~ 50 min。

（3）提取

取出试管加入 10 mL 乙醇，混合，冷却后将混合物移入 100 mL 具塞量筒中，用 25 mL 乙醚分次洗涤试管，一并倒入具塞量筒中，加塞振摇 1 min，小心开塞放出气体，再塞好，静置 15 min，小心开塞，用乙醚一石油醚等量混合液冲洗塞及筒口附着的脂肪。静置 10 ~ 20 min，待上部液体清晰，吸出上清液于已恒重的锥形瓶内，再加 5 mL 乙醚于具塞量筒内，振摇，静置后，仍将上层乙醚吸出，放入原锥形瓶内。

（4）回收溶剂、烘干、称重

将锥形瓶于水浴上蒸干后，于 100 ~ 105℃烘箱中干燥 2 h，取出放入干燥器内冷却 30 min 后称量，反复以上操作直至恒重。

4. 结果计算

$$\omega\text{湿基} = \frac{m_2 - m_1}{m} \times 100\%$$

$$\omega\text{干基} = \frac{m_2 - m_1}{m(100\% - M)} \times 100\%$$

式中，ω 为脂类质量分数（%）；m_2 为锥形瓶和脂类质量（g）；m_1 空锥形瓶的质量（g）；m 为试样的质量（g）；M 为试样中水分的含量（%）。

5. 说明及注意事项

①固体样品必须充分磨细，液体样品必须充分混匀，以便充分水解。

②水解时应使水分大量损失，使酸浓度升高。

③水解后加入乙醇可使蛋白质沉淀，降低表面张力，促进脂肪球聚合，还可以使碳水化合物、有机酸等溶解。用乙醚提取脂肪时，由于乙醇可溶于乙醚，所以需要加入石油醚，以降低乙醇在乙醚中的溶解度，使乙醇溶解物残留在水层，使分层清晰。

④挥干溶剂后，残留物中如有黑色焦油状杂质，是分解物与水混入所致，将使测定值增大，造成误差，可用等量乙醚及石油醚溶解后过滤，再次进行挥干溶剂的操作。

（二）索氏抽提法

1. 原理

经前处理的样品用无水乙醚或石油醚等溶剂回流抽提，使样品中的脂肪进入溶剂中，蒸去溶剂后的物质称为脂肪或粗脂肪。因为除脂肪外，还含有色素及挥发油、树脂、蜡等物质。抽提法所测得的脂肪为游离脂肪。本法适用于脂类含量较高，结合态脂类含量较少，能烘干磨细，不易吸湿结块样品的测定。

2. 仪器与试剂

索氏抽提器、恒温水浴锅、乙醚脱脂过的滤纸。

无水乙醚或石油醚、海砂。

3. 操作方法

①固体样品。精确称取 2.00 ~ 5.00 g（可取测定水分后的样品），必要时拌以海砂，全部移入滤纸筒内。

②液体或半固体样品。称取 5.00 ~ 10.00 g 于蒸发皿中，加海砂约 20 g，于沸水浴上蒸干后，经（100 ± 5）℃干燥，研细，全部移入滤纸筒内。蒸发皿及附有样品的玻棒。均用蘸有乙醚的脱脂棉擦净，并将棉花放入滤纸筒内。

将滤纸筒放入脂肪抽提器的抽提管内，连接已干燥至恒量的接收瓶，由抽提器冷凝管上端加无水乙醚或石油醚至瓶容积的 2/3 处，于水浴上加热，使乙醚或石油醚回流提取，一般抽提 6 ~ 12 h。取下接收瓶，回收乙醚或石油醚，待接收瓶内乙醚剩 1 ~ 2 mL 时，在水浴上蒸干，再于（100 ± 5）℃干燥 2 h，放干燥器内冷却 0.5 h 后称量，并重复操作至恒量。结果按下式计算：

$$\omega=\frac{m_1-m_0}{m_2}\times100\%$$

式中，ω 为样品中脂肪的质量分数，（g/（100 g）（湿基））；m_1 为接收瓶和脂肪的质量（g）；m_0 为接收瓶的质量胞（g）；m_2 为样品的质量（如果是测定水分后的干样品，

按测定水分前的质量计）（g）。

4. 说明及注意事项

①本法是经典分析方法，是国家标准方法之一，适用于肉制品、豆制品、谷物、坚果、油炸果品和中西式糕点等粗脂肪的测定，不适用于乳及乳制品。

②对含糖及糊精量多的样品，要先用冷水使糖及糊精溶解，经过滤除去，将残渣连同滤纸一起烘干，放入抽提管中。

③样品必须干燥，因水分妨碍有机溶剂对样品的浸润。装样品的滤纸筒要严密，防止样品泄露。滤纸筒的高度不要超过回流弯管，否则，样品中的脂肪不能抽提，造成误差。

④本法要求溶剂必须无水、无醇、无过氧化物，挥发性残渣含量低。否则水和醇可导致糖类及盐类等水溶性物质溶出，测定结果偏高；过氧化物会造成脂肪氧化。过氧化物的检查方法：取 6 mL 乙醚，加 2 mL 10 g/（100 mL）碘化钾溶液，用力振摇，放 1 min 后，若出现黄色，则有过氧化物存在，应另选乙醚或处理后再用。

⑤溶剂在接收瓶中受热蒸发至冷凝管中，冷凝后进入装有样品的抽提管。当抽提管内溶剂达到虹吸管顶端时，自动吸入接收瓶中。如此循环，抽提管中溶剂均为重蒸溶剂，从而提高提取效率。

⑥提取时水浴温度：夏天约 65℃，冬天约 80℃，以 80 滴 /min，每小时回流 6 ~ 12 次为宜，提取过程注意防火。

⑦可凭经验检查抽提是否完全，也可用滤纸或毛玻璃检查。由抽提管下口滴下的乙醚滴在滤纸或毛玻璃上，挥发后不留下油迹表明已抽提完全。

⑧挥发乙醚或石油醚时，切忌用火直接加热。放入烘箱前应全部驱除残余乙醚，防止发生爆炸。

⑨反复加热因脂类氧化而增量，应以增量前的质量作为恒量。

（三）罗紫-哥特里法

重量法中的罗紫 - 哥特里法（又称为碱性乙醚法）适用于乳、乳制品及冰淇淋中脂肪含量的测定，也是乳与乳制品中脂类测定的国际标准方法。一般采用湿法提取，重量法定量。

1. 原理

利用氨 - 乙醇溶液破坏乳品中的蛋白胶体及脂肪球膜，使其非脂肪成分溶解于氨 - 乙醇溶液中，从而将脂肪球游离出来，用乙醚 - 石油醚提取脂肪，再经蒸馏分离得到乳脂肪的含量。

2. 仪器与试剂

抽脂瓶（内径 2.0 ~ 2.5 cm，体积 100 mL）。

石油醚（沸程为 30℃ ~ 60℃）、乙醚、乙醇、25% 氨水（相对密度为 0.91）。

3. 操作方法

准确称取 1 ~ 1.2 g 样品，加入 10 mL 蒸馏水溶解（液体样品直接吸取 10.00mL），置于抽脂瓶中，加入浓氨水 1.25 mL，盖好盖后充分混匀，置于 60P 水浴中加热 5 min，振摇 2 min 再加入 10 mL 乙醇后充分混合，于冷水中冷却后加乙醚 25 mL，用塞子塞好后振摇 0.5 min。最后加 25 mL 石油醚振摇 0.5 min，小心开塞放出气体。

静置 30 min 使上层液体澄清后读取醚层的总体积（采用分液漏斗是要等上层液澄清后，将装废液的小烧杯置于漏斗下，并将瓶盖打开，旋开活塞，让下部的水层缓缓流出，水层完全放出后，关上活塞，从瓶口将澄清、透明的脂肪层倒至已恒重的干燥瓶中。用 5 ~ 10 mL 的乙醚洗涤分液漏斗 2 次或 3 次，洗液一并倒入倒烧瓶中，按上述方法回收乙醚并干燥）。放出醚层至已恒重的烧瓶中，记录放出的体积。蒸馏回收乙醚后，烧瓶放在水浴上赶尽残留的溶剂，置于（102 ± 2）℃的干燥箱中干燥 2 h，取出后再于干燥器内冷却 0.5 h 后称重，反复干燥至恒重（前后两次质量差≤ 1 mg）。

4. 结果计算

$$\omega = \frac{m_1 - m_0}{m\left(V_1 / V_0\right)} \times 100$$

式中，ω 为样品中脂肪的质量分数（或质量浓度），%（或 g/100 mL）；m_1 为烧瓶与脂肪的质量 (g)；m_0 为烧瓶的质量 (g)；m 为样品的质量或体积 (g 或 mL)；V_1 为乙醚层的总体积 (mL)；V_0 为放出乙醚层的体积 (mL)。

5. 说明及注意事项

①罗紫 - 哥特里法适用于各种乳及乳制品的脂肪分析，也是 FAO/WHO 采用的乳及乳制品脂类定量分析的国际方法。

②由于乳类中的脂肪球被其中的酪蛋白钙盐包裹，并处于高度分散的胶体溶液中，所以乳类中的脂肪球不能直接被溶剂提取。

③操作时加入石油醚可以减少抽出液中的水分，使乙醚不与水分混溶，大大减少了可溶性非脂肪成分的抽出，石油醚还可以使分层更清晰。

④如果使用具塞量筒，澄清液可以从管口倒出，或装上吹管吹出上清液，但不要搅动下层液体。

⑤此方法除了可以用于各种液态乳及乳制品中脂肪的测定外，还可以用于豆乳或加水呈乳状食品中脂肪的测定。

⑥加入氨水后要充分混匀，否则会影响下一步中醚对脂肪的提取。

⑦加入乙醇与石油醚的作用与前文酸水解法相同。

（四）巴布科克法和盖勃氏法

巴布科克法和盖勃氏法适用于鲜乳及乳制品中脂肪的测定。对含糖多的乳品（如甜炼乳、加糖乳粉等），用此法时糖易焦化，使结果误差较大，故不宜采用。样品不需事

前烘干，操作简便、快速。对大多数样品来说可以满足要求，但不如重量法准确。

1. 原理

用浓硫酸溶解乳中的乳糖和蛋白质等非脂成分，将乳中的酪蛋白钙盐转变成可溶性的重硫酸酪蛋白，使脂肪球膜被破坏，脂肪游离出来，再通过加热离心，使脂肪能充分分离，在脂肪瓶中直接读取脂肪层，从而得出被检乳的含脂率。

2. 仪器与试剂

（1）仪器

①巴布科克氏乳脂瓶。颈部刻度有 0.0% ~ 0.8%，0.0% ~ 10.0% 两种，最小刻度值为 0.1%。

②盖勃氏乳脂计及盖勃氏离心机。颈部刻度有 0.0% ~ 0.8%，最小刻度值为 0.1%。

③标准移乳管（17.6 mL、11 mL）。

④离心机。

（2）试剂

①浓硫酸：相对密度 1.816 ~ 1.825（20℃）。

②异戊醇：相对密度 0.811 ~ 0.812（20℃），沸程 128℃ ~ 132℃。

3. 操作方法

（1）巴布科克法

以标准移乳管吸取 20℃均匀鲜乳 17.6 mL。置入巴布科克氏乳脂瓶中，沿瓶颈壁缓缓注入 17.5 mL 浓硫酸（15℃ ~ 20℃），手持瓶颈回旋，使液体充分混匀，直至无凝块并显均匀的棕色。将乳脂瓶放入离心机，以约 1 000 r/min 的速度离心 5 min，取出加入 60℃以上的热水，至液面完全充满乳脂瓶下方的球部，再离心 2 min，取出后再加入 60℃以上的热水，至液面接近瓶颈刻度标线约 4% 处，再离心 1 min。取出后将乳脂瓶置于 55℃ ~ 60℃的水浴中。保温数分钟，待脂肪柱稳定后，即可读取脂肪百分比（读数时以上端凹面最高点为准）。

（2）盖勃氏法

在乳脂计中加入 10 mL 硫酸（颈口勿沾湿硫酸），沿管壁缓缓地加入混匀的牛乳 11 mL，使样品和硫酸不要混合；然后加 1 mL 异戊醇，用橡皮塞塞紧，用布包裹瓶口（以防冲出酸液溅蚀衣服），将瓶口向下向外用力振摇，使之成为均匀液，无块粒存在，呈均匀棕色液体，瓶口向下静置数分钟后，置于 65℃ ~ 70℃水浴中放 5 min，取出擦干，调节橡皮塞使脂肪柱在乳脂计的刻度内。放入离心机中，以 800 ~ 1 000 r/min 的转速离心 5 min，取出乳脂计，再置于 65℃ ~ 70℃水浴中放 5 min（注意水浴水面应高于乳脂计脂肪层），取出后立即读数，脂肪层上下弯月面下数字之差即为脂肪的质量分数。

4. 说明及注意事项

①硫酸的浓度必须按方法规定的要求严格遵守，过浓会使乳炭化成黑色溶液而影响

读数；过稀则不能使酪蛋白完全溶解，使测定结果偏低或使脂肪层浑浊。硫酸的作用既能破坏脂肪球膜，使脂肪游离出来，又能增加液体的相对密度，使脂肪容易浮出。

②加热（65℃ ~ 70℃水浴中）和离心的目的是促使脂肪离析。

③巴布科克法中采用 17.6 mL 的吸管取样，实际上注入巴氏瓶中的只有 17.5 mL。牛乳的相对密度为 1.03，故样品质量为 17.5 × 1.03 = 18 g。

巴氏瓶颈大格体积为 0.2 mL，在 60℃左右，脂肪的平均相对密度为 0.9，故当整个巴氏瓶颈被脂肪充满时，其脂肪质量为 0.2 × 10 × 0.9 = 1.8 g。18 g 样品中含 1.8 g 脂肪即瓶颈全部刻度表示为脂肪含量 10%，每一大格表示 1% 的脂肪。故巴氏瓶颈刻度读数即直接为样品中脂肪的质量分数。

④罗紫 - 哥特里法、巴布科克法和盖勃氏法都是测定乳脂肪的标准分析方法。其准确度依次降低。

第四节　碳水化合物的测定

一、概述

糖类是食品的重要组成部分，在植物性食品中含量较高。它的分子中含有碳、氢、氧，其分子组成可用 $C_n(H_2O)_m$ 的通式表示，故统称为碳水化合物（carbohydrates）。但后来发现有不符合此通式的糖，如鼠李糖，也有符合此通式的非糖类，如甲醛（CH_2O），而且有些糖还含有 N、S、P 等成分，因此碳水化合物的名称并不确切，但由于沿用已久，这一名词才一直使用至今。

糖类是多羟基醛或多羟基酮及其缩合物和衍生物的总称，可以分为单糖（monosaccharide）、低聚糖（oligosaccharide）、多糖（polysaccharide）三大类。自然界中大量存在的单糖是葡萄糖和果糖，单糖中以己糖、戊糖最为重要。蔗糖、乳糖、麦芽低聚糖是可消化性低聚糖，棉子糖、水苏糖等是非消化性低聚糖，也称为新型低聚糖，具有保健功能。多糖占总糖的 90% 以上，无甜味，淀粉是唯一能被人体消化、提供能量的多糖，其他多糖均为非消化性多糖。

碳水化合物的测定，在食品工业中具有十分重要的意义。在食品加工工艺中，糖类对改变食品的形态、组织结构、理化性质以及色、香、味等感官指标起着十分重要的作用。此外，糖类还对食品的其他性质有贡献，如体积、黏度、乳化和泡沫稳定性、持水性、冷冻 - 解冻稳定性、风味、质地、褐变等。如食品加工中常需要控制一定量的糖酸比；糖果中糖的组成及比例直接关系到其风味和质量；糖的焦糖化作用及美拉德反应既可使食品获得诱人的色泽与风味，又能引起食品的褐变，必须根据工艺需要加以控制。现代营养研究工作者指出，合理的膳食组成中，糖类应占其总热能的 50% ~ 70%，不

宜超过 70%，且源于食糖的热能不宜超过 15%；单糖能被小肠直接吸收，低聚糖、多糖需先水解后，方能被吸收。人类缺乏消化膳食纤维的酶，故膳食纤维不提供热量，但这类多糖在维持人体健康方面起着重要作用，如具有降低血清胆固醇、降血脂、调节血糖、防止便秘等作用，被称为第七类营养素。新型低聚糖具有使双歧杆菌增殖、抗龋齿、改善脂质及防止便秘等作用，具有难消化性及胰岛素非依赖性，可作为糖尿病人、肥胖病人的甜味剂。

二、可溶性糖类的测定

（一）样品的前处理

样品的前处理包括脱脂、用溶剂提取小分子糖、提取液的澄清等步骤，以除去脂肪、蛋白质、多糖、色素等干扰物。前处理会因原料、成分、样品的存在物态不同而不同。

1. 脱脂

对于脂肪含量高的食品（如乳酪、巧克力等），脱脂是必需的。脱脂可用 95 ∶ 5（体积比）的氯仿－甲醇溶液或石油醚为溶剂，萃取样品一两次，待分层后，弃去有机相，必要时可加热萃取，离心分离。对脂肪含量低的样品，此步骤可省略。脱水步骤是为了使有机溶剂能有效脱脂，对不需脱脂的样品，脱水步骤也可省略。

2. 碾磨

固体样品需将样品磨细，以便溶剂能充分浸提其中的小分子糖。

3. 小分子糖的提取

食品中的可溶性糖类包括葡萄糖、果糖等单糖和蔗糖、麦芽糖等低聚糖。这些小分子糖具有很好的水溶性，可用水提取；对含有大量果胶、淀粉和糊精的食品，如水果、粮谷制品等，宜采用 70% ~ 80% 的乙醇溶液提取。因为果胶、淀粉等多糖和糊精不溶于该浓度的乙醇，而且蛋白质也不会溶出；若用水提取会使果胶、淀粉、蛋白质、糊精溶出，不仅易造成过滤困难，而且干扰测定。

从固体样品中提取糖时，适当加热有利于提取，但加热温度宜控制在 40℃ ~ 50℃，一般不超过 80℃，温度过高时可溶性多糖会溶出，增加后续澄清工作的负担，用乙醇作提取剂，加热时应安装回流装置。酸性食品在加热前应预先用氢氧化钠中和至中性，以防止低聚糖被部分水解。

4. 糖液的澄清

糖的水提取液中，除含单糖和低聚糖等被测物外，还含有色素、单宁、蛋白质、果胶及淀粉等胶态杂质，会使糖液呈色或混浊，使过滤困难，并影响后续测定时对终点的观察，也可能在测定过程中发生副反应，影响分析结果的准确性，因此除去这些干扰物质是十分必要的。若采用 80% 乙醇溶液作提取液，或糖液不混浊，也可省去澄清步骤。

常用澄清剂有以下几种。

第一，中性乙酸铅。这是最常用的一种澄清剂，它不仅能除去蛋白质、有机酸、单宁等杂质，还能凝聚胶体，但其脱色能力较差，不宜用于深色样液的澄清，且铅盐有毒。其澄清原理是铅离子能与很多离子结合，生成难溶沉淀物，同时吸附除去部分杂质，但不会沉淀还原糖，在室温下也不会形成铅糖化合物，因此适用于测定还原糖的样液的澄清。一般先向糖提取液中加入 1 ~ 3 mL 乙酸铅饱和溶液（约 30%），充分混合后静置 15 min，向上层清液中加入几滴中性乙酸铅溶液，上层清液中如无新的沉淀形成，说明杂质已沉淀完全，如有新的沉淀形成，则再混匀并静置数分钟，如此重复直至无新沉淀形成为止。澄清后的样液中残留有铅离子，测定时会因加热导致铅与还原糖（特别是果糖）反应，生成铅糖化合物，使结果偏低。因此，多余的铅须除去。常用的除铅剂有乙二酸钠、乙二酸钾、硫酸钠、磷酸氢二钠等。除铅剂的用量也要适当，在保证使铅完全沉淀的前提下，尽量少用。

第二，碱性乙酸铅。这种澄清剂能除去蛋白质、色素、有机酸等杂质，能凝聚胶体，其最大的优点是能处理深色样液，但能吸附糖，尤其是果糖。

第三，乙酸锌和亚铁氰化钾溶液。这种澄清剂除蛋白质能力强，但脱色能力差，适用于色泽较浅、蛋白质含量较高的样液的澄清，如乳制品、豆制品等。它是利用 $Zn(CH_3COO)_2$ 与 $K_4Fe(CN)_6$ 反应生成的氰亚铁酸锌来夹带或吸附干扰物质的。但用高锰酸钾滴定法测定还原糖时，不能用此澄清剂，以免样液中引入亚铁离子。用法：在 50 ~ 75 mL 样液加入 21.9 g/L 乙酸锌溶液（配置时加入 3 mL 冰乙酸）和 10.6% 的亚铁氰化钾溶液各 5 mL。

第四，硫酸铜和氢氧化钠溶液。这种澄清剂是由 5 份硫酸铜溶液和 2 份 1mol/L 氢氧化钠溶液组成。在碱性条件下，铜离子可使蛋白质沉淀，适用于富含蛋白质的样品澄清。

（二）还原糖的测定

醛糖具有还原性，酮糖在碱性条件下可转变为活泼的烯二醇结构，也具有一定的还原性，实际上单糖和仍保留有半缩醛羟基的低聚糖均能还原费林试剂，故被称为还原糖。乳糖和麦芽糖分子中含有半缩醛羟基，属于还原糖；蔗糖不含半缩醛羟基，无还原性，多糖无还原性，属于非还原性糖。但当多糖或低聚糖水解生成单糖后，均可用测定还原性糖的方法进行定量。

还原糖的测定方法很多，其中最常用的有直接滴定法、高锰酸钾滴定法、3，5- 二硝基水杨酸比色法等。

1. 直接滴定法

（1）原理

试样经除去蛋白质后，在加热条件下，以亚甲基蓝为指示剂，滴定标定过的碱性酒石酸铜溶液（用还原糖标准溶液标定），根据样液消耗的体积计算还原糖含量。

该方法是在经典的费林试剂法的基础上不断改进后得到的方法。先将一定量的碱性

酒石酸铜甲、乙液等量混合后摇匀，加热至溶液沸腾，然后以亚甲基蓝为指示剂，用含还原糖的样液滴定，还原糖与酒石酸钾钠铜发生氧化还原反应，生成红棕色的 Cu_2O 沉淀，Cu_2O 沉淀对滴定终点的观察有干扰，故在碱性酒石酸铜乙液中加入少量亚铁氰化钾，可使之与 Cu2O 生成可溶性的无色配合物，消除干扰。待 Cu^{2+} 全部被还原后，稍过量的还原糖将亚甲基蓝还原，溶液由蓝色变为无色，指示滴定终点的到达。

（2）试剂

第一，碱性酒石酸铜甲液：称取 15 g 硫酸铜及 0.05g 亚甲基蓝，溶于水中并稀释至 1 000 mL。

第二，碱性酒石酸铜乙液：称取 50 g 酒石酸钾钠及 75 g 氢氧化钠，溶于水中，再加入 4 g 亚铁氰化钾，完全溶解后，用水稀释至 1 000 mL，储存于带橡皮塞的玻璃瓶中。

第三，葡萄糖标准溶液：称取 1 g（精确至 0.000 1 g）经过 98℃～100℃干燥 2 h 的葡萄糖，加水溶解后加入 5 mL 盐酸（防止微生物生长），并以水稀释至 1 000 mL，其浓度为 1.0 μg/mL。

第四，乙酸锌溶液（219 g/L）：称取 21.9 g 乙酸锌，加 3 mL 冰乙酸，加水溶解并稀释至 100 mL。

第五，亚铁氰化钾（106 g/L）：称取 10.6 g 亚铁氰化钾，加水溶解并稀释至 100 mL。

（3）分析步骤

第一，样品前处理。

①一般样品

称取粉碎后的固体试样 2.5 ～ 5 g 或混匀后的液体试样 5 ～ 25 g，精确至 0.001 g，置于 250 mL 容量瓶中，加 50 mL 水，慢慢加入 5 mL 乙酸锌溶液及 5 mL 亚铁氰化钾溶液，加水至刻度，混匀，静置 30 min，用干燥滤纸过滤，弃去初滤液备用。

②酒精性饮料

吸取 100g 样品，精确至 0.01 g，置于蒸发皿中，用 1 mol/L NaOH 溶液中和至中性，在水浴上蒸发至原体积的 1/4 后，移入 250 mL 容量瓶中。加 50 mL 水，混匀。以下按①中从“慢慢加入 5 mL 乙酸锌溶液”起依次操作。

③含大量淀粉的食品

称取 10 ～ 20 g 样品，置于 250 mL 容量瓶中，加 200 mL 水，在 45℃水浴中加热 1 h，并不时振摇（此步骤是使还原糖溶于水中，切忌温度过高，因为淀粉在高温条件下会糊化、水解，影响测定结果）。冷却后加水至刻度，混匀，静置，沉淀。吸取 200 mL 上清液于另一 250 mL 容量瓶中，以下按①中从“慢慢加入 5 mL 乙酸锌溶液”起依次操作。

④碳酸类饮料

吸取 100 mL 样品，置于蒸发皿中，在水浴上除去二氧化碳后，移入 250 mL 容量瓶中，并用水洗涤蒸发皿，洗液并入容量瓶中，再加水至刻度，混匀后，备用。

第二，碱性酒石酸铜溶液的标定。

准确吸取碱性酒石酸铜甲液和乙液各 5.0mL，置于 150 mL 锥形瓶中并加水 10mL，加玻璃珠两粒。从滴定管滴加约 9 mL 葡萄糖标准溶液，控制在 2 min 内加热至沸，趁热以每 2 秒 1 滴的速度继续滴加葡萄糖标准溶液，直至溶液蓝色刚好褪去即为终点，记录消耗葡萄糖标准溶液的体积，平行测定三次，取平均值。

根据标定结果计算还原糖因数 F（10.00 mL 碱性酒石酸铜溶液相当于葡萄糖的质量，mg）：

$$F = c \times V$$

式中：

c—— 葡萄糖标准溶液的浓度（mg/mL）；

V—— 标定时消耗葡萄糖标准溶液的体积（mL）。

第三，试样溶液预测。

吸取碱性酒石酸铜甲液和乙液各 5.0mL，置于 150 mL 锥形瓶中并加水 10 mL，加玻璃珠两粒。控制在 2 min 内加热至沸，保持沸腾以先快后慢的速度，从滴定管中滴加试样溶液，并保持溶液沸腾状态，待溶液颜色变浅时，以每 2 秒 1 滴的速度滴定，直至溶液蓝色刚好褪去即为终点，记录样液的消耗体积。

第四，试样溶液的测定。

吸取碱性酒石酸铜甲液和乙液各 5.0mL，置于 150 mL 锥形瓶中并加水 10 mL，加玻璃珠两粒。从滴定管中滴加比预测体积少 1 mL 的试样溶液至锥形瓶中，使在 2 min 内加热至沸，保持沸腾继续以每 2 秒 1 滴的速度滴定，直至蓝色刚好褪去即为终点，记录样液的消耗体积。同法平行操作三份，得出平均消耗体积。

（4）结果计算

$$\text{还原糖（以葡萄糖计，g/100g）} = \frac{F}{m \times \frac{V}{250} \times 1000} \times 100$$

式中：

F——10mL 碱性酒石酸铜溶液（甲、乙液各 5mL）相当于葡萄糖的质量（mg）；

m—— 样品质量（或体积）（g（mL））；

V—— 测定时平均消耗样品溶液体积（mL）；

250—— 样品液总体积（mL）。

（5）说明及注意事项

第一，此法与费林试剂法相比试剂用量大为减少，因滴定终点更明显，所以准确度提高。但仍不适合深色样品的测定。

第二，与费林试剂法相同，碱性酒石酸铜甲液和乙液应分别储存，用时混合，否则酒石酸钾钠铜配合物长期在碱性条件下会慢慢分解析出 Cu_2O 沉淀，使试剂有效浓度降低。

第三，滴定必须在沸腾条件下进行，以驱赶氧气。因为空气中的氧易与指示剂反应使之返色，易与 Cu_2O 反应使之氧化成 Cu^{2+}，导致滴定终点推迟。故滴定时不能随意摇动锥形瓶，更不能让锥形瓶离开热源，以防止空气进入反应溶液中。

第四，反应液的碱度直接影响 Cu^{2+} 与还原糖的反应速度和程度。在一定范围内，溶液碱度越高，反应速度越快。因此，有必要严格控制反应液的体积，标定和测定时消耗的体积应接近（应进行样液的预实验，以调整样液的浓度），使反应体系碱度一致。热源强度应控制在使反应液在 2 min 内沸腾，且应保持一致。否则因蒸发量不同，导致反应液碱度不同，从而引入误差。沸腾时间和滴定速度对结果的影响为：沸腾时间短，消耗糖液多；滴定速度过快，消耗糖量多。因此，在测定过程中要严格遵守标定或制表时所规定的操作条件，如热源强度（电炉功率）、锥形瓶规格、加热时间、滴定速度等，应力求一致。平行实验样液消耗相差不应超过 0.1mL。

第五，测定时先将反应所需样液的绝大部分加入碱性酒石酸铜溶液中，与其共沸，仅留 1 mL 左右由滴定方式加入，其目的是使大多数样液与碱性酒石酸铜在完全相同的条件下反应，减少因滴定操作带来的误差，提高测定精度。

第六，通过样液预测，一是便于进行样液浓度的调整（此法要求样液中还原糖浓度为 0.1% 左右），二是可知样液的大概消耗量，以便在正式测定时，预先加入比实际用量少 1 mL 左右的样液，以保证在 1 min 内完成续滴定工作，提高测定的准确度。

第七，当样液中还原糖浓度过高时，应适当稀释后再进行正式测定，使每次滴定消耗样液的体积控制在与标定碱性酒石酸铜溶液时所消耗的还原糖标准溶液的体积相近（约 10mL）。当浓度过低时则采取直接加入 10 mL 样品液，免去加水 10 mL，再用还原糖标准溶液滴定至终点，记录消耗体积与标定时消耗的还原糖标准溶液体积之差相当于 10 mL 样液中所含还原糖的量，此时应按下式计算：

$$还原糖质量分数=\frac{m_2}{m\times10/250\times1000}\times100\%$$

式中：

m_2——标定时体积与加入样品后消耗的还原糖标准体积之差相当于还原糖的质量（mg）；

m——样品质量（g）。

第八，若需进行澄清处理，则以乙酸锌和亚铁氰化钾溶液作澄清剂，按前述澄清剂的用法进行处理。

2. 高锰酸钾滴定法

（1）原理

样品除去蛋白质后与过量的碱性酒石酸铜溶液反应，还原糖可将二价铜还原为氧化亚铜，加硫酸铁后，氧化亚铜被氧化为铜盐，其中三价铁盐被定量地还原为亚铁盐，用高锰酸钾标准溶液滴定所生成的亚铁盐，根据高锰酸钾溶液的消耗量可计算出氧化亚铜的量，再根据与氧化亚铜量相当的还原糖量（查表），即可计算出样品中还原糖含量。

（2）仪器

25 mL，古氏坩埚或 G4 垂融坩埚；真空泵；滴定管；水浴锅。

（3）试剂

实验用水为蒸馏水，试剂为分析纯。

第一，费林试剂甲液：称取 34.639 g 硫酸铜，加适量水溶解，加入 0.5 mL 硫酸，加水稀释至 500 mL，用精制石棉过滤。

第二，费林试剂乙液（碱性酒石酸铜乙液）：称取 173 g 酒石酸钾钠和 50 g 氢氧化钠，加适量水溶解并稀释到 500 mL，用精制石棉过滤，储存于带橡皮塞的玻璃瓶中。

第三，精制石棉：取石棉先用 3 mol/L 盐酸浸泡 2 ~ 3 天，用水洗净，再用 10% 氢氧化钠溶液浸泡 2 ~ 3 天，倾去溶液，然后用碱性酒石酸铜乙液浸泡数小时，用水洗净，再以 3 mol/L 盐酸浸泡数小时，用水洗至不呈酸性。加水振荡，使之成为微细的浆状软纤维，用水浸泡并储存于玻璃瓶中，即可用于填充古氏坩埚。

第四，0.02 mol/L 高锰酸钾标准溶液：称取 3.3 g 高锰酸钾溶于 1 050 mL 水中，缓缓煮沸 20 ~ 30 min，冷却后于暗处密闭保存数日，用垂融漏斗过滤，保存于棕色瓶中。

标定：精确称取 150℃ ~ 200℃干燥 1 ~ 1.5 h 的基准草酸钠约 0.2 g，溶于 50 mL 水中；加 80 mL 硫酸，用配制的高锰酸钾溶液滴定，接近终点时加热至 70℃，继续滴至溶液呈粉红色且 30 s 不褪色为止。同时做试剂空白实验。

计算：

$$c=\frac{m\times1000}{(V-V_0)\times134.00}\times\frac{2}{5}$$

式中：

c——高锰酸钾标准溶液的浓度（mol/L）；

m——草酸钠的质量（g）；

V——标定时消耗高锰酸钾溶液的体积（mL）；

V_0——空白消耗高锰酸钾溶液的体积（mL）；

第五，1 mol/L 氢氧化钠溶液：称取 4 g 氢氧化钠加水溶解并稀释至 100 mL。

第六，硫酸铁溶液：称取 50 g 硫酸铁，加入 200 mL 水，溶解后加入 100 mL 硫酸，冷却后加水稀释至 1 000 mL。

第七，3 mol/L 盐酸：量取 30 mL 浓盐酸，加水稀释至 120 mL。

（4）分析步骤

第一，样品处理。

①一般样品：称取粉碎后的固体试样 2.5 ~ 5 g 或混匀后的液体试样 5 ~ 25 g，精确至 0.001 g，置于 250 mL 容量瓶中，加 50 mL 水，摇匀后加入 10 mL 碱性酒石酸铜甲液、4 mL 1 mol/L NaOH 溶液，加水至刻度，混匀。静置 30 min，用干燥滤纸过滤，弃去初滤液，滤液备用。（此步骤目的是沉淀蛋白质）

②酒精性饮料：吸取 100 g 样品，精确至 0.01 g，置于蒸发皿中，用 1 mol/L NaOH

溶液中和至中性，在水浴上蒸发至原体积的1/4后，移入250 mL容量瓶中。加50 mL水，混匀。以下按①中从“加入10 mL碱性酒石酸铜甲液”起依次操作。

③含大量淀粉的食品：称取10 ~ 20 g样品，置于250 mL容量瓶中，加200 mL水，在45℃水浴中加热1 h，并不时振摇（此步骤是使还原糖溶于水中，切忌温度过高，因为淀粉在高温条件下会糊化、水解，影响测定结果）。冷却后加水至刻度，混匀，静置，沉淀。吸取200 mL上清液于另一250 mL容量瓶中，以下按①中从“加入10 mL碱性酒石酸铜甲液”起依次操作。

④碳酸类饮料：吸取100 mL样品置于蒸发皿中，在水浴上除去二氧化碳后，移入250 mL容量瓶中，并用水洗涤蒸发皿，洗液并入容量瓶中，再加水至刻度，混匀后，备用。

第二，样品测定。

吸取50.00 mL处理后的样品溶液于400 mL烧杯中，加入25 mL碱性酒石酸甲液及25 mL乙液，于烧杯上盖一表面皿，加热，控制在4 min内沸腾，再准确煮沸2 min，趁热用铺好石棉的古氏坩埚或G4垂融坩埚抽滤，并用60℃热水洗涤烧杯及沉淀，至洗液不呈碱性为止。将古氏坩埚或垂融G4坩埚放回原400 mL烧杯中，加25 mL硫酸铁溶液及25 mL水，用玻璃棒搅拌使氧化亚铜完全溶解，以0.02 mol/L $KMnO_4$标准溶液滴定至微红色即为终点（注意：还原糖与碱性酒石酸铜试剂的反应一定要在沸腾状态下进行，沸腾时间需严格控制。沸腾的溶液应保持蓝色，如果蓝色消失，说明还原糖含量过高，应将样品溶液稀释后重做）。

同时吸取50 mL水，加与测定样品时相同量的碱性酒石酸铜甲、乙液，硫酸铁溶液及水，按同一方法做试剂空白实验。

（5）结果计算

$$x = c \times (V - V_0) \times \frac{5}{2} \times \frac{143.08}{1000} \times 1000$$

式中：

x——与滴定时所消耗的$KMnO_4$标准溶液相当的Cu_2O量（mg）；

c——$KMnO_4$标准溶液的浓度（mol/L）；

V——测定用样液消耗$KMnO_4$标准溶液的体积（mL）；

V_0——试剂空白消耗$KMnO_4$标准溶液的体积（mL）；

143.08——Cu_2O的摩尔质量（g/mol）。

（6）说明及注意事项

第一，取样量视样品含糖量而定，取得样品中含糖量应在25 ~ 1 000 mg范围内，测定用样液的含糖浓度应调整到0.01% ~ 0.45%范围内，浓度过大或过小都会带来误差。通常先进行预实验，确定样液的稀释倍数后再进行正式测定。

第二，测定必须严格按规定的操作条件进行，须控制好热源强度，保证在4 min内加热至沸，否则误差较大。实验时可先取50 mL水，加碱性酒石酸铜甲、乙液各25 mL，调整热源强度，使在4 min内加热至沸，维持热源强度不变，再正式测定。

第三，此法所用碱性酒石酸铜溶液是过量的，即保证把所有的还原糖全部氧化后，还有过剩 Cu^{2+} 存在。因此，煮沸后的反应液应呈蓝色。如不呈蓝色，说明样液含糖浓度过高，应调整样液浓度。

第四，当样品中的还原糖有双糖（如麦芽糖、乳糖）时，由于这些糖的分子中仅有一个还原基，测定结果将偏低。

三、总糖的测定——蒽酮比色法

（一）目的

1. 掌握蒽酮法测定可溶性糖含量的原理和方法。
2. 学习植物可溶性糖的一种提取方法。

（二）原理

糖类在较高温度下可被浓硫酸作用而脱水生成糠醛或羟甲基糖醛后，与蒽酮脱水缩合，形成糠醛的衍生物，呈蓝绿色。该物质在620 nm处有最大吸收，在150 μg/ml范围内，其颜色的深浅与可溶性糖含量成正比。这一方法有很高的灵敏度，糖含量在30 μg左右就能进行测定，所以可作为微量测糖之用。一般的样品少的情况下，采用这一方法比较合适。

（三）仪器、试剂和材料

1. 仪器：电热恒温水浴锅、分光光度计、电子天平、容量瓶、刻度吸管等
2. 试剂：
（1）葡萄糖标准液：100 μg/ml
（2）浓硫酸
（3）蒽酮试剂：0.2 g 蒽酮溶于100 ml 浓 H_2SO_4 中。当日配制使用。
3. 材料：甜糜秸秆

（四）操作步骤

1. 葡萄糖标准曲线的制作

取7支大试管，按下面数据配制一系列不同浓度的葡萄糖溶液：

管号	1	2	3	4	5	6	7
葡萄糖标准液（ml）	0	0.1	0.2	0.3	0.4	0.6	0.8
蒸馏水（ml）	1	0.9	0.8	0.7	0.6	0.4	0.2
葡萄糖含量（μg）	0	10	20	30	40	60	80

在每支试管中立即加入蒽酮试剂 4.0ml，迅速浸于冰水浴中冷却，各管加完后一起浸于沸水浴中，管口加盖，以防蒸发。自水浴重新煮沸起，准确煮沸 10min 取出，用冰浴冷却至室温，在 620 nm 波长下以第一管为空白，迅速测其余各管吸光值。以标准葡萄糖含量（μg）为横坐标，以吸光值为纵坐标，作出标准曲线。

2. 待定样制备

将样品剪碎至2 mm以下，105℃烘干至恒重，精确称取1 ~ 5 g，置于50 ml三角瓶中，加沸水 25ml，加盖，超声提取 10 min，冷却后过滤（抽滤），残渣用沸蒸馏水反复洗涤并过滤（抽滤），滤液收集在 50ml 容量瓶中，定容至刻度，得提取液。

3. 稀释

吸取提取液 2 ml，置于另一 50 ml 容量瓶中，以蒸馏水稀释定容，摇匀。

4. 测定

吸取 1 ml 已稀释的提取液于试管中，加入 4.0ml 蒽酮试剂，平行三份；空白管以等量蒸馏水取代提取液。以下操作同标准曲线制作。根据 Aa_20 平均值在标准曲线上查出葡萄糖的含量（μg）。

（五）结果处理

$$样品含糖量（\%）=\frac{C\times V_{总}\times D}{W\times V_{测}\times 10^6}\times 100$$

其中：C—— 在标准曲线上查出的糖含量（μg），

$V_{总}$—— 提取液总体积（ml），

$V_{测}$—— 测定时取用体积（ml），

D—— 稀释倍数，

W—— 样品重量（g），

10^6—— 样品重量单位由 g 换算成 μg 的倍数。

（六）注意事项

该法的特点是几乎可测定所有的碳水化合物，不但可测定戊糖与已糖，且可测所有寡糖类和多糖类，包括淀粉、纤维素等（因为反应液中的浓硫酸可把多糖水解成单糖而发生反应），所以用蒽酮法测出的碳水化合物含量，实际上是溶液中全部可溶性碳水化合物总量。在没有必要细致划分各种碳水化合物的情况下，用蒽酮法可以一次测出总量，省去许多麻烦，因此，有特殊的应用价值，但在测定水溶性碳水化合物时，则应注意切勿将样品的未溶解残渣加入反应液中，否则会因为细胞壁中的纤维素、半纤维素等与蒽酮试剂发生反应而增加了测定误差。此外，不同的糖类与蒽酮试剂的显色深度不同，果糖显色最深，葡萄糖次之，半乳糖、甘露糖较浅，五碳糖显色更浅，故测定糖的混合物时，常因不同糖类的比例不同造成误差，但测定单 - 糖类时则可避免此种误差。

第五节 蛋白质及氨基酸的测定

一、概述

蛋白质是生命的物质基础，是构成生物体组织细胞的重要成分，可以说没有蛋白质，就没有生命。人及动物从食品中获取蛋白质及其分解产物来构成自身的蛋白质，蛋白质是人体重要的营养物质，也是食品中重要的营养指标。不同的食品中蛋白质含量各不相同，一般来说，动物性食品的蛋白质含量高于植物性食品。测定食品中蛋白质的含量，对于评价食品的营养价值，合理开发利用食品资源、提高产品质量、优化食品配方、指导生产等均具有极其重要的意义。

蛋白质是复杂的含氮有机化合物，相对分子质量很大，主要化学元素为C、H、O、N，在某些蛋白质中还含有P、S、Cu、Fe、I等元素，由于食物中另外两种重要的营养素糖类和脂肪中只含有C、H、O，不含有N，所以含氮是蛋白质区别于其他有机化合物的主要标志。不同的蛋白质中氨基酸的构成比例及方式不同，故不同的蛋白质其含氮量也不同。一般蛋白质含氮量为16%，即一份氮相当于6.25份蛋白质，此数值（6.25）称为蛋白质换算系数（F）。不同种类食品的蛋白质换算系数有所不同。蛋白质可以被酶、酸或碱水解，最终产物为氨基酸，氨基酸是构成蛋白质的最基本物质。

测定蛋白质的方法可分为两大类：一类是利用蛋白质的共性，即含氮量、肽键和折射率等测定蛋白质含量；另一类是利用蛋白质中特定氨基酸残基、酸性和碱性基团以及芳香基团等测定蛋白质含量。蛋白质含量测定最常用的方法是凯氏定氮法，它是测定总有机氮的最准确和操作较简便的方法之一，在国内外应用普遍。此外，双缩脲法、染料结合法、酚试剂法等也常用于蛋白质含量测定，由于这些方法简便快速，故多用于生产单位质量控制分析。近年来，国外采用红外检测仪对蛋白质进行快速定量分析。

鉴于食品中氨基酸成分的复杂性，对食品中氨基酸含量的测定在一般的常规检验中多测定样品中的氨基酸总量，通常采用酸碱滴定法来完成。近年来世界上已出现了多种氨基酸分析仪、近红外反射分析仪，可以快速、准确地测出各种氨基酸含量。下面介绍常用的几种蛋白质和氨基酸的测定方法。

二、凯氏定氮法

新鲜食品中含氮化合物大都以蛋白质为主体，所以检验食品中蛋白质时，往往只限于测定总氮量，然后乘以蛋白质换算系数，即可得到蛋白质含量。凯氏定氮法可用于所

有动植物食品的蛋白质含量测定，但因样品中常含有核酸、生物碱、含氮类脂以及含氮色素等非蛋白质的含氮化合物，故结果称为粗蛋白质含量。

凯氏定氮法由 Kieldahl 于 1833 年首先提出，经过长期改进，迄今已演变成常量法、微量法、自动定氮仪法、半微量法及改良凯氏法等多种，至今仍被作为标准检验方法。下面仅对前三种方法予以介绍。

（一）常量凯氏定氮法

1. 原理

样品与浓硫酸和催化剂一同加热消化，使蛋白质分解，其中碳和氢被氧化成二氧化碳和水逸出，而样品中的有机氮转化为氨与硫酸结合成硫酸铵。然后加碱蒸馏，使氨蒸出，用硼酸吸收后再以标准盐酸或硫酸溶液滴定。根据标准酸消耗量可计算出蛋白质的含量。

（1）样品消化反应方程式如下：

$$2NH_3(CH_2)_2COOH+13H_2SO_4=(NH_4)_2SO_4+6CO_2\uparrow+12SO_2\uparrow+16H_2O$$

浓硫酸具有脱水性，使有机物脱水后被炭化为碳、氢、氮。

浓硫酸又有氧化性，将有机物炭化后的碳变成为二氧化碳，硫酸则被还原成二氧化硫：

$$2H_2SO_4+C\overset{\Delta}{=}2SO_2\uparrow+2H_2O+CO_2\uparrow$$

二氧化硫使氮还原为氨，本身则被氧化为三氧化硫，氨随之与硫酸作用生成硫酸铵留在酸性溶液中：

$$H_2SO_4+2NH_3=(NH_4)_2SO_4$$

在消化反应中，为了加速蛋白质的分解，缩短消化时间，常加入下列物质：

①硫酸钾：加入硫酸钾可以提高溶液的沸点而加快有机物分解。它与硫酸作用生成硫酸氢钾可提高反应温度，一般纯硫酸的沸点在 340P 左右，而添加硫酸钾后，可使温度提高至 400Y 以上，原因主要在于随着消化过程中硫酸不断地被分解，水分不断逸出而使硫酸钾浓度增大，故沸点升高，其反应式如下：

$$K_2SO_4+H_2SO_4=2KHSO_4$$

$$2KHSO_4\overset{\Delta}{=}K_2SO_4+H_2O\uparrow+SO_3\uparrow$$

但硫酸钾加入量不能太大，否则消化体系温度过高，又会引起已生成的铵盐发生热分解放出氨而造成损失：

$$(NH_4)_2SO_4\xrightarrow{\Delta}NH_3\uparrow+(NH_4)HSO_4$$

$$(NH_4)HSO_4\xrightarrow{\Delta}NH_3\uparrow+SO_3\uparrow+H_2O$$

除硫酸钾外，也可以加入硫酸钠、氯化钾等盐类来提高沸点，但效果不如硫酸钾。

②硫酸铜 $CuSO_4$：硫酸铜起催化剂的作用。凯氏定氮法中可用的催化剂种类很多，除硫酸铜外，还有氧化汞、汞、硒粉、二氧化钛等，但考虑到效果、价格及环境污染等多种因素，应用最广泛的是硫酸铜。使用时常加入少量过氧化氢、次氯酸钾等作为氧化剂以加速有机物氧化，硫酸铜的作用机理如下所示：

$$2CuSO_4 \xrightarrow{\Delta} Cu_2SO_4 + SO_2\uparrow + O_2\uparrow$$

$$C + 2CuSO_4 \xrightarrow{\Delta} Cu_2SO_4 + SO_2\uparrow + CO_2\uparrow$$

$$Cu_2SO_4 + 2H_2SO_4 \xrightarrow{\Delta} 2CuSO_4 + 2H_2O + SO_2\uparrow$$

此反应不断进行，待有机物全部被消化完后，不再有硫酸亚铜（Cu_2SO_4）生成，溶液呈现清澈的蓝绿色。故硫酸铜除起催化剂的作用外，还可指示消化终点的到达，以及下一步蒸馏时作为碱性反应的指示剂。

（2）蒸馏

在消化完全的样品溶液中加入浓氢氧化钠使呈碱性，加热蒸馏，即可释放出氨气，反应方程式如下：

$$2NaOH + (NH_4)_2SO_4 \overset{\Delta}{=} 2NH_3\uparrow + Na_2SO_4 + 2H_2O$$

（3）吸收与滴定

加热蒸馏所放出的氨，可用硼酸溶液进行吸收，待吸收完全后，再用盐酸标准溶液滴定，因硼酸呈微弱酸性（K_a=5.8×10^{10}），用酸滴定不影响指示剂的变色反应，但它有吸收氨的作用，吸收及滴定反应方程式如下：

$$2NH_3 + 4H_3BO_3 = (NH_4)_2B_4O_7 + 5H_2O$$

$$(NH_4)_2B_4O_7 + 5H_2O + 2HCl = 2NH_4Cl + 4H_3BO_3$$

2. 仪器

凯氏烧瓶（500mL）定氮蒸馏装置。

3. 试剂

浓硫酸；硫酸铜；硫酸钾；400g/L 氢氧化钠溶液；40g/L 硼酸吸收液（称取 20g 硼酸溶解于 500mL 热水中，摇匀备用）；甲基红－溴甲酚绿混合指示剂（5 份 0.2% 溴甲酚绿 95% 乙醇溶液与 1 份 0.2% 甲基红乙醇溶液混合均匀）；0.1000mol/L 盐酸标准溶液。

4. 操作方法

准确称取固体样品 0.2 ～ 2g（半固体样品 2 ～ 5g，液体样品 10 ～ 20mL），小心移入干燥洁净的 500mL 凯氏烧瓶中，然后加入研细的硫酸铜 0.5g、硫酸钾 10g 和浓硫酸 20mL，轻轻摇匀后，按常量凯氏消化装置安装消化装置，于凯氏瓶口放一漏斗，并

将其以45°角斜支于有小孔的石棉网上。用电炉以小火加热，待内容物全部炭化，泡沫停止产生后，加大火力，保持瓶内液体微沸，至液体变蓝绿色透明后，再继续加热微沸30min，冷却，小心加入200mL蒸馏水，再放冷，加入玻璃珠数粒以防蒸馏时暴沸。

将凯氏烧瓶按蒸馏吸收装置方式连好，塞紧瓶口，冷凝管下端插入吸收瓶液面下（瓶内预先装入50mL，40g/L硼酸溶液及混合指示剂2～3滴）。放松夹子，通过漏斗加入70～80mL，400g/L氢氧化钠溶液，并摇动凯氏瓶，至瓶内溶液变为深蓝色，或产生黑色沉淀，再加入100mL蒸馏水（从漏斗中加入），夹紧夹子，加热蒸馏，至氨全部蒸出（馏液约250mL即可），将冷凝管下端提离液面，用蒸馏水冲洗管口，继续蒸馏1min，用表面皿接几滴馏出液，以奈氏试剂检查，如无红棕色物生成，表示蒸馏完毕，即可停止加热。

将上述吸收液用0.1000mol/L盐酸标准溶液直接滴定至由蓝色变为微红色即为终点，记录盐酸溶液用量，同时做一试剂空白试验（除不加样品外，从消化开始操作完全相同），记录空白试验消耗盐酸标准溶液的体积。

5. 结果计算

$$\text{蛋白质含量}=\frac{c\times(V_1-V_2)\times\frac{M}{1000}}{m}\times F\times 100(\text{g}/100\text{g})$$

式中：

c——盐酸标准溶液的浓度（mol/L）；

V_1——滴定样品吸收液时消耗盐酸标准溶液体积（mL）；

V_2——滴定空白吸收液时消耗盐酸标准溶液体积（mL）；

m——样品质量（g）；

M——$\frac{1}{2}N_2$的摩尔质量（14.01g/moL）；

F——氮换算为蛋白质的系数。

6. 说明及注意事项

①此法可应用于各类食品中蛋白质含量测定。

②所用试剂溶液应用无氨蒸馏水配制。

③消化时不要用强火，应保持和缓沸腾，以免黏附在凯氏瓶内壁上的含氮化合物在无硫酸存在的情况下未消化完全而造成氮损失。

④消化过程中应注意不时转动凯氏烧瓶，以便利用冷凝酸液将附在瓶壁上的固体残渣洗下并促进其消化完全。

⑤样品中若含脂肪或糖较多时，消化过程中易产生大量泡沫，为防止泡沫溢出瓶外，在开始消化时应用小火加热，并不停地摇动，或者加入少量辛醇或液体石蜡或硅油消泡剂，并同时注意控制热源强度。

⑥当样品消化液不易澄清透明时，可将凯氏烧瓶冷却，加入30%过氧化氢2～3mL后再继续加热消化。

⑦若取样量较大，如干试样超过 5g，可按每克试样 5mL 的比例增加硫酸用量。

⑧一般消化至呈透明后，继续消化 30min 即可，但对于含有特别难以氨化的氮化合物的样品，如含赖氨酸、组氨酸、色氨酸、酪氨酸或脯氨酸等时，需适当延长消化时间。有机物如分解完全，消化液呈蓝色或浅绿色，但含铁量多时，呈较深绿色。

⑨蒸馏装置不能漏气。

⑩蒸馏前若加碱量不足，消化液呈蓝色不生成氢氧化铜沉淀，此时需再增加氢氧化钠用量。

⑪ 硼酸吸收液的温度不应超过 40℃，否则对氨的吸收作用减弱而造成损失，此时可置于冷水浴中使用。

⑫ 蒸馏完毕后，应先将冷凝管下端提离液面清洗管口，再蒸 1min 后关掉热源，否则可能造成吸收液倒吸。

⑬ 混合指示剂在碱性溶液中呈绿色，在中性溶液中呈灰色，在酸性溶液中呈红色。

（二）微量凯氏定氮法

1. 原理

同常量凯氏定氮法。

2. 仪器

凯氏烧瓶（100mL）、微量凯氏定氮装置。

3. 试剂

0.01000mol/L 盐酸标准溶液；其他试剂同常量凯氏定氮法。

4. 操作方法

样品消化步骤同常量法。

将消化完全的消化液冷却后，完全转入 100mL 容量瓶中，加蒸馏水至刻度，摇匀。装好微量定氮装置，准确移取消化稀释液 10mL 于反应管内，经漏斗再加入 10mL，400g/L 氢氧化钠溶液使呈强碱性，用少量蒸馏水洗漏斗数次，夹好漏斗夹，进行水蒸气蒸馏。冷凝管下端预先插入盛有 10mL、40g/L（或 20g/L）硼酸吸收液的液面下。蒸馏至吸收液中所加的混合指示剂变为绿色开始计时，继续蒸 10min 后，将冷凝管尖端提离液面再蒸馏 1min，用蒸馏水冲洗冷凝管尖端后停止蒸馏。

馏出液用 0.01000mol/L 盐酸标准溶液滴定至微红色为终点。同时做一空白试验。

5. 结果计算

同常量凯氏定氮法。

6. 说明

①蒸馏前给水蒸气发生器内装水至 2/3 容积处，加甲基橙指示剂数滴及硫酸数毫升以使其始终保持酸性，这样可以避免水中的氨被蒸出而影响测定结果。

② 20g/L 硼酸吸收液每次用量为 25mL，用前加入甲基红 - 溴甲酚绿混合指示剂 2 滴。

③在蒸馏时，蒸汽发生要均匀充足，蒸馏过程中不得停火断气，否则将发生倒吸。加碱要足量，操作要迅速；漏斗应采用水封措施，以免氨由此逸出损失。

（三）自动凯氏定氮法

1. 原理

同常量凯氏定氮法。

2. 仪器

自动凯氏定氮仪：该装置内具有自动加碱蒸馏装置、自动吸收和滴定装置以及自动数字显示装置；

消化装置：由优质玻璃制成的凯氏消化瓶及红外线加热装置组合而成的消化炉。

3. 试剂

除硫酸铜与硫酸钾制成片剂外，其他试剂与常量凯氏定氮法相同。

4. 操作方法

①称取 0.50—1.00g 样品，置于消化瓶内，加入硫酸铜与硫酸钾制成的片剂两片，加入浓硫酸 10mL，将消化瓶置于红外线消化炉中。消化炉分成两组，每行一组共 4 个消化炉。消化瓶放入消化炉后，用连接管连接密封住消化瓶，开启抽气装置，开启消化炉的电源，30min 后 8 个样品消化完毕，消化液完全澄清并呈绿色。

②取出消化瓶，移装于自动凯氏定氮仪中，接连开启加水的电钮、加碱电钮、自动蒸馏滴定电钮，开启电源，大约经 12min 后由数显装置即可给出样品总氮百分含量，并记录样品总氮百分比。根据样品的种类选择相应的蛋白质换算系数巳即可得出样品中蛋白质含量。

③开启排废液电钮及加水电钮，排出废液并对消化瓶清洗 1 次。

大约在 2h 时间内可完成 8 个样品的蛋白质含量测定工作。该法具有灵敏、准确、快速及样品用量少等优点。

三、分光光度法

1. 原理

食品中的蛋白质在催化加热条件下被分解，分解产生的氨与硫酸结合生成硫酸铵，在 PH 为 4.8 的乙酸 - 乙酸钠缓冲溶液中与乙酰丙酮和甲醛反应生成黄色的 3，5- 二乙酰 -2，6- 二甲基 -1，4- 二氢化吡啶化合物。在波长 400 nm 下测定吸光度，与标准系列比较定量，结果乘以蛋白质换算系数，即为蛋白质含量。

2. 适用范围

本法（GB 5009.5 第二法）可应用于各类食品中蛋白质含量的测定，不适用于添加无机含氮物质、有机非蛋白质含氮物质的食品测定。本方法当称样量为5.0 g时，定量检出限为0.1 mg/100 g。

3. 仪器

分光光度计；电热恒温水浴锅（（100±0.5）℃）；10 mL具塞玻璃比色管。

4. 试剂

（1）硫酸（H_2SO_4，密度为1.84 g/mL）：优级纯。

（2）对硝基苯酚（$C_6H_5NO_3E$）。

（3）乙酸钠（$CH_3COONa \cdot 3H_2O$）。

（4）无水乙酸钠（CH_3COONa）。

（5）乙酸（CH_3COOH），优级纯。

（6）37%甲醛（HCHO）。

（7）乙酰丙酮（$C_5H_8O_2$）。

（8）氢氧化钠溶液（300 g/L）：称取30 g氢氧化钠加水溶解后，放冷，并稀释至100 mL。

（9）对硝基苯酚指示剂溶液（1 g/L）：称取0.1 g对硝基苯酚指示剂，溶于20 mL 95%乙醇中，加水稀释至100 mL。

（10）乙酸溶液（1 mol/L）：量取5.8 mL乙酸，加水稀释至100 mL。

（11）乙酸钠溶液（1 mol/L）：称取41 g无水乙酸钠或68g乙酸钠（$CH_3COONa \cdot 3H_2O$），加水溶解后并稀释至500 mL。

（12）乙酸钠－乙酸缓冲溶液：量取60 mL乙酸钠溶液与40 mL乙酸溶液混合，该溶液pH为4.8。

（13）显色剂：将15 mL甲醛与7.8mL乙酰丙酮混合，加水稀释至100 mL，剧烈振摇混匀（室温下放置稳定3d）。

（14）氨氮标准储备液（以氮计）（1.0 g/L）：称取105℃下干燥2 h的硫酸铵0.4720 g，加水溶解后移于100 mL容量瓶中，并稀释至刻度，混匀，此溶液每毫升相当于1.0 mg氮。

（15）氨氮标准使用液（0.1 g/L）：用移液管吸取10.00 mL氨氮标准储备液于100 mL容量瓶内，加水定容至刻度，混匀，此溶液每毫升相当于0.1 mg氮。

5. 分析步骤

（1）试样消解

称取经粉碎、混匀、过40目筛的固态试样0.1～0.5 g（精确至0.001 g）、半固态试样0.2～1 g（精确至0.001 g）或液态试样1～5 g（精确至0.001 g），移入干燥的100 mL或250 mL定氮瓶中，加入0.1g硫酸铜、1 g硫酸钾及5 mL硫酸，摇匀后于瓶口

放一小漏斗，将定氮瓶以 45° 角斜支于有小孔的石棉网上。缓慢加热，待内容物全部炭化，不再产生气泡后，加强火力，并保持瓶内液体微沸，至液体呈蓝绿色澄清透明后，再继续加热半小时。取下放冷，慢慢加入 20 mL 水，放冷后移入 50 mL 或 100 mL 容量瓶中，并用少量水洗定氮瓶，洗液并入容量瓶中，再加水至刻度，混匀备用。按同一方法做试剂空白实验。

（2）试样溶液的制备

吸取 2.00 ~ 5.00 mL 试样或试剂空白消化液于 50 mL 或 100 mL 容量瓶内，加 1 ~ 2 滴对硝基苯酚指示剂溶液，摇匀后滴加氢氧化钠溶液中和至黄色，再滴加乙酸溶液至溶液无色，用水稀释至刻度，混匀。

（3）标准曲线的绘制

吸取 0、0.05、0.10、0.20、0.40、0.60、0.80、1.00 mL 氨氮标准使用液，溶液相当于 0、5.0、10.0、20.0、40.0、60.0、80.0、100.0 Mg 氮，分别置于 10 mL 具塞比色管中。加 4.0 mL 乙酸钠 - 乙酸缓冲溶液（pH=4.8）及 4.0mL 显色剂，加水稀释至刻度，混匀。置于 100℃水浴中加热 15 min。取出用水冷却至室温后，移入 1 cm 比色皿内，以零管为参比，于波长 400 nm 处测量吸光度，根据标准各点吸光度绘制标准曲线或计算线性回归方程。

（4）试样测定

吸取 0.50 ~ 2.00 mL（相当于含氮量低于 100 Mg）试样溶液和等量的试剂空白溶液，分别置于 10 mL 具塞比色管中。以下按标准曲线的绘制自“加 4.0 mL 乙酸钠 - 乙酸缓冲溶液（pH=4.8）及 4.0 mL 显色剂”起操作。将试样吸光度与标准曲线比较定量或代入线性回归方程求出含量。

6. 结果计算

$$\text{蛋白质含量（g/100 g）} = \frac{m' - m_0'}{m \times \frac{V_2}{V_1} \times \frac{V_4}{V_3} \times 1000 \times 1000} \times 100 \times F$$

式中：V_1—— 试样测定液中氮的含量（pig）；

m_1—— 试剂空白测定液中氮的含量；

V_1—— 试样消化液定容体积（mL）；

V_2—— 制备试样溶液的消化液体积（mL）；

V_3—— 试样溶液总体积（mL）；

V_4—— 测定用试样溶液体积（mL）；

m—— 试样质量（g）；

F—— 氮换算为蛋白质的系数。

以重复性条件下获得的两次独立测定结果的算术平均值表示，当蛋白质含量 g/100 g 时，结果保留三位有效数字；当蛋白质含量 < 1g/100 g 时，结果保留两位有效数字。

精密度要求：在重复性条件下获得的两次独立测定结果的绝对差值不得超过算术平

均值的 10%。

四、燃烧法

1. 原理

试样在 900℃ ~ 1 200℃高温下燃烧，燃烧过程中产生混合气体，其中的碳、硫等干扰气体和盐类被吸收管吸收，氮氧化物被全部还原成氮气，形成的氮气气流通过热导检测仪（TCD）进行检测。

2. 适用范围

本法（GB5009.5-第三法）适用于蛋白质含量在 10 g/100 g 以上的粮食、豆类、奶粉、米粉、蛋白质粉等固态试样的筛选测定，不适用于添加无机含氮物质、有机非蛋白质含氮物质的食品测定。

3. 仪器

氮 / 蛋白质分析仪；天平（感量为 0.1 mg）。

4. 分析步骤

按照仪器说明书要求称取 0.1 ~ 1.0 g 充分混匀的试样（精确至 0.000 1 g），用锡箔包裹后置于样品盘上。试样进入燃烧反应炉（900℃ ~ 1 200℃）后，在高纯氧（纯度 > 99.99%）中充分燃烧。燃烧产物（NO_x）被载气 CO_2 运送至还原炉（800℃）中，经还原生成氮气后检测其含量。

5. 结果计算

$$蛋白质含量（g/100\ g）=C \times F$$

式中：C—— 试样中氮的含量（g/100 g）；

F—— 氮换算为蛋白质的系数。

以重复性条件下获得的两次独立测定结果的算术平均值表示，结果保留三位有效数字。

精密度要求：在重复性条件下获得的两次独立测定结果的绝对差值不得超过算术平均值的 10%。

第六节　膳食纤维的测定

膳食纤维具有突出的保健功能，有研究表明膳食纤维可以促进人体正常排泄，降低某些癌症、心血管和糖尿病的发病率，因而膳食纤维逐渐成为营养学家、流行病学家及

食品科学家等关注的热点。食品中纤维的测定提出最早、应用最广泛的是粗纤维测定法。此外，还有酸性洗涤纤维法、中性洗涤纤维法等分析方法。

一、粗纤维分析

（一）原理

试样中的糖、淀粉、果胶质和半纤维素经硫酸作用水解后，用碱处理，除去蛋白质及脂肪酸残渣为粗纤维。不溶于酸碱的杂质，可灰化后除去。

（二）试剂

① 25%［质量浓度为 25 g/（100 mL），下同］硫酸。

② 25%［质量浓度为 25 g/（100 mL），下同］氢氧化钾溶液。

③石棉：加 5%［质量浓度为 5 g/（100 mL），下同］氢氧化钠溶液浸泡石棉，水浴上回流 8 h 以上，用热水充分洗涤后，用［质量浓度为 20 g/（100 mL）］盐酸在沸水浴上回流 8 h 以上，用热水充分洗涤，干燥。在 600 ~ 700℃中灼烧后，加水使成混悬物，储存于玻塞瓶中。

（三）操作方法

称取 20 ~ 30 g 捣碎的试样（或 5.0 g 干试样），移入 500 mL 锥形瓶中，加 200 mL 煮沸的 25% 硫酸，加热微沸，保持体积恒定，维持 30 min，每 5 min 摇锥形瓶一次。取下锥形瓶，立即用亚麻布过滤，用沸水洗涤至不呈酸性。用 200 mL 煮沸的 25% 氢氧化钾溶液将亚麻布上的存留物洗入原锥形瓶内加热微沸 30 min，立即以亚麻布热过滤，用沸水洗涤 2 ~ 3 次，移入干燥称量的 G_2 垂熔坩埚或同型号的垂熔漏斗中抽滤，热水充分洗涤后抽干。依次用乙醇和乙醚洗涤一次。将坩埚和内容物在 105℃称量，重复操作，直至恒量。如果试样含较多不溶性杂质，可将试样移入石棉坩埚，烘干称量后，移入 550℃高温炉中使含碳物质全部灰化，于干燥器内冷至室温称量，损失的量即为粗纤维量。

（四）结果计算

$$\omega = \frac{m_1}{m} \times 100$$

式中，ω 为试样中粗纤维的质量分数（g/（100 g）；m_1 为烘箱中烘干后残余物的质量（或经高温炉损失的质量）（g）；m 为试样的质量（g）。

计算结果表示到小数点后一位。在重复性条件下两次独立分析结果的绝对值不得超过算术平均值的 10%。

（五）说明及注意事项

①样品中脂肪含量高于 1% 时，应先用石油醚脱脂，然后再测定，如脱脂不足，结果将偏高。

②酸、碱消化时，如产生大量泡沫，可加入 2 滴硅油或正辛醇消泡。

二、酸性洗涤纤维（ADF）分析

鉴于粗纤维测定法重现性差的主要原因是碱处理时纤维素、半纤维素和木质素发生了降解而流失。酸性洗涤纤维法取消了碱处理步骤，用酸性洗涤剂浸煮代替酸碱处理。

（一）原理

样品经磨碎烘干，用十六烷基三甲基溴化铵的硫酸溶液回流煮沸，除去细胞内容物，经过滤、洗涤、烘干，残渣即为酸性洗涤纤维。

（二）试剂

①酸性洗涤剂溶液：称取 20 g 十六烷基三甲基溴化铵，加热溶于 0.5 mol/L 硫酸溶液中并稀释至 2 000 mL。

②硫酸溶液：0.5 mol/L，取 56 mL 硫酸，徐徐加入水中，稀释到 2 000 mL。

③消泡剂：萘烷。

④丙酮。

（三）操作方法

将样品磨碎使之通过 16 目筛，在强力通风的 95℃烘箱内烘干，移入干燥器中，冷却。精确称取 1.00 g 样品，放入 500 mL 锥形瓶中，加入 100 mL 酸性洗涤剂溶液、2 mL 萘烷，连接回流装置，加热使其在 3 ~ 5 min 内沸腾，并保持微沸 2 h，然后用预先称量好的粗孔玻璃砂芯坩埚（1 号）过滤（靠自重过滤，不抽气）。

用热水洗涤锥形瓶，滤液合并入玻璃砂芯坩埚内，轻轻抽滤，将坩埚充分洗涤，热水总用量约为 300 mL。

用丙酮洗涤残留物，抽滤，然后将坩埚连同残渣移入 95℃ ~ 105℃烘箱中烘干至恒重。移入干燥器内冷却后称重。

（四）结果计算

$$\omega=\frac{m_1}{m}\times 100$$

式中，ω 酸性洗涤纤维（ADF）的含量（g/100 g）；m_1 为残留物质量（g）；m 为样

品质量（g）。

三、中性洗涤纤维（NDF）分析

（一）原理

样品经热的中性洗涤剂浸煮后，残渣用热蒸馏水充分洗涤，除去样品中游离淀粉、蛋白质、矿物质，然后加入α-淀粉酶溶液以分解结合态淀粉，再用蒸馏水、丙酮洗涤，以除去残存的脂肪、色素等，残渣经烘干，即为中性洗涤纤维（不溶性膳食纤维）。

本法适用于谷物及其制品、饲料、果蔬等样品，对于蛋白质、淀粉含量高的样品，易形成大量泡沫，黏度大，过滤困难，使此法应用受到限制。本法设备简单、操作容易、准确度高、重现性好。所测结果包括食品中全部的纤维素、半纤维素、木质素，最接近于食品中膳食纤维的真实含量，但不包括水溶性非消化性多糖，这是此法的最大缺点。

（二）仪器与试剂

1. 仪器

①提取装置。由带冷凝器的 300 mL 锥形瓶和可将 100 mL 水在 5 ~ 10 min 内由 25℃升温到沸腾的可调电热板组成。

②玻璃过滤坩埚（滤板平均孔径 40 ~ 90 μm）。

③抽滤装置由抽滤瓶、抽滤架、真空泵组成。

2. 试剂

①中性洗涤剂溶液。

A，将 18.61 g EDTA 和 6.81 g 四硼酸钠用 250 mL 水加热溶解。

B，将 30 g 十二烷基硫酸钠和 10 mL 2-乙氧基乙醇溶于 200 mL 热水中，合并于 A 液中。

C，把 4.56 g 磷酸氢二钠溶于 150 mL 热水，并入 A 液中。

D，用磷酸调节混合液 pH 至 6.9 ~ 7.1，最后加水至 1 000 mL，此液使用期间如有沉淀生成，需在使用前加热到 60℃，使沉淀溶解。

②十氢化萘（萘烷）。

③α-淀粉酶溶液：取 0.1 mol/L Na_2HPO_4 和 0.1 mol/L NaH_2PO_4 溶液各 500 mL，混匀，配成磷酸盐缓冲液。称取 12.5 mg α-淀粉酶，用上述缓冲溶液溶解并稀释到 250 mL。

④丙酮。

⑤无水亚硫酸钠。

（三）操作方法

①将样品磨细使之通过 20 ~ 40 目筛。精确称取 0.500 ~ 1.000 g 样品，放入 300 mL

锥形瓶中，如果样品中脂肪含量超过10%，按每克样品用20 mL石油醚提取3次。

②依次向锥形瓶中加入100 mL中性洗涤剂、2 mL十氢化萘和0.05 g无水亚硫酸钠，加热锥形瓶使之在5 ~ 20 mm内沸腾，从微沸开始计时，准确微沸1 h。

③把洁净的玻璃过滤器在110℃烘箱内干燥4 h，放入干燥器内冷却至室温，称重。将锥形瓶内全部内容物移入过滤器，抽滤至干，用不少于300 mL的热水（100℃）分3 ~ 5次洗涤残渣。

④加入5 mL α- 淀粉酶溶液，抽滤，以置换残渣中的水，然后塞住玻璃过滤器的底部，加20 mL α- 淀粉酶液和几滴甲苯（防腐），置过滤器于（37 ± 2）℃培养箱中保温1 h。取出滤器，取下底部的塞子，抽滤，并用不少于500 mL热水分次洗去酶液，最后用25 mL丙酮洗涤，抽干滤器。

⑤置滤器于110℃烘箱中干燥过夜，移入干燥器中冷却至室温，称重。

（四）结果计算

$$\text{中性洗涤纤维(NDF)}=\frac{m_1-m_0}{m}\times 100\%$$

式中，m_0为玻璃过滤器质量（g）m_1为玻璃过滤器和残渣质量（g）m为样品质量（g）。

（五）说明及注意事项

①中性洗涤纤维相当于植物细胞壁，它包括了样品中全部的纤维素、半纤维素、木质素、角质，因为这些成分是膳食纤维中不溶于水的部分，故又称为“不溶性膳食纤维”。由于食品中可溶性膳食纤维（来源于水果的果胶、某些豆类种子中的豆胶、海藻的藻胶、某些植物的黏性物质等可溶于水，称为水溶性膳食纤维）含量较少，所以中性洗涤纤维接近于食品中膳食纤维的真实含量。

②样品粒度对分析结果影响较大，颗粒过粗时结果偏高，而过细时又易造成滤板孔眼堵塞，使过滤无法进行。一般采用20 ~ 30目为宜，过滤困难时，可加入助剂。

第五章　食品中有害成分测定

随着科学技术的发展，大量的新技术、新原料和新产品被应用于农业和食品工业中，食品污染的因素也日趋复杂化，可能是种植过程中被细菌、病毒等微生物污染，也可能被重金属污染，也可能在加工包装过程中添加了超范围、超剂量的添加剂等。解决食品安全问题最好的方法是依靠分析检测技术，尽早地发现食品中所存在的安全问题，将其消灭在萌芽状态。想要从根本上解决食品安全问题，就必须对食品的生产、加工、流通和销售等各环节实施全程管理和监控，快速、灵敏、准确、方便的食品安全检测技术就是其中不可或缺的保证。由此可以看出，将现代检测技术引入食品安全监测体系，积极开展食品有害残留的检测和控制研究，对保证食品安全、维护公共卫生安全、保护人民群众身体健康意义重大。

第一节　食品中天然毒素物质检测技术

一、PCR技术概述

（一）PCR技术基本原理

多聚酶链式反应简称 PCR 反应，是近十几年来发展和普及最迅速的分子生物学新技术之一。基于核酸水平的检测方法主要为 PCR 检测方法，由于检测对象为 DNA，因而不受其生长期及产品形式的影响（除非产品经过精细加工，使得 DNA 断裂、变性严重，从而不易正确检出，如精炼油）。PCR 检测方法又分为定性检测和定量检测。普通 PCR、巢式 PCR、多重 PCR 用于目的成分的定性检测；双竞争性 PCR 检测方法和近年出现的实时 PCR 方法用于目的成分的定量检测。

多聚酶链式反应（polymerase chain reaction，PCR）技术发明至今已近 20 年，期间技术得到了不断发展。近年来出现的实时荧光定量 PCR（real-time quantitative PCR）技术实现了PCR从定性到定量的飞跃，它以其特异性强、灵敏度高、重复性好、定量准确、速度快、全封闭反应等优点成为分子生物学研究中的重要工具。

多年以来 PCR 技术只作为一种高灵敏的定性技术而被应用，既制约了 PCR 质量控制的建立，又大大制约了 PCR 技术的应用，近年来定量 PCR 的出现为 PCR 的应用开辟了广阔的前景。

（二）PCR技术要点分析

1. 定量方法

在 real-time Q PCR 中，模板定量有两种策略，相对定量和绝对定量。相对定量指的是在一定样本中靶序列相对于另一参照样本的量的变化；绝对定量指的是用已知的标准曲线来推算未知的样本的量。由于在此方法中量的表达是相对于某个参照物的量而言，因此相对定量的标准曲线就比较容易制备，对于所用的标准品只要知道其相对稀释度即可。在整个实验中样本的靶序列的量来自标准曲线，最终必须除以参照物的量，其他的样本为参照物量的 n 倍。在实验中为了标准化加入反应体系的 RNA 或 DNA 的量，往往在反应中同时扩增一内源控制物，如在基因表达研究中，内源控制物常作为一些管家基因（如 beta-actin，3- 磷酸甘油醛脱氢酶 GAPDH 等）。

2. 比较 Ct 法的相对定量

比较 Ct 法与标准曲线法的相对定量的不同之处在于其运用了数学公式来计算相对量，前提是假设每个循环增加一倍的产物数量，在 PCR 反应的指数期得到 Ct 值来反映起始模板的量，一个循环（Ct=1）的不同相当于起始模板数 2 倍的差异。但是此方法是以靶基因和内源控制物的扩增效率基本一致为前提的，效率的偏移将影响实际拷贝数的估计。

3. 标准曲线法的绝对定量

此方法与标准曲线法的相对定量的不同之处在于其标准品的量是预先可知的。质粒 DNA 和体外转入的 RNA 常作为绝对定量标准品的制备之用。标准品的量可根据 260 nm 的吸光度值并用 DNA 或 RNA 的分子量来转换成其拷贝数来确定。

4. 荧光化学

荧光定量 PCR 所使用的荧光化学可分为两种——荧光探针和荧光染料。TaqMan 荧光探针是 PCR 扩增时，在加入一对引物的同时加入一个特异性的荧光探针，该探针为一寡核苷酸，两端分别标记一个报告荧光基团和一个淬灭荧光基团，探针完整时，报告基团发射的荧光信号被淬灭基团吸收；PCR 扩增时，Taq 酶的 5′→3′ 外切酶活性将探针酶切降解，使报告荧光基团和淬灭荧光基团分离，从而荧光监测系统可接收到荧光信

号，即每扩增一条DNA链，就有一个荧光分子形成，实现了荧光信号的累积与PCR产物形成完全同步。SYBR荧光染料是在PCR反应体系中，加入过量SYBR荧光染料，SYBR荧光染料特异性地掺入DNA双链后，发射荧光信号，而不掺入链中的SYBR染料分子不会发射任何荧光信号，从而保证荧光信号的增加与PCR产物的增加完全同步。

在real-time Q-PCR技术中，无论是相对定量还是标准曲线定量方法仍存在一些问题。在标准曲线定量中，标准品的制备是必不可少的过程，但由于无统一标准，各实验室所用的生成标准曲线的样品各不相同，致使实验结果缺乏可比性。此外，用real-time Q-PCR来研究mRNA时，受到不同RNA样本存在不同的逆转录（RT）效率的限制。在相对定量中，当假设内源控制物不受实验条件的影响，合理地选择适合的不受实验条件影响的内源控制物是实验结果可靠与否的关键。另外，与传统的PCR技术相比，real-time Q-PCR的主要不足是：运用封闭的检测方式，减少了扩增后电泳的检测步骤，不能监测扩增产物的大小。由于荧光素种类以及检测光源的局限性，相对地限制了real-time Q-PCR的复合式（multiplex）检测的应用能力。real-time Q-PCR实验成本比较高，限制了其广泛的应用。

二、食品中有害微生物的定量PCR检测技术

（一）食品中大肠杆菌0157：H7的SYBR Green I定量PCR检测技术

1. 方法目的

掌握定量PCR技术检测大肠杆菌0157：H7的方法原理及基本操作，掌握定量PCR仪的使用，明确SYBR Green I与DNA双链结合的原理及其信号放大原理。

2. 原理

非特异性染料结合法是某些荧光素能和双链DNA结合，结合后的产物具有强的荧光效应。随温度的降低，DNA复性成为双链，荧光素与之结合，经激发产生荧光，测定荧光强度，通过内标或外标法求出因数，可以准确定量。

3. 适用范围

SYBR Green I定量PCR方法适用于液体食品、粮食、饲料以及其他各类食品中有害微生物含量的测定。

4. 试剂材料

（1）实验材料

大肠杆菌O157：H7，阴性对照菌大肠杆菌BL21和DH 5α。

（2）实验试剂

SYBR Green PCR试剂盒购自北京天为时代科技有限公司；Taq DNA聚和酶购自

北京鼎国生物技术公司；引物由上海生工生物技术服务有限公司合成，每管 1OD 加水 330μL/L。

5. 仪器设备

ABI Prism®7000 型荧光定量 PCR 仪，紫外 / 可见分光光度计。

6. 操作步骤

（1）模板 DNA 的制备

挑取单菌落于 LB 液体培养基 37C 摇床培养 10 h，电子显微镜计数菌量浓度，酚仿抽提 DNA。

（2）紫外分光光度计

鉴定 DNA 提取质量，10 倍系列稀释成相当于 1 ~ 10^9cfu/mL 的菌量作为模板待用。

（3）荧光定量 PCR 扩增

反应体系 40 μL，SYBR Green I 混合液 20μL（含 buffer，Mg^{2+}，dNTPs，Taq DNA 聚合酶），上下游引物 2μmol/L 及 DNA 模板。反应程序采用三步法：95℃预变性 10 min，94℃变性 15 s，60℃退火 30 s，72℃延伸 30 s，40 ~ 50 个循环。在每一循环的退火阶段收集荧光进行实时检测。反应结束后先加热到 95℃，然后降至 60℃开始缓慢升温（0.2℃ /s）至 95℃，记录荧光信号的变化，得出扩增产物的熔解曲线。设阴性菌及水对照检验特异性，用上步制备的 10 个浓度梯度的模板检测反应灵敏性。

（4）荧光定量标准曲线制备

观察不同浓度模板对扩增效率及荧光吸收强度的影响，确定合适模板 DNA 浓度。在合适的浓度范围内选择 5 个模板梯度进行反应，反应体系及程序同步骤（3），之后确定阈值和基线，绘制出标准曲线。

（5）察看熔解曲线，分析 PCR 反应扩增的特异性（如图 5-2）。

（6）观察反应曲线，记录待测样品的 *Ct* 值，与标准曲线对比算出待测样品的浓度。

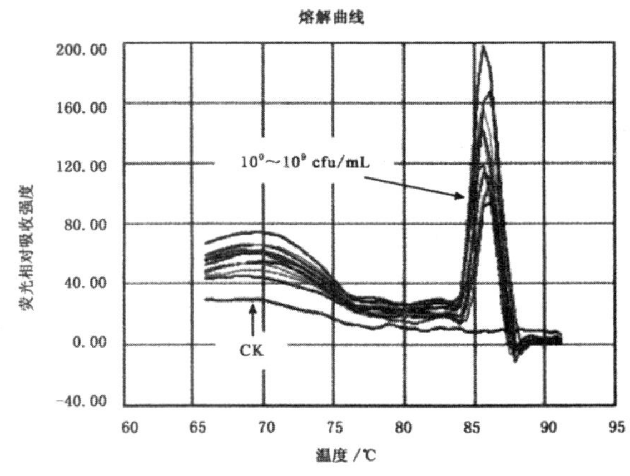

图 5-2　熔解曲线分析

7. 结果分析

（1）根据标准曲线的相关系数分析以及反应体系中阴性对照的污染状况来综合分析本次 PCR 反应体系的正常与否。如果反应正常，观察反应曲线，记录待测样品的 *Ct* 值，与标准曲线对比算出待测样品的浓度。

（2）本次 PCR 反应的标准曲线如图 5-3 和图 5-4 所示。

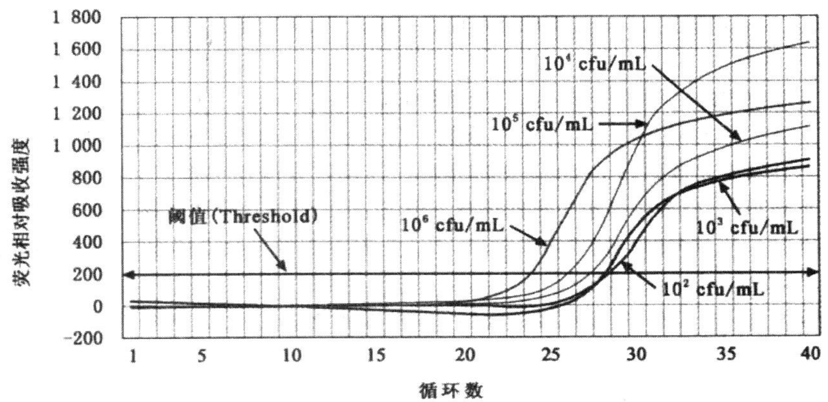

图 5-3　$10^2 \sim 10^6$cfu/mL EDL 933 扩增荧光曲线

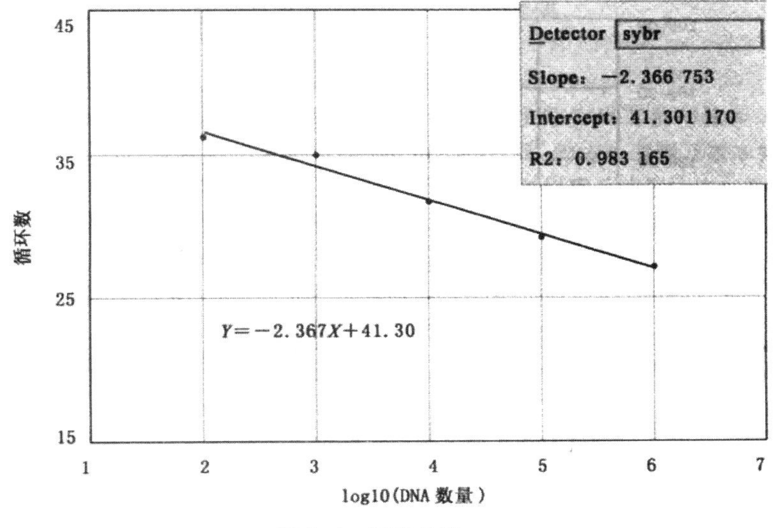

图 5-4　标准曲线

8. 方法分析与评价

（1）SYBR Green I 荧光染料法检测过程中每形成一个 DNA 双链，就有一定数量的染料结合，染料一旦结合，荧光信号瞬时增强100倍，信号强度与DNA分子总数目成正比。染料法的优点是成本低，不需要合成探针，适合初步筛查，而且熔解曲线功能可以帮助确定 PCR 生成几种产物、有无二聚体。缺点是无法多重检测，荧光信号无模板特异性。本试验充分利用了其优点，降低了成本并借助熔解曲线帮助分析，同时通过设计单一特异性引物等手段避开了不利影响。

（2）标准曲线的绘制时注意标阈值和基线的选择。

（3）本方法没有采用 DNA 的绝对质量作为定量单位，因为本实验所检测的是产毒细菌 O157：H7，其菌群总数比总 DNA 量更加重要。因此定量过程中选择 cfu（colony-forming u-nit，集落形成单位）作为定量单位更能体现细菌的活力，更加具有微生物实际监测意义。

（4）PCR 反应加样时一定要避免污染，因为染料的扩散将造成 PCR 反应本底信号的过高，影响 PCR 反应信号的判断。

（5）因为是定量分析，所以标准曲线的平行样品不能误差太大，PCR 管中不能存在气泡。

（6）标准物质选取的原则：与待测样品 PCR 效率尽量接近（越一致误差越小）；同样条件下完成（即同样的仪器、试剂、循环参数、同一次实验）；同样质量的模板、同样 T_m 值的引物。因此，实验选择阳性菌倍比稀释后的荧光定量扩增确定标准曲线，最大地限度保证了标准品和待测样品的同一性。

（二）食品中假单胞菌属TAQMAN探针法定量检测技术

1. 方法目的

通过实验初步明确腐败菌假单胞菌属的定量检测的基本操作，明确 Taq-Man 荧光探针与 DNA 的结合，发光以及淬灭的原理，及其信号放大原理。

2. 原理

PCR 扩增时在加入一对引物的同时加入一个特异性的荧光探针，该探针为一寡核苷酸，两端分别标记一个报告荧光基团和一个淬灭荧光基团。探针完整时，报告基团发射的荧光信号被淬灭基团吸收；PCR 扩增时，Taq 酶的 5′ → 3′ 外切酶活性将探针酶切降解，使报告荧光基团和淬灭荧光基团分离，从而荧光监测系统可接收到荧光信号，即每扩增一条 DNA 链，就有一个荧光分子形成，实现了荧光信号的累积与 PCR 产物形成完全同步。

3. 适用范围

适用于被假单胞菌污染引起腐败变质的肉及肉制品、鲜鱼贝类、禽蛋类、牛乳和蔬菜等、并且可用于检测冷藏食品中的假单胞菌。

4. 试剂材料

（1）实验材料

被假单胞菌污染的食品，或土壤、水、各种植物体，已知核糖体基因含量的假单胞菌株（e.g.P.putida m-2，其 6 298 443 bp 基因组序列中含有 7 个完整的核糖体操纵子）。

（2）实验试剂

Taqman Real Time Mix；Taq DNA 聚合酶；用校正过的 16S rRNA 基因来设计识别假单胞菌的保守区域，此段 16S rRNA 基因序列是具有假单胞菌特异性的。

5. 仪器设备

ABI PrismR 7000 型荧光定量 PCR 仪；紫外 / 可见分光光度计。

6. 操作步骤

（1）模板 DNA 的制备

在食品中蘸取一定量菌，或取一定量食品（土壤，水或植物体），清洗后梯度稀释，置于假单胞菌的选择性培养基 Gould's S1 上培养，观测菌落数。挑取单菌落培养后用梵仿抽提 DNA。

（2）紫外分光光度计鉴定 DNA 提取质量，10 倍系列稀释成相当于 1 ~ 10^9cfu/mL 的菌量作为模板待用。

（3）荧光定量 PCR 扩增

以 Taqman 探针为基础的定量 PCR 反应条件如下。反应体系为 20 μL，1 × buffer Ⅱ （100 mmol/L Tris-HCl，pH 8.3，500 mmol/L KCl），10 μmol/L 探针，6 mmol/L $MgCl_2$，200 mmol/L dNTPs，1 单位的 AmpliTaq Gold DNA polymerase，0.2 单位的 AmpErase uracil N-glycosylas，正向引物和反向引物的终浓度均为 0.6 umol/L。不同浓度的基因组 DNA。PCR 扩增仪的条件设置为：2 min/50℃，10 min/95℃，40 个循环：15 s/95℃，1 min/60℃。

（4）荧光定量标准曲线制备

使用已知数量的 mt-2 基因组 DNA 制备标准曲线，DNA 的量为 0.192 ~ 4.8 pg。确定阈值和基线，以及相同的 *Ct* 值，绘制出标准曲线。因为在 mt-2 标准品中有相对高拷贝数的 rRNA 操纵子，所以会低估假单胞菌的量。为此，我们根据假单胞菌的平均 rRNA 操纵子拷贝数 4.3（n=35），源于核糖体 RNA 操纵子拷贝数据库（Klappen-bach et al.），调整 *Ct* 值。

（5）观察反应曲线，记录待测样品的 *Ct* 值，与标准曲线对比算出待测样品的浓度。

6. 结果分析

（1）标准曲线的相关系数分析以及反应体系中非假单胞菌对照的扩增状况，综合分析本次 PCR 反应体系的可信与否。如果反应正常，观察反应曲线，记录待测样品的 *Ct* 值，与标准曲线对比算出待测样品的浓度。

（2）本次 PCR 反应的标准曲线如图 5-5 所示。

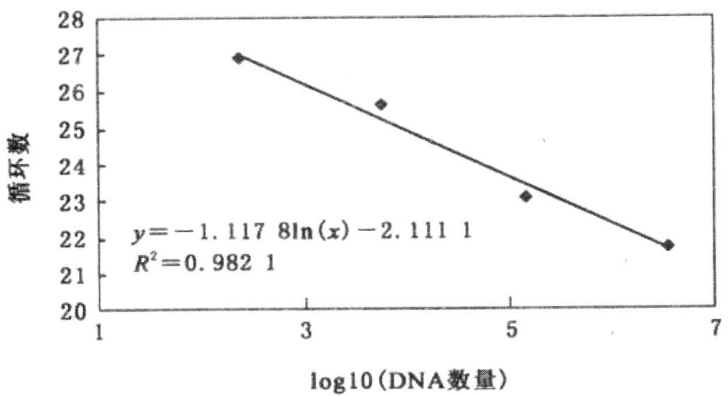

图 5-5　假单胞菌特异性荧光 PCR 的标准曲线

7. 方法分析及评价

（1）Taqman 探针是一段 5′ 端标记报告荧光基团，3′ 端标记淬灭荧光基团的寡核苷酸。报告基团如 FAM、TET、VIC、JOE 和 HEX 通常由位于 3′ 端的 TAMRA 淬灭基团所淬灭。当探针完整时，由于报告基团和淬灭基团的位置很接近，使荧光受到抑制而检测不到荧光信号在 PCR 过程中上游和下游引物与目标 DNA 的特定序列结合，Taqman 探针则与 PCR 产物相结合。TaqDNA 聚合酶的 5′ →3′ 外切活性将 Taqman 探针水解。报告基团和淬灭基团由于探针水解而相互分开，导致报告基团信号的增加，报告基团信号的增加可被检测系统检测到，它是模板被 PCR 扩增的直接标志。当信号增加到某一阈值时，此时的循环次数值就记录下来。该循环次数 *Ct* 值和 PCR 体系中起始 DNA 量的对数值有严格的线形关系。利用阳性梯度标准品的 *Ct* 值以及系列定量模板 DNA 的 PCR 反应制成标准曲线，再根据样品的 *Ct* 值就可以准确确定起始 DNA 的数量。

（2）扩增的特异性检验中，利用 7 种 16S rRNA 基因序列与假单胞菌相似度最高的非假单胞菌（包括革兰氏阴性菌和革兰氏阳性菌）来检验扩增的特异性。实时定量 PCR 的分析结果显示：5 种假单胞菌的 *Ct* 值为 15 ~ 18，而其中非假单胞菌的 *Ct* 值是 30 ~ 35，与无模板的对照组一样，都已经超出了生成的标准曲线的范围，可以忽略。

（3）PCR 反应加样时一定要避免污染，因为染料的扩散将会造成 PCR 反应本底信号的过高，影响 PCR 反应信号的判断。因为是要进行定量分析，所以标准曲线的平行样品间不能误差太大，PCR 管中不能存在气泡。

三、食品中有害微生物的多重PCR检测技术

一般 PCR 仅应用一对引物，通过 PCR 扩增产生一个核酸片段，主要用于单一致病因子等的鉴定多重 PCR（multiplex PCR），又称多重引物 PCR 或复合 PCR，它是在同一 PCR 反应体系里加上二对以上引物，同时扩增出多个核酸片段的 PCR 反应，其反应原理，反应试剂和操作过程与一般 PCR 相同。

多重 PCR 具有高效性：在同一 PCR 反应管内同时检出多种病原微生物，或对有多个型别的目的基因进行分型，特别是用一滴血就可检测多种病原体。系统性。很适宜于成组病原体的检测，如肝炎病毒，肠道致病性细菌，性病，无芽孢厌氧菌，战伤感染细菌及细菌战剂的同时侦检。经济简便性。多种病原体在同一反应管内同时检出，将大大地节省时间，节省试剂，节约经费开支，为临床提供更多更准确的诊断信息。

通常采用的多重 PCR 技术主要是通过对不同大小的目的条带进行扩增检测，目的条带大小必须区分开，才能够通过琼脂糖凝胶来检测。这就要求目的条带的扩增效率在不同引物竞争存在的条件下必须相差很小，并且目的条带也不能够太长，否则不同引物之间的 PCR 反应条件很难统一，一般最大片断不超过 500 bp，最长也不超过 800 bp。尽管这种方法很适合定性检测，但是这种方法一般检测限比较低。采用实时定量 PCR 技术对目的条带的检测具有极高的灵敏度和特异性，并且能够进行准确定量。此外，实时定量PCR体系不需要后续的分析操作过程，极大地减少了产物之间的交叉污染的概率，并且使得大规模检测成为可能。在实时定量荧光探针 PCR 检测过程中，做多重 PCR 反应需要对每个探针标记不同的荧光染料才行，但是目前很难获得那么多适合同时检测的染料，并且探针染料技术要求高，价格也很昂贵。采用 SYBR Green I 荧光检测 PCR 中最常使用的一种非特异性荧光染料，它能够和 DNA 双链的小沟紧密结合而发出荧光，最后荧光信号的强度与扩增出的目的条带的多少成正比，解决多重荧光探针 PCR 存在的问题。SYBR Green I 荧光 PCR 检测可以通过随后的熔解曲线来检测扩增出的目的条带的特异性和目的条带的多少和强弱。尽管 SYBR Green I 荧光 PCR 检测不能像荧光探针一样提供序列特异性的检测，但是却可以给出每个扩增条带一个特征的熔点值。熔点值就像扩增片段的大小一样成为多重 PCR 检测的依据。这也使得依据熔点不同而建立的多重 PCR 成为可能。使用定量 PCR 自动对扩增结果进行熔解曲线分析省去了传统 PCR 技术需要的凝胶检测过程。这种方法一旦建立就会为快速检测领域提供一种有效、可靠、低成本的检测方法。

传统的多重 PCR 需要很多高浓度的引物在一个 PCR 反应管中进行反应，常常出现竞争抑制现象，从而导致多重反应的失败。通用引物多重 PCR 检测技术则只使用一条引物来扩增几个不同大小的 PCR 片段，而设计的特异性扩增引物的浓度仅需要使用相当于原浓度的 1% 或者 1‰。该方法克服了传统多重 PCR 的缺点。目前正在被应用于微生物致病菌，转基因产品以及肉类品种的鉴定上。

（一）食品中霍乱弧菌rtxA，epsM，mshA和tcpA四种基因的SYBR Green I多重PCR检测技术

1. 实验目的

通过本试验初步明确 SYBR Green I 多重 PCR 的检测原理。了解该方法与传统多重 PCR 相比有哪些优点。

2. 实验原理

SYBR Green I 是一种在实时定量 PCR 检测中广泛使用的 DNA 结合染料。PCR 结果可以通过熔解曲线分析来鉴定，不再需要使用传统的琼脂糖凝胶电泳来鉴定，因为 PCR 特定扩增产物的熔解温度的特异性类似于琼脂糖凝胶电泳中的扩增条带的特异性。本研究建立了基于扩增产物熔解曲线分析的四重实时定量 PCR 对 rtxA，epsM，mshA 和 tc-pA 四种基因的作物进行检测的方法。

3. 适用范围

适用于熔解曲线基本上没有重叠区域的几个扩增片段。

4. 仪器设备

荧光定量 PCR 仪；紫外 / 可见分光光度计。

5. 操作步骤

（1）模板 DNA 的制备。

（2）紫外分光光度计鉴定 DNA 提取质量，10 倍系列稀释成相当于 1 ~ $1O^{9}$cfu/mL 的菌量作为模板待用。

（3）荧光定量 PCR 扩增

以熔解曲线为基础的多重 SYBR GREEN PCR 反应条件如下。反应体系为 25/μL，3μL of LightC cler FastStart DNA Master SYBR Green I，4.0 mmol/L $MgCl_2$（终浓度），1 μL 模板 DNAO 扩增条件设置为：2 min/50℃，10 min/95℃，35 个循环：15s/95℃，30 s/60℃，30 s/72℃ 。PCR 扩增结束后，T_m 熔解曲线分析程序接着被执行（降低到 60℃之后升温到 95℃，升温率为 0.2℃ /s）。

（4）观察反应曲线，记录待测样品的 *Ct* 值。

（5）察看墒解曲线，分析 PCR 反应扩增的特异性，以及四重反应条件下熔解曲线的区分度。

6. 结果分析

（1）根据反应体系中阴性对照的污染状况来分析本次 PCR 反应体系的正常与否。如果反应正常，观察反应曲线，记录待测样品的 *Ct* 值，与单重的阳性对照比较看是否正常。

（2）根据熔解曲线峰值的温度不同来区分目的基因的扩增情况，结果见图 5-6，图 5-7。

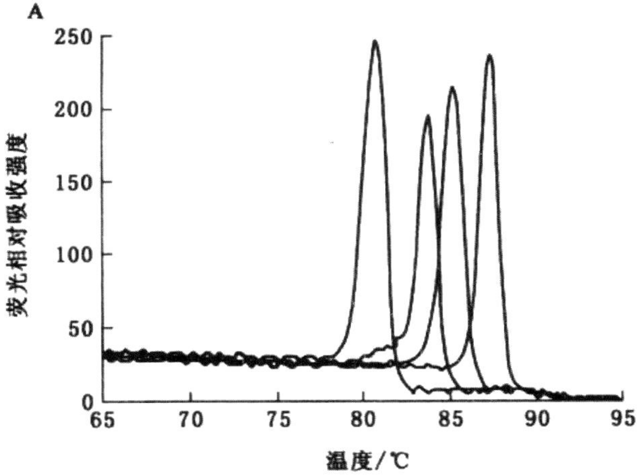

图 5-6　四种基因扩增产物熔解曲线的整合图

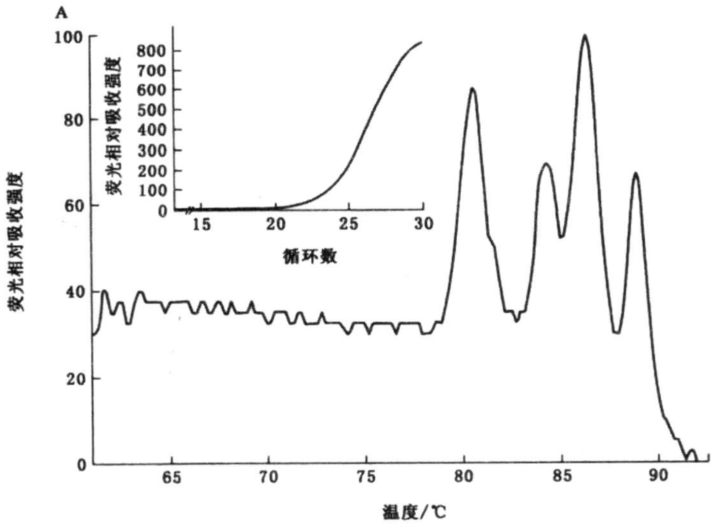

图 5-7　对霍乱弧菌四种基因的扩增熔解曲线

（图中出现的荧光峰值代表各自的熔点）

7. 方法分析与评价

（1）多重鉴定的必要性：霍乱是一种严重的肠道疾病，霍乱弧菌的 rtxA 基因，epsM 基因，mshA 基因，tcpA 基因是表达霍乱毒性的潜在的四个基因，因此需要多重鉴定。

（2）首先用 rtxA 基因、epsM 基因、mshA 基因、tcpA 基因的引物来进行四重 PCR 体系的实验，通过单个 PCR 反应，确定了每对引物扩增产物的确切熔解温度，只有单个熔解温度确定后，才能够进行随后的四重 PCR 的条件摸索。由此可以看出，这两个引物的熔解温度相差很大，并且基本上没有重叠区域。在目的条带不变的情况下，优化了四重 PCR 反应体系中的引物浓度，通过计算熔解曲线的曲线面积使得每对引物具有相似的扩增效率，在每对模板量基本相同的情况下，使得二重 PCR 反应结束时的产物的量大致相当。

（3）PCR 反应加样时一定要避免污染，因为染料的扩散将会造成 PCR 反应本底信号的过高，影响 PCR 反应信号的判断。因为是用封膜管进行反应的，PCR 管不能通过离心来混匀及去除气泡，因此加样时一定要确保混匀以及管中没有气泡存在。

（二）食品中大肠杆菌、李斯特菌和沙门氏菌的通用引物多重PCR检测技术

1. 方法目的

了解通用引物多重 PCR 的检测原理，学习该方法与传统多重 PCR 相比具有的特点。

2. 原理

通用引物多重 PCR 方法和传统的多重 PCR 检测方法一样需要根据条带的大小来检测目的基因的存在与否。传统的多重 PCR 需要很多高浓度的引物在一个 PCR 反应管中进行反应，常常出现竞争抑制现象导致多重反应的失败。通用引物多重 PCR 检测技术则只使用一条引物来扩增几个不同大小的 PCR 片段，而设计的特异性扩增引物的浓度仅需要使用相当于原浓度的 1% 或者 1‰。

3. 适用范围

同时检测食品基质中的几种微生物。

4. 仪器设备

PCR 基因扩增仪；紫外 / 可见分光光度计。

5. 操作步骤

（1）模板 DNA 的制备。

（2）紫外分光光度计鉴定 DNA 提取质量。

（3）单重和多重 PCR 扩增。反应体系为 30μL，1×buffer II(100 mmol/L Tris-HCl，pH 8.3，500 mmol/L KC1），10μmol/L 探 针，1.8 mmol/L $MgCl_2$，200 mmol/L dNTPs，1 单位的 AmpliTaq Gold DNA polymerase，0.4 单位的 AmpErase uracil N-glycosylas，正向引物和反向引物的终浓度均为 0.02 μmol/L。不同浓度的基因组 DNA。通用引物浓度为 0.2 mmol/L。

（4）PCR 扩增仪的条件设置为：4 min/95℃，40 个循环：20 s/95℃，30 s/60℃，40 s/72℃。

（5）反应结束后琼脂糖凝胶电泳分析 PCR 产物。

（6）观察电泳条带，分析目的条带以及样品中菌相组成。

6. 结果分析

根据电泳结果目的条带出现的位置来分析样品中的这三种菌的菌相组成见图 5-8。

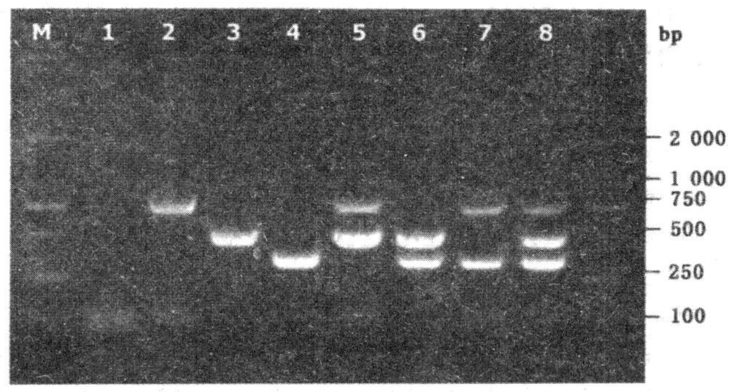

图 5-8 通用多重 PCR 体系检测三种微生物

7. 方法分析与评价

（1）灵敏度：传统的多重 PCR 需要很多高浓度的引物在一个 PCR 反应管中进行反应，通用引物多重 PCR 检测技术则只使用一条引物来扩增几个不同大小的 PCR 片段，而设计的特异性扩增引物的浓度仅需要使用相当于原浓度的 1% 或者 1‰，灵敏度提高。

（2）扩增效率：传统 PCR 因为引物的不同，导致扩增效率的差异。改用通用引物后，PCR 的扩增效率的差异降低。

（3）PCR 反应加样时一定要避免污染，因为染料的扩散将会造成 PCR 反应本底信号的过高，影响 PCR 反应信号的判断。

（4）通用引物的设计：通用引物的序列特异性，以及 Tm 的高低对多重 PCR 的反应平衡以及扩增效率、特异性都有很大的影响。

四、食品中有害微生物的PCR-DGGE/TGGE检测技术

（一）DGGE/TGGE基本原理

双链 DNA 分子在一般的聚丙烯酰胺凝胶电泳时，其迁移行为决定于其分子大小和电荷。不同长度的 DNA 片段能够被区分开，但同样长度的 DNA 片段在胶中的迁移行为一样，因此不能被区分。DNA 分子双螺旋结构是由氢键和碱基的疏水作用共同作用的结果。温度、有机溶剂和 pH 等因素可以使氢键受到破坏，导致双链变性为单链。不同的双链 DNA 片段因为其序列组成不同，所以其解链区域及各解链区域的解链浓度也是不一样的。当它们进行 DGGE 时，一开始变性剂浓度较小，不能使双链 DNA 片段最低的解链区域解链，此时 DNA 片段的迁移行为和在一般的聚丙烯酰胺凝胶中一样。然而一旦 DNA 片段迁移到特定位置，其变性剂浓度刚好能使双链 DNA 片段最低的解链区域

解链时，双链 DNA 片段最低的解链区域立即发生解链。部分解链的 DNA 片段在胶中的迁移速率会急剧降低。因此，同样长度但序列不同的 DNA 片段会在胶中不同位置处达到各自最低解链区域的解链浓度，它们会在胶中的不同位置处发生部分解链导致迁移速率大大下降，从而在胶中被区分开来。

TGGE 技术的基本原理与 DGGE 技术相似，含有高浓度甲醛和尿素的凝胶温度梯度呈线性增加，这样的温度梯度凝胶可以有效分离 PCR 产物及目的片段。TGGE 技术与化学变性剂形成梯度的 DGGE 技术相比，梯度形成更加便捷，重现性更强。

（二）食品中腐败菌的PCR-DGGE检测技术

1. 方法目的

通过本实验初步明确通用引物 PCR（UPPCR）与变性梯度凝胶电泳联用检测的原理。了解该方法与传统多重 PCR 相比有哪些优点。

2. 原理

DGGE 检测是通过不同序列的 DNA 片段在各自相应的变性剂浓度下变性，发生空间构型的变化，导致电泳速度的急剧下降，最后在相应的变性剂梯度位置停滞，经过染色后可以在凝胶上呈现为分散的条带。该技术可以分辨具有相同或相近分子量的目的片段序列差异。需要注意的是，一旦变性剂浓度达到 DNA 片段最高的解链区域温度时，DNA 片段会完全解链，成为单链 DNA 分子，此时它们又能在胶中继续迁移。因此如果不同 DNA 片段的序列差异发生在最高的解链区域时，这些片段就不能被区分开来。在 DNA 片段的一端加入一段富含 GC 的 DNA 片段（GC 夹子，一般 30 ~ 50 个碱基对）可以解决这个问题。含有 GC 夹子的 DNA 片段最高的解链区域在 GC 夹子这一段序列处，它的解链浓度很高，可以防止 DNA 片段在 DGGE 胶中完全解链。当加了 GC 夹子后，DNA 片段中基本上每个碱基处的序列差异都能被区分开，所以要设计 GC 夹子。

3. 适用范围

此方法可检测一种食品基质中的多种有害微生物。

4. 实验材料

可通过水产品得到主要有害菌荧光假单胞菌（Pseudomonas fluorescent）、弧菌（Vibrio anguillarum）、嗜水气单胞菌（Aeromonas hydrophila）、河弧菌（Vibrio fluvia-lis）、登斯菌和气单胞菌（Providencia rettgeri 和 Aeromonas sobria）。

5. 仪器设备

（伯乐）聚丙烯酰胺凝胶电泳仪（DGGE 仪（Bio-Rad）），（伯乐）多重磁记录仪（Fluo-Sk Multilmager（Bio-Rad）），（伯乐）实验系统设备（DGGE on a Dcodek s℃ stem for DGGE（Bio-Rad））。

6. 测定步骤

（1）模板 DNA 的制备

所有的菌在 28℃下培养 12h、13 h，取能被 0.5 mL 整除体积的培养物离心 1 000g 20 min，得到的菌体沉淀用超纯水清洗，之后将菌体悬浮在 0.8 mL 的灭菌超纯水中，在沸水浴中 10 min，得到变性的细菌 DNA。离心 3 500g 10 min，15 μL 的上清作为模板，混合菌群中的 15μL 的上清作为混合模板。

（2）PCR 扩增

以 Taqman 探针为基础的定量 PCR 反应条件如下。反应体系为 25μL，2.5 μL 10×PCR buff er，0.7 μLCl_2（25 mmol/L），0.5μLdNTPs（10 mmol/L），每个引物 0.085 μL（74 μmol/L），0.2 μLTaq 聚合酶（5 U/μL），15 μL 上述模板，加灭菌水至 25 μL。降落 PCR 扩增仪的条件设置为：10 min/95℃；预变性 1 min/94℃；退火时间为 1 min，原始温度设为 68℃，之后的每一个循环降低 0.5℃，直至达到 58℃，退火温度为 58℃时额外设 20 个循环；延伸 3 min/72℃；10 min/72℃。

（3）DGGE 电泳

通用引物 PCR 16S rDNA 扩增片段点在 6.5% 的聚丙烯酰胺凝胶上（变性梯度范围为 40% ~ 60%，100% 的变性剂包括 7 mol/L 尿素和 40% 的甲酰胺），电泳缓冲液为 1XTAE，温度为 60℃，20 V/20 min 之后为 100 V/12 h。

（4）染色

电泳后，凝胶用 EB 染色。

（5）检测

用 Fluor-Sk Multilmager（Bio Rad，USA）照相检测。

7. 方法分析及评价

（1）UPPCR

引物 GC-clamp-EUB f933 and EUB rl387 能够使所有 6 种样品中的腐败菌的 16S rDNA 片段成功的扩增，混合细胞培养的混样也可以扩增，片段大小为 500 bp 左右，不同细菌的相同 Mg^{2+}（此处是 0.7 mmol/L）简化了 UPPCR 的程序。但是，通过凝胶电泳并不能进一步识别这几种细菌，而通用引物 PCR 与 DGGE 联用可以解决这个问题。

（2）DGGE 检测的有效性

用来分析 UPPCR 产物，所有条带都分离得很清晰，并且混合模板的扩增产物可以通过 DGGE 来分离，而且混合模板和各个单独模板的条带都可以对应上。证明 DGGE 可以有效地分离共同培养细菌模板的不同 16S rDNA 扩增片段，DGGE 可以有效地区别混合模板 PCR 扩增产物的不同条带。

（3）DGGE 检测的灵敏性

DGGE 的检测灵敏度很高，在相同的条件下，用传统的 SSCP 法进行检测，条带远不如 DGGE 清晰可见。

五、食品中有害微生物的MPCR-DHPLC检测技术

（一）DHPLC基本原理

变性高效液相色谱技术（DHPLC）是在高压闭合液相流路中，将DNA样品自动注入并在缓冲液携带下流过DNA分离柱，通过缓冲液的不同梯度变化，在不同柱温度条件下实现对DNA片段的分析。由紫外或荧光检测分离的DNA样品，部分收集器可根据需要自动收集被分离后的DNA样品。

用离子对反向高效液相色谱法：①在不变性的温度条件下，检测并分离分子量不同的双链DNA分子或分析具有长度多态性的片段，类似RFLP分析，也可进行定量RT2 PCR及微卫星不稳定性测定（MSI）；②在充分变性温度条件下，可以区分单链DNA或RNA分子，适用于寡核苷酸探针合成纯度分析和质量控制；③在部分变性的温度条件下，变异型和野生型的PCR产物经过变性复性过程，不仅分别形成同源双链，同时也错配形成异源双链，根据柱子保留时间的不同将同源双链和异源双链分离，从而识别变异型。根据这一原理，可进行基因突变检测、单核苷酸多态性分析（SNPs）等方面的研究。

DHPLC在微生物基因分型和鉴定中的应用：许多病菌具有不同的基因型，它们的致病性差异很大，可能具有遗传基因都非常相似的特征，使得细菌的准确分型面临很大的技术难点。在对疫情暴发控制中，从菌株水平确定病原菌是至关重要的，只有了解了致病菌株才能正确选择抗菌药物，追踪病菌的来源。DHPLC通过对具有细微差异的DNA序列的分析可以从菌株水平识别病原菌。从临床治疗的角度来看，准确确定致病微生物的种类具有重要的价值，它可以保证用药的有效性。DHPLC技术能有效地识别病原微生物。利用通用PCR引物从多种细菌的16S核糖体RNA基因中扩增含有高度变异序列的片段。将这些来自不同种类细菌的扩增产物与参照菌株的扩增产物混合后进行DHPLC检测，会产生一个独特的色谱峰图，可以作为鉴定细菌种类的分子指纹图谱。

DHPLC对混合微生物样品的分离鉴定：在日常微生物的检测和鉴定工作中，常常是对混合样品中的微生物进行鉴定。比如常见的污染食物的微生物有十几种，对于一个污染的食物样本，我们需要对所有可能污染的病菌进行鉴定，因而需要一种简单、快速、灵敏的检测技术。DHPLC技术在这方面显示了其良好的应用价值。利用DHPLC灵敏检测DNA序列差异的特性结合细菌16S rDNA基因分型的原理，在属和种的水平上进行细菌鉴定，在部分难以鉴定的菌种间，辅以其他细菌DNA靶点进行进一步的分析，不同的细菌显示特异的DHPLC峰型，从而得到分离和鉴定。

（二）食品中5种致病弧菌的MPCR-DHPLC检测技术

1. 方法目的

通过本试验初步明确采用变性高效液相色谱对多重PCR产物进行快速检测的原理，

并对 5 种致病性弧菌进行 MPCR-DHPLC 检测。

2. 原理

对几种致病菌进行多重 PCR 扩增，在不变性的温度条件下，检测并分离分子量不同的双链 DNA 分子。

3. 适用范围

对食品的（主要是海产品）的几种致病性弧菌进行同时检测。

4. 试剂材料

（1）实验材料

霍乱弧菌（Vibrio cholerae）、副溶血性弧菌（V.parahaemolyticus）、创伤弧菌（V.vulnificus），溶藻弧菌（V.alginolyticus）和拟态弧菌（V.mimicus），被此几类致病弧菌污染的食品（多为水产品）。

（2）实验试剂

2×Taq PCR MasterMix、dNTP、DNA marker I，厦门泰京公司；细菌基因组 DNA 提取试剂盒，天根生化科技有限公司；5×Buffer（含 15 mmol/L $MgCl_2$），Go Taq DNA 聚合酶（5 U/μL）Promega 公司。引物用 TE 溶液（pH 8.0）稀释至浓度为 10μmol/L。-20℃保存备用。

5. 仪器设备

变性高效液相色谱、PCR、离心机。

6. 方法分析与评价

（1）由于在食品样品中如海（水）产品检测中，经常是一份样品同时检测几种致病性弧菌，因此有必要研究一种可同时、快速检测多种致病性弧菌的方法。目前快速检测病原菌的主要方法是 PCR，但传统的 PCR 方法一次只能检测一种致病菌。MPCR 方法近年来也在弧菌的检测上得到应用，在一个 PCR 管中同时扩增多种弧菌，但都是用凝胶电泳法检测其产物。DHPLC 是一种用于快速、自动和高通量检测核酸的先进技术，可以对单链和双链核酸进行快速、准确、自动化地分离、分析和定量。实验将 MPCR 与 DHPLC 技术联用，用于食品中多种弧菌的同时检测。采用多重 PCR 检测食品中多种致病性弧菌，然后利用 DHPLC 技术，一次可以自动分析数百个样品，减少工作量，缩短检测时间，提高检测准确率，达到快速、高通量检测食品中致病性弧菌的目的。

（2）DHPLC 图谱中峰面积与 PCR 产物的量成正比。以平时检测较多的霍乱弧菌、溶藻弧菌和副溶血性弧菌为例，对霍乱弧菌和副溶血性弧菌、溶藻弧菌和副溶血性弧菌间的二重 PCR-DHPLC 检测灵敏度进行测定，随着菌含量的减少，DHPLC 结果显示的特异峰的面积越来越小，霍乱弧菌和副溶血性弧菌的二重 PCR-DHPLC 最低能检测到 35 cfu/mL 霍乱弧菌和 37 cfu/mL 副溶血性弧菌，溶藻弧菌和副溶血性弧菌的二重 PCR-DHPLC 最低能检测到 52 cfu/mL 溶藻弧菌和 37 cfu/mL 副溶血性弧菌，即灵敏度均可达到 100 cfu/mL，这与各弧菌单一 PCR 凝胶电泳检测的灵敏度相同。

第二节　食品中农药残留检测技术

农药是农业生产中重要的生产资料之一。农药的使用，可以有效地控制病虫害，消灭杂草，提高作物的产量和质量。我国是农药生产和使用大国，农药的使用可使我国挽回农产品损失。然而，许多农药又是有害物质，由于在生产和使用中违规和失控，带来了环境污染和食品农药残留问题。当食品中农药残留量超过最高限值时，会对人体产生不良的影响，尤其是有毒农药的污染和残留已构成对环境和人类健康的严重威胁。食用农产品生产者应当按照食品安全标准和国家有关规定使用农药、肥料、兽药、饲料和饲料添加剂等农业投入品，严格执行农业投入品使用安全间隔期或者休药期的规定，不得使用国家明令禁止的农业投入品。禁止将剧毒、高毒农药用于蔬菜、瓜果、茶叶和中草药材等国家规定的农作物。

农药通过大气和饮水进入人体的仅占 10%，通过食物进入人体占 90%，大量有毒的农药经过食物链的富集进入人体，对人体产生急性毒性和慢性毒性，包括三致（致突变性、致畸性、致癌性）。食品中农药残留已成为全球性的共性问题和一些国际贸易纠纷的起因，也是当前我国农畜产品出口的重要限制因素之一。因此，为了保证食品安全和人体健康，必须防止农药的残留和残留量超标。

一、农药的定义和分类

农药是指用于预防、消灭或者控制危害农业、林业的病、虫、草害等有害生物，以及有目的地调节植物、昆虫生长的化学药品，或者来源于生物、其他天然物质中的一种物质或者几种物质的混合物及其制剂。

由于科学的不断发展，世界上的农药品种越来越多。我国除直接从国外进口外，已投大量的人力和物力进行研究，已研制出如“六六六”“井岗霉素”“阿维菌素”“苦参碱”等多种农药，国家农药重点研究方向是天然型和生物型。常用的农药按照防治对象可分为杀菌剂、杀虫剂、除草剂、杀鼠剂、杀螨剂、杀线虫剂和植物生长调节剂等。

（一）杀菌剂

杀菌剂种类不同，对环境条件的适应性差异很大，如阳光、温度和湿度的变化对其影响很大。有些杀菌剂适应性强，如西维因、多菌灵等，但常用的代森锌在高湿度下不稳定、易分解，在使用条件方面和储藏保管时都必须注意。

1. 保护性杀菌剂

在植物体表或体外，直接与病原菌接触，杀死或抑制病原体，保护植物免受其害。如波尔多液、代森锌等。

2. 内吸性杀菌剂

药剂施于植物体的某个部位，如根部、叶部、茎部，被植物吸收后传导到植物周身，发挥杀菌作用，如灭蚜松、乐果等。

3. 免疫性杀菌剂

施药后，可使植物产生抗病性能，不易遭受病原生物的侵染和危害，如三唑酮、甲基托布津。

（二）杀虫剂

杀虫剂是农药品种中占比较多的一类，它们的作用和性质各不相同。使用前必须很好地了解每一种杀虫剂的用途、防治对象，才能充分发挥其应有的高效杀虫作用。在农业生产中，错用药剂而造成损失之事屡有发生。使用杀虫剂时要慎之又慎，即使是可以互换的农药品种，也必须了解其特性才能合理安全使用。

1. 胃毒剂

杀虫剂经过害虫口腔进入虫体，被消化道吸收后引起中毒，这种作用称为胃毒作用，有这种作用的杀虫剂称为胃毒剂。例如，敌百虫是典型的胃毒剂，其药液喷在蔬菜叶片上，菜青虫、小菜蛾的幼虫嚼食菜叶吃进药剂，可引起中毒死亡。胃毒剂主要防治咀嚼口器害虫。

2. 触杀剂

杀虫剂与虫体接触后，经过虫体体壁渗透到体内，引起中毒，这种作用称触杀作用，有这种作用的杀虫剂称触杀剂。例如，大多数拟除虫菊酯类杀虫剂以及很多有机磷、氨基甲酸酯类杀虫剂都具有强烈触杀作用，药液喷洒在虫体上即可发挥作用。

3. 熏蒸剂

药剂在常温下挥发成气体，经害虫的气孔进入虫体内，引起中毒，这种作用称熏蒸作用，有这种作用的农药称熏蒸剂。例如，有机磷杀虫剂敌敌畏熏蒸作用很强，可以在密闭的空间形成一定浓度而杀死该空间的昆虫，如仓库害虫。

4. 内吸剂

杀虫剂能被植物根、茎、叶或种子吸收并传导到其他部位，当害虫食植物汁液或咬食植物时，引起中毒，这种作用称为内吸作用，有这种作用的农药称内吸剂。例如，甲拌磷处理棉籽可使棉苗带毒，防治蚜虫、红蜘蛛，持效期可达一个半月。

5. 特异性昆虫生长调节剂

一类用来促进或控制花木的生根、发芽、茎叶生长、开花和结果等的农药，即为人们通常所说的植物生长调节剂。同样，在农药中也有一类是专门用来控制或阻碍害虫生长发育的，这就是特异性的昆虫生长调节剂。其按作用不同可分为如下几种。

（1）昆虫生长调节剂

这种药剂通过昆虫胃毒或触杀作用，进入昆虫体内，阻碍几丁质形成，影响内表皮生成，使昆虫蜕皮变态时不能顺利蜕皮，卵的孵化和成虫的羽化受阻或虫体成畸形而发挥杀虫效果。例如，除虫脲（又称敌灭灵、灭幼脲等）是国际上第一个作为新型杀虫剂投放市场的特异性昆虫生长调节剂。

（2）引诱剂

这是一种外激素类杀虫剂，对昆虫成虫的交配活动进行干扰迷向，使其不能交配从而控制虫口数量的增长，或诱致捕杀，达到防治的目的。例如，烯旅和蒲松醇对云杉八齿小蠹的控制。

（3）驱避剂

这种药对昆虫一般无毒杀作用，主要起驱避防虫作用，如驱蚊油等。

（4）不育剂

这种药对昆虫生理起破坏作用，尽管是雌雄交配，也不能再繁殖后代。

（5）拒食剂

这种药所挥发的蒸气使昆虫感到不快而起趋避作用或昆虫味觉器官直接接触药后而感厌恶而趋避不再取食，例如三苯基醋酸锡等。

（三）除草剂

除草剂近些年发展比较快，应用面积广，品种比较多，使用时应注意其作用的性质和作用方式的不同，分别在不同的作物田选用适当的除草剂。

1. 选择性除草剂

这类除草剂在常用剂量下对一些植物敏感，而对另一些植物则安全。如莠去津对玉米、高粱安全，用于这两种作物田防治多种杂草，但小麦、油菜、大豆、水稻等作物对它敏感，易受害，不能应用。常见的有禾大壮、农得时、丁草胺、乙草胺等。

2. 灭生性除草剂

这类药对各种植物没有选择性，各种植物一经接触此药，都能被杀死。例如，百草枯是一种灭生性除草剂，植物绿色部分接触到百草枯药剂会很快受害干枯。

3. 内吸型除草剂药剂

施于土壤中或杂草植株上，被杂草的根、茎、叶、芽等部位吸收而传导至全植株，使杂草生长受抑制而死亡。例如，莠去津是内吸性除草剂，可以茎叶喷雾，也可以土壤

处理。草甘膦有强烈内吸传导作用，但接触土壤很快分解失效，只能作茎叶处理。

4. 触杀型除草剂

植物体接触药剂后被杀死，但只能杀死杂草的地上部分，不能被植物吸收以及在植物体内传导。例如，敌稗是触杀性除草剂，在稻田中稗草一叶一心至二叶一心期施药可杀死稗草，稻苗会对敌稗解毒而不受害。

（四）杀鼠剂

药剂作用需用饵料（粮谷等食物）与药剂配制成毒饵，经口进入鼠体，由肠胃道吸收而发挥作用，称为胃毒剂。一些易于挥发成气体的药剂，经呼吸道进入动物体内引起中毒死亡的称为熏蒸剂，还有绝育剂、驱鼠剂等。

杀鼠剂按化学成分分类，可分为急性杀鼠剂和慢性杀鼠剂两大类，如常用的磷化锌、毒鼠磷、甘氟等为急性杀鼠剂，而氟乙酰胺、氟乙酸钠、毒鼠强（四二四）、毒鼠硅等已被国家明令禁止使用。杀鼠灵、敌鼠、杀鼠迷等第一代抗凝血杀鼠剂和溴敌隆、大隆、杀它仗等第二代抗凝血剂均为慢性杀鼠剂。慢性杀鼠剂对人畜相对比较安全，灭鼠效果好。不过，考虑到食品安全性，食品加工企业应禁用任何杀鼠剂。

（五）植物生长调节剂

这类药对植物能起到化学调控作用，使植物的生长发育按人们的意愿方向发展，如矮化植物、抑制生长、防止倒伏、增加产量；促进植株、插条生根，抑制烟草腑芽、马铃薯块茎芽；蔬菜水果防止采前落果，并可催熟增糖、防腐保鲜等。例如，有的能刺激生长，如赤霉素；有的能抑制生长，如矮壮素；有的能改善植物内在或外在质量，如乙烯利可用于催熟。

（六）杀螨剂、杀线虫剂、杀软体动物剂

这类药剂专用于防治螨类或线虫类、软体动物类，称为杀螨剂、杀线虫剂和杀软体动物剂。杀螨剂主要有速螨酮、三氯杀螨醇、三唑锡等；杀线虫剂主要有涕灭威、甲基异柳磷等；杀软体动物剂有蜗牛敌等。

二、食品中残留农药的来源

动植物在生长期间或食品在加工和流通中均可受到农药的污染，导致食品中农药残留。农作物与食品中的农药残留来自三方面：一是来自施用农药后的直接污染；二是来自对污染环境中农药的吸收；三是来自生物富集与食物链。

（一）施药后直接污染

作为食品原料的农作物、农产品直接施用农药而被污染，其中以蔬菜和水果受污染

最为严重。农药直接喷洒于农作物的茎、叶、花和果实等表面，造成农产品污染。部分农药被作物吸收进入植物内部，经过生理作用运转到植物的茎、叶、花和果实，代谢后残留于农作物中，尤其以皮、壳和根茎部的农药残留量高。在食品储藏中，为了防治其霉变、腐烂或植物发芽，施用农药造成食用农产品直接污染。如在粮食储藏中使用熏用杀菌剂，马铃薯、洋葱和大蒜用抑芽剂等，都会导致这些食品中农药残留。

在兽医临床上，使用广谱驱虫和杀螨药物（有机磷、拟除虫菊酯、氨基甲酸酯类等制剂）杀灭动物体表寄生虫时，如果药物用量过大被动物吸收或舔食，在一定时间内可造成畜禽产品中农药残留。

（二）从环境中吸收

农田、草场和森林施药后，有 40% ~ 60% 农药降落至土壤，5% ~ 30% 的药剂扩散至大气中，逐渐积累，通过多种途径进入生物体内，致使农产品、畜产品和水产品出现农药残留问题。

1. 从土壤中吸收

当农药落入土壤后，逐渐被土壤粒子吸附，植物通过根、茎部从土壤中吸收农药，引起植物性食品中农药残留。一般情况下，稳定性好、难挥发和脂溶性的农药在土壤中残留时间长，因而污染程度相对也较大。

2. 从水体中吸收

水体被污染后，鱼、虾、贝和藻类等水生生物从水体中吸收农药，引起组织内农药残留。用含农药的工业废水灌溉农田或水田，也可导致农产品中农药残留。甚至地下水也可能受到污染，畜禽可以从饮用水中吸收农药，引起畜产品中农药残留。

3. 从大气中吸收

虽然大气中农药含量甚微，但农药的微粒可以随风向、大气漂浮、降雨等自然现象造成很远距离的土壤和水源的污染，即使远离农业中心的南北极地区，也能检测出微量的 DDT，进而影响栖息在陆地和水体中的生物。

（三）通过食物链污染

农药污染环境，经食物链传递时可发生生物富集、生物积累和生物放大，致使农药的轻微污染而造成食品中农药的高浓度残留。生物富集是指生物体从生活环境中不断吸收低剂量的农药，并逐渐在体内积累起来；食物链是指动物吞食微量残留农药的作物或生物，农药在生物体间转移的现象。生物富集与食物链可使农药残留浓度提高至数百倍或数万倍。

（四）其他途径

1. 加工和储运中污染

食品在加工、储藏和运输中，使用被农药污染的容器、运输工具，或者鱼与农药混放、混装均可造成农药污染。

2. 意外污染

拌过农药的种子常含大量农药，不能食用。

3. 非农用杀虫剂污染

各种驱虫剂、灭蚊剂和杀蟑螂剂逐渐进入食品厂、医院、家庭、公共场所，使人类食品受农药污染的机会增多，范围不断扩大。此外，高尔夫球场和城市绿化地带也经常大量使用农药，经雨水冲刷和农药挥发均可污染环境，进而污染食物和饮用水。

如长期接触这些饮料中含量超标的杀虫剂成分，有可能导致癌症、肾脏肝脏损坏、免疫力下降及神经系统紊乱等健康问题，孕妇饮用还会导致出生婴儿先天性缺陷。

食品中农药的残留量主要受农药的种类、性质、剂型、使用方法、施药浓度、使用次数、施药时间、环境条件、动植物的种类等因素影响。一般而言，性质稳定、生物半衰期长、与机体组织亲和力较高的脂溶性的农药，很容易经食物链进行生物富集，致使食品中残留量高。施药次数多、浓度大、间隔时间短，食品中残留量高。此外，由于农药在大棚作物中降解缓慢，而且沉降后再次污染农作物，因此大棚农产品（如蔬菜、水果）的农药残留量比露天农产品的农药残留量高。

三、农药污染对人体的危害

水污染和空气污染都属于环境污染，然而环境污染不仅仅是这些，例如，食物污染也是一大类污染。我们日常食用的粮食、蔬菜、水果、肉类、乳品、蛋品等，如果含有对人体有害的物质，并超过了规定的标准，这样的食物便是被污染的食物。

农药的大量使用，在促进农业发展的同时，带来了环境恶化、物种减少、生态平衡被破坏，造成病虫害的抗药性日益猖獗等负面影响。农药可通过皮肤、呼吸道和消化道三种途径进入人体，但人体内约90%的农药是通过被污染的食品而摄入的。蒸汽状态（如敌敌畏）、粉尘状态（如六六六）、雾滴状或迷雾状态（如喷洒）等农药都可以通过呼吸道进入人体。水溶性较大或细微颗粒状农药，进入体内后容易被吸收。除了呼吸道外，大多农药都是从消化道进入人体。消化道对农药的吸收能力较强，危害性更大。农药的种类和摄入量不同，对人体健康的危害不同。常见急性农药中毒事故大多是误食被农药严重污染的食物引起的，而经常食入轻微农药污染的食品，容易产生慢性农药中毒。

（一）急性毒性

急性中毒主要是由于一些毒性较大的农药经职业性（生产和使用）中毒、自杀或他杀以及误食农药，或者食用喷洒了高毒农药不久的蔬菜和瓜果，或者食用因农药中毒而死亡的畜禽肉和水产品而引起的，或者皮肤接触及由呼吸道进入体内等引起，在短期内出现不同程度，如头昏、恶心、呕吐、抽搐痉挛、呼吸困难、大小便失禁等神经系统功能紊乱和胃肠道中毒症状，若不及时抢救，即有生命危险。

（二）亚慢性中毒

亚慢性中毒者多有长期连续接触一定剂量农药的过程。中毒症状的表现往往需要一定的时间，但最后表现往往与急性中毒类似。

（三）慢性毒性

有的农药虽急性毒性不高，但性质稳定，不易分解消失，污染环境和食物。目前使用的绝大多数有机合成农药都是脂溶性的，易残留于食品原料中。若长期食用农药残留量较高的食品，农药则会在人体内逐渐积累，最终导致机体生理功能发生变化，引起慢性中毒。许多农药可损害神经系统、内分泌系统、生殖系统、肝脏和肾脏，影响酶的活性，降低机体免疫功能，引起结膜炎、皮肤病、不育、贫血等疾病。这种中毒过程较为缓慢，症状短时间内不很明显，容易被人们所忽视，潜在的危害性很大。

很多急性与慢性病的诱发都与使用化学农药有关。例如，有一种控制植物病原体的农药 DBCP，在动物实验中能引起睾丸机能障碍，对人体的影响则是导致接触 DBCP 生产流程的工人不育，动物实验累积的大量证据证明，化学农药还会产生免疫系统机能障碍。尤其值得忧虑的是，用于大量代替有机氯的有机磷农药，可能导致某些不可逆转的神经性疾病，还会对记忆、情绪与抽象思维方面产生不良影响，并已证实，即使在急性中毒症状消失后，持续的毒性仍然存在。

四、农药残留限量

农药残留问题是随着农药大量生产和广泛使用而产生的。农药残留是指农药使用后残存于生物体、农副产品和环境中的微量农药原体、有毒代谢物、降解物和杂质的总称。

（一）国际食品法典委员会MRLs体系

农产品中农药的污染成为国际上日益关注的问题，为了保证人类的饮食安全，确保人体健康，世界各国都非常重视食品中农药残留的研究和检测工作，制定了农药允许限量（农药残留）标准。加入世界贸易组织（WTO）后，农药残留标准又成为了各国间贸易保护的重要技术壁垒，因此各国的重视程度可想而知。

国际食品法典委员会（CAC）的宗旨是制定国际食品法典标准，保护消费者健康和确保食品贸易公正、公平。现有的食品法典标准主要是先由其各分委员会审议、制定，然后经国际食品法典委员会大会审议后通过。为了减少国际贸易间的纠纷，做到互相兼

容，CAC下设两个专门负责制定和协调农药残留法规和食品中农药最高残留限量的组织：农药残留专家委员会联席会议以及农药残留法典委员会。JMPR负责农药安全性毒理学学术评价，修订农药的每日容许摄入量（ADI），从学术上评价各国政府、农药企业、公司提交的农药残留试验数据、市场监测数据，提出最高残留限量推荐值。CCPR负责提交进行农药残留和毒理学评价的农药评议优先表，审议JMPR提交的农药最高残留限量草案，制定食品（和饲料）中农药最高残留限量法典。

（二）欧盟MRLs体系

欧盟统一的农药MRLs标准由欧盟食品安全局（EFSA）负责制定，形成了比较严谨的食品安全法律体系。

REACH法规有一新特点，即对化学品安全性的判定与传统的观点相反。传统的观点认为“一种化学物质，只要没有证据表明它是危险的，它就是安全的”，而REACH法规则认为“一种化学物质，在尚未证明其是否存在危险之前，它就是不安全的。”并将过去由政府和相关管理机构确认一种化学物质是否有害，改为要求生产者自己提出无害的证据，检测费用由生产者承担。

REACH法规的主要包括以下内容：

1. 注册

对现在广泛使用和新发明的化学品，只要是产量或一次进口量超过1t，其生产商或进口商均需向REACH中央数据库提交此化学品的相关信息。

2. 评估

主管机构认真评价所有产量超过100t的化学品的注册信息，特殊情况下，也包括产量较少的化学品。

3. 许可

对易引起极大关注的物质或其成分，如致癌、诱导基因突变或对生殖有害的化学物质，政府主管机构应对其按某一用途的使用方法给予具体授权。

（三）中国MRLs体系

在我国，农药残留限量标准是食品安全国家标准的重要组成部分，是农产品质量安全监管工作的重要基础。一直以来，我国农药的MRLs标准主要由国家标准和行业标准两部分组成，国家标准由国家卫生健康委员会（卫健委）和国家标准化管理委员会共同发布，行业标准主要由农业部发布，属农业行业标准。

食品农药残留的分析方法有很多，其中以色谱技术为主。常见色谱方法有气相色谱法（GC）、液相色谱法（LC）、气相色谱－质谱联用法（GC–MS）、液相色谱－质谱联用法（LC–MS）。这些方法虽然灵敏、准确，但样品前处理烦琐，检测时间长，耗资大，技术性要求高，且仪器昂贵，不适合大量样品的快速检测。

随着仪器技术的快速发展，毛细管电泳法、色谱技术、色－质联用技术、超临界流体色谱技术、酶抑制法、免疫分法、生物芯片等新技术逐渐应用于食品的农药残留检测。

1. 毛细管电泳法

又称高效毛细管电泳法，是近年来发展起来的一类以毛细管为分离通道、以高压直流电场为驱动力的新型液相分离分析方法，已用于乳、啤酒、谷物、水果、蔬菜和猪肉等食品中的农药残留测定。毛细管电泳具有高灵敏度、分离度高、分析速度快和样品用量少等特点。近年来，新开发的荧光诱导检测器、电化学检测器、电导检测器、飞行时间质谱以及串列式质谱等对样品都有较好的灵敏性，使毛细管电泳在农药分析中得到更广泛的应用。

2. 色谱技术

气相色谱在农残检测方面应用最广泛，具有高选择性、高效能、高灵敏度、速度快、应用广、能同时分离分析多种组分混合物等特点，多用于检测含磷、含硫有机物，如有机磷农药等。但是气相色谱对热不稳定或高沸点的化合物的分析比较困难。

液相色谱与气相色谱相比，既有能在常温下分离制备水溶性物质的优点，又有气相色谱快速、高分辨率和高灵敏度等特点，且重现性好、进样量少，便于多次测量，多用于不易汽化或受热易分解的农药，如多菌灵、氯苯胺灵、灭幼脲、麦草灵等的检测。据美国分析化学家学会（AOAC）报道，在美国许多农药已建立高效液相色谱法。

3. 色－质联用技术

色－质联用技术是近年来发展相对成熟的检测手段，是极为重要的农药残留速测技术，尤其适合于多残留分析。一般只需 1 次提取和 1 次色－质联用检测即可对同时存在的多种残留物进行定性定量分析。色－质联用技术包括气相色谱－质谱联用（GC-MS）和液相色谱－质谱联用技术（LC-MS），在农药代谢物、降解物和多残留检测中具有极为突出的优点，但不适合于极性太强或热不稳定性农药及其代谢物的分析。

4. 超临界流体色谱技术

是以超临界流体为流动相的色谱技术，可使用各种类型的长色谱柱；可与气相、液相色谱检测器匹配，也可与红外、质谱联用。超临界流体色谱技术可以分析相对分子质量较大、对热不稳定和极性较强的化合物，可用于样品中有机磷杀虫剂（如对硫磷、苯硫磷、二嗪农、杀螟松等）的残留分析，检测极限为 10ng/g，是一种强有力的分离和检测技术。

5. 酶抑制法

基于农药残留对酶的抑制作用原理，测定是通过键合作用改变酶的结构和性质，使酶－底物体系产生颜色、pH、吸光度等的变化来实现，检测农药时，蔬菜中的水分、碳水化合物、蛋白质、脂类等物质不会对农药残留物的检测造成干扰，不必进行分离去杂，节省了大量的预处理时间，从而达到快速检测的目的。根据检测方式的不同，分为

试纸法、光度法和 pH 计法等。但酶抑制法测定的农药类型有限，只能用于有机磷和氨基甲酸酯类杀虫剂的检测。

6. 免疫分析技术

是一种以抗体作为生物化学检测器，对化合物、酶、蛋白质等物质进行定性和定量检测的分析技术，是以抗原特异性识别和结合反应为基础，可以检测有机磷类杀虫剂。具有简单、快速、灵敏、价廉，以及能在野外和实验室内进行大批量的筛选试验等优点，已成为农药残留分析领域中最有发展和应用潜力的痕量分析技术之一。目前，酶免疫分析技术尤其是酶联免疫分析在农药残留检测中的应用研究在国外非常活跃，应用也日趋普遍。

7. 生物芯片技术

将高密度 DNA、蛋白质、细胞等生物活性物质以点阵的形式有序地固定在固相载体（如硅片、玻璃和塑料等）上形成的微阵列，在一定的条件下进行生化反应，反应结果用化学荧光法、酶标法、同位素法显示，用扫描仪等光学仪器进行数据采集，再通过专门的计算机软件进行数据分析。该技术信息获取量大、效率高，所需样本和试剂少，成本低，易实现自动化分析，可快速分析测定食品中包括农残在内的有毒、有害化学物质。

五、农药残留分析

食品中的农药残留不仅对人类的健康和生命安全构成直接威胁，而且农药残留超标也是制约中国农产品出口的主要因素。因而，食品中农药残留的检测分析或鉴别技术已成为食品安全研究领域中的一项重要内容。

残留分析属于痕量分析范畴，分析的农药及样品基质种类多、成分复杂，分析中投入的成本高。分析的结果经常用于政府管理部门作为贸易、生产等活动的决定性依据，具有极大的责任和权威性。

农药残留分析一般包括以下步骤：①样品的采集和制备；②样品的提取和浓缩；③净化；④农药的定性定量分析。

样品的采集和制备是农药残留分析中最基础的工作，样品的采集应有代表性，并且满足分析测定精度的要求。由于大多数农药极性较弱，农产品中含量少，因而在提取过程中多用丙酮、乙腈和石油醚等有机溶剂提取；在提取时，同时会将脂肪、色素等杂质一同提取，所以须进行净化处理，常见的净化方法有液—液萃取法、柱层析法和化学处理法。通过净化得到的溶液经过浓缩定容后即可进行定性定量分析。

第三节 食品中兽药残留检测技术

兽药是指用于预防、治疗、诊断畜禽等动物疾病，有目的地调节其生理机能并规定作用、用途、用法、用量的物质。包括血清、菌苗、诊断液等生物制品，以及兽用的中药材、化学制药和抗生素，生化药品、放射性药品。

一、兽药残留的概念

兽药残留又称药物残留，是指给畜禽等动物使用药物后蓄积或储存在动物细胞、组织和器官内以及可食性产品中的药物或化学物的原形、代谢产物和杂质。广义上的兽药残留除了由于防治疾病用药引起外，也可由于使用药物饲料添加剂、动物接触或吃入环境中的污染物如重金属、霉菌毒素、农药等引起。兽药残留既包括原药也包括药物在动物体内的代谢产物。主要的残留兽药有抗生素类、磺胺药类、呋喃药类、抗球虫药、激素药类和驱虫药类。兽药残留超标不仅可以直接对人体产生急慢性毒性作用，引起细菌耐药性增强，还可以通过环境和食物链的作用间接对人体健康造成潜在危害，影响我国养殖业的发展和走向国际市场。

二、兽药残留的来源

为了提高生产效益，满足人类对动物性食品的需求，畜、禽、鱼等动物的饲养多采用集约化生产。然而，由于集约化饲养密度高，疾病极易蔓延，致使用药频率增加。同时，为改善营养、促进生长和防病的需要，必然要在天然饲料中添加一些化学控制物质来改善饲喂效果。这样往往造成药物残留于动物组织中，对公众健康和环境具有直接或间接危害。

动物病害防治用药和饲养添加剂用药存在许多区别，对食品安全性的影响也不尽相同。动物的治疗、预防用药一般是间断的、个别的，而作为饲料添加剂的用药是持续的、普通的，积累量大，并且目前往往是在畜产品上市前才停用。如果没有严格遵守休药期的规定，很容易造成兽药残留量超标。

我国动物性食品中兽药残留量超标主要有以下几个方面的原因。

（一）使用违禁或淘汰药物

若将有些不允许使用的药物当作添加剂使用往往会造成残留量大、残留期长、对人

体危害严重。因此，凡未列入《饲料药物添加剂使用规范》附录一和附录二中的药物品种均不能当饲料添加剂使用。但事实上违规现象很多，兴奋剂（如瘦肉精）、类固醇激素（如己烯雌酚）、镇静剂（如氯丙嗪、利血平）等是常见的滥用违禁药品。

（二）不按规定执行应有的休药期

畜禽屠宰前或畜禽产品出售前需要停药不仅针对兽药也适用于药物添加剂，通常规定的休药期为 4 ~ 7 d，而相当一部分养殖场（户）使用含药物添加剂的饲料很少按规定落实休药期。

（三）随意加大药物用量或把治疗药物当成添加剂使用

由于耐药菌的存在，超量添加药物的现象普遍存在，有时甚至把治疗量当作添加剂量长期使用。如土霉素用于治疗疾病时，可在饲料中添加 0.1%，使用期一般为 3 ~ 5 d，而用作饲料添加剂时则为 10 ~ 15g/t。

（四）滥用药物

畜禽发生疾病时滥用抗生素。随意使用新或高效抗生素，还大量使用医用药物；不仅任意加大剂量，而且还任意使用复合制剂。

（五）饲料加工过程受到污染

若将盛过抗菌药物的容器储藏饲料，或使用盛过药物而没有充分清洗干净的储藏器，都会造成饲料加工过程中的兽药污染。

（六）用药方法错误或未做用药记录

在用药剂量、给药途径、用药部位和用药动物的种类等方面不符合用药规定，因此造成药物残留在体内；由于没有用药记录而重复用药的现象也比较普遍。

（七）屠宰前使用兽药

屠宰前使用兽药用来掩饰有病畜禽临床症状，逃避宰前检验，很可能造成肉用动物的兽药残留。

（八）厩舍粪池中含兽药

厩舍粪池中含有抗生素等药物会引起动物性食品的兽药污染和再污染。

三、影响食品安全的主要兽药残留及其危害

（一）影响食品安全的主要兽药残留

对人畜危害较大的兽药及药物饲料添加剂主要包括抗生素类、磺胺类、呋喃类、抗寄生虫类和激素类等。

1. 抗生素类

抗生素是指由细菌、放线菌、真菌等微生物经过培养而得到的产物，或用化学半合成的方法制造的相同的或类似的物质，在低浓度下对细菌、真菌、立克次体、病毒、支原体、衣原体等特异性微生物有抑制生长和杀灭作用。按抗生素在畜牧业上应用的目标和方法可将它们分为两类：治疗动物临床疾病的抗生素；用于预防和治疗亚临床疾病的抗生素，即作为饲料添加剂低水平连续饲喂的抗生素。

尽管使用抗生素作为饲料添加剂有许多副作用，但是由于抗生素饲料添加剂除防病治病外，还具有促进动物生长、提高饲料转化率、提高动物产品的品质、减轻动物的粪臭、改善饲养环境等功效。因此，事实上抗生素作为饲料添加剂已很普遍。不同种类的抗生素用于饲料添加剂的剂量及所具有的促进生长效果不尽相同，但总体来说，用量一般在每吨饲料中添加 10 ~ 15g 抗生素之间。从使用效果看，一般来说可提高猪、鸡生产速率和饲料利用率 10% ~ 15%，降低死亡率 5%。以盐霉素为例，对肉鸡的育成率可提高 37% ~ 76%，平均增重 5% ~ 38%，饲料消耗降低 2% ~ 37%。

治疗用抗生素主要品种有青霉素类、四环素类、杆菌肽、庆大霉素、链霉素、红霉素、新霉素和林可霉素等。常用饲料药物添加剂有盐霉素、马杜霉素、黄霉素、土霉素、金霉素、潮霉素、伊维霉素、庆大霉素和泰乐菌素等。

2. 磺胺类药物

磺胺类药物是一类具有广谱抗菌活性的化学药物，广泛应用于兽医临床。磺胺类药物于 20 世纪 30 年代后期开始用于治疗人的细菌性疾病，并于 1940 年开始用于家畜，1950 年起广泛应用于畜牧业生产，用以控制某些动物疾病的发生和促进动物生长。

磺胺类药物根据其应用情况可分为三类，即用于全身感染的磺胺药、用于肠道感染、内服难吸收的磺胺药物和用于局部的磺胺药。

磺胺类药物大部分以原形态自机体排出，在自然环境中不易被生物降解，从而导致再污染，引起兽药残留超标。已证明，猪接触排泄在垫草中低浓度磺胺类药物后，猪体内便可测出此类药物残留超标。

3. 促生长剂（激素）类药物

激素是由机体某一部分分泌的特种有机物，可影响其机能活动并协调机体各个部分的作用，促进畜禽生长。20 世纪人们发现激素后，激素类生长促进剂在畜牧业上得到广泛应用。但由于激素残留不利于人体健康，儿童食用含有生长激素的食品可以导致早

熟，另外，激素通过食物链进入人体会产生一系列其他的健康效应，如导致与内分泌相关的肿瘤、生长发育障碍、出生缺陷和生育缺陷等，给人类健康带来深远的影响，因此有许多种类现已禁用。禁止所有激素类及有激素类作用的物质作为动物促进生长剂使用，但在实际生产中违禁使用者还很多，给动物性食品安全带来很大威胁。

激素的种类很多，化学结构差别很大，可从两个方面进行划分：按化学结构可分固醇或类固醇（主要有肾上腺皮质激素、雄性激素、雌性激素等）和多肽或多肽衍生物（主要有垂体激素、甲状腺素、甲状旁腺素、胰岛素、肾上腺素等）两类；按来源可分为天然激素和人工激素。

天然激素指动物体自身分泌的激素，合成激素是用化学方法或其他生物学方法人工合成的一类激素。人工合成的激素一般较天然激素效力更高。合成激素有雄性激素、孕激素、十六亚甲基甲地孕酮以及已烯雌酚、乙雌酚、甲基睾酮等。β- 兴奋剂是一类化学结构与肾上腺素相似的类激素添加剂物质，主要种类有：Clenbuted（双氯醇氨、克伦特罗、克喘素、氨哮素）、Cimaterol（息喘宁）、Ractopamine（莱可多巴胺）和Salbutamol（沙丁胺醇、阿布叔醇、舒喘宁）等十余种。

在畜禽饲养上应用激素制剂有许多显著的生理效应，如加速催肥，还可提高胴体的瘦肉与脂肪的比例。使用激素处理肉牛和犊牛可提高氮的存留量，从而提高增重率和饲料转化率。人们将有的生长素基因直接转入动物，创造出了转基因鱼、转基因猪和转基因牛等动物，增加内源性生长激素的数量来代替外源生长激素的给予，提高动物的生长发育速度。

4. 其他兽药

除抗生素外，许多人工合成的药物有类似抗生素的作用，例如呋喃类、抗寄生虫类等药物。化学合成药物的抗菌驱虫作用强而促生长效果差，且毒性较强，长期使用不但有不良作用，而且有些还存在残留与耐药性问题，甚至有致癌、致畸、致突变的作用。化学合成药物添加在饲料中主要用在防治疾病和驱虫等方面，也有不少毒性低、副作用小、促生长效果较好的抗菌剂作为动物生长促进剂在饲料中加以应用。

（二）兽药残留对人体健康的危害

药物被吸收进入畜、禽及人体内后，分布到几乎全身各个器官，但在内脏器官尤其是肝脏内分布较多，在肌肉和脂肪中分布较少。药物可通过各种代谢途径，由粪便排出体外。也可通过泌乳和产蛋过程而残留在乳和蛋中。兽药和违禁药品的残留造成的影响主要表现在以下几方面。

1. 毒性作用

人长期摄入含兽药残留的动物性食品后，药物不断在体内蓄积，当浓度达到一定量后，就会对人体产生毒性作用。如磺胺类药物可引起肾损害，特别是乙酰化磺胺在酸性尿中溶解度降低，析出结晶后损害肾脏。大多数药物残留会产生慢性中毒作用，但由于某些药物毒性大或药理作用强，再加上对添加兽药没有严格的控制，部分人由于食入药物残留超标的动物组织而发生急性中毒。

2. 过敏反应和变态反应

经常食用一些含低剂量抗菌药物残留的食品能使易感的个体出现过敏反应，这些药物包括青霉素、四环素、磺胺类药物及某些氨基糖苷类抗生素等。因抗生素具有抗原性，刺激机体内抗体的形成，造成过敏反应，严重者可引起休克，短时间内出现血压下降、皮疹、喉头水肿、呼吸困难等严重症状。例如，青霉素类药物引起的变态反应，轻者表现为接触性皮炎和皮肤反应，严重者表现为致死的过敏性休克；四环素药物可引起过敏和荨麻疹；磺胺类药物的过敏反应表现在皮炎、白细胞减少、溶血性贫血和药热；呋喃类引起人体的不良反应主要是胃肠反应和过敏反应，表现为以周围神经炎、药热、嗜酸性白细胞增多为特征的过敏反应。

3. 细菌耐药性

经常食用含抗菌药物残留的动物性食品，体内敏感菌株将受到选择性的抑制，一方面具有耐药性的能引起人畜共患病的病原菌可能大量增加，另一方面带有药物抗性的耐药因子可传递给人类病原菌。耐药因子的转移是在人体内进行的，迄今为止具有耐药性的微生物通过动物性食品移到人体内而对人体健康产生危害的问题尚未得到解决。当人体发生疾病时，就给临床治疗带来很大的困难，耐药菌株感染往往会延误正常的治疗过程。

4. 菌群失调

在正常条件下，人体肠道内的菌群由于在多年共同进化过程中与人体能相互适应，对人体健康产生有益的作用，如某些菌群能抑制其他有害菌群的过度繁殖，某些菌群能合成B族维生素和维生素K以供机体使用。但是，过多应用药物会使这种平衡发生紊乱，不仅使人畜肠道内具有抗生素抗性的细菌增加，同时也可以杀死肠道中其他敏感菌，其中也包括有益细菌，从而造成菌群的平衡失调，生理功能的紊乱，导致长期的腹泻或引起维生素的缺乏等反应，甚至疾病的产生。菌群失调还容易造成病原菌的交替感染，使得具有选择性作用的抗生素及其他化学药物失去效果。

5. “三致”即致癌、致畸、致突变

苯并咪唑类药物是兽医临床上常用的广谱抗蠕虫病的药物，可持久地残留于肝内并对动物具有潜在的致畸性和致突变性。

6. 激素的副作用

激素类物质虽有很强的作用效果，但也会带来很大的副作用。人们长期食用含低剂量激素的动物性食品，由于积累效应，有可能干扰人体的激素分泌体系和身体正常机能，特别是类固醇类和β-兴奋剂类在体内不易代谢破坏，其残留对食品安全威胁很大。

四、兽药残留限量

兽药被广泛应用于畜牧业中，目的是调节动物生理机能，预防、诊断和治疗动物疾病，防控人畜共患病的产生和传播，保障公共卫生安全。目前，几乎所有国家都会在畜牧养殖过程中使用兽药。然而，由于一些人为因素，出现了不合理用药或非法用药的现象，造成兽药残留的问题。

为了控制兽药情况的残留，保障人类食品安全与身体健康，各国都设置相关的监察、监管和研究机构，出台相关的法律法规和限令标准，以监控兽药的研制、生产、经营、出口、使用等情况。食品法典委员会（CAC），以及一些国家，如欧盟、美国、加拿大、日本等国已相继出台相关的法规及标准，主要涉及动物源食品中常见动物种类，如鸡、鸭等家禽，牛、羊等家畜和鱼、虾等水产品。我国也陆续出台相关法律限令，但是在涉及的兽药种类与数量、动物种类及其组织、最大残留限量（MRLs）方面，各国存在不同程度的差异。这些差异是造成我国食品动物进出口贸易的技术壁垒的主要原因之一。

CAC 对动物源食品中兽药残留问题的关注较早。CAC 在制（修）定与兽药残留相关规范标准时，执行一套科学严谨的步骤，在考察兽药残留对人体健康造成危害时，所用考察时间较长，确定造成明确的危害结果，才会制订并颁布其限量值。

我国也十分重视兽药相关的管理工作。其中，《食品安全法》作为食品领域的基本法律，对提高我国食品安全整体水平，切实保证食品安全，保障公众身体健康和生命安全，发挥重要意义。

五、兽药残留分析

（一）样品前处理技术

由于兽药残留种类繁多、在样品中残留水平低、基质复杂、干扰物质多等，使样品前处理技术，即分离纯化技术成为兽药残留分析的重点和难点。

1. 液液萃取

利用待测物在两种互不相溶（或微溶）的溶剂中分配系数的不同而达到分离纯化的目的，其对实验条件和仪器要求不高，但操作烦琐、有机溶剂消耗大、污染严重，逐渐被一些新的前处理方法所取代。

2. 固相萃取（SPE）

利用固体吸附剂将样品中目标化合物吸附，使其与样品基质及干扰化合物分离，再用洗脱液洗脱下来从而达到分离和富集的目的，是目前兽药残留检测中最为常用的一种样品前处理技术，可用在磺胺类、四环素类、阿维菌素类、氯霉素类、喹诺酮类、激素类、β- 受体激动剂等多类兽药残留的定量分析中。

3. 固相微萃取（SPME）技术

基于目标化合物在基体与石英纤维固定相涂层间的非均相平衡，实现对目标化合物的有效萃取和富集，是 20 世纪 90 年代兴起的一项新颖的样品净化富集技术，属于非溶剂型选择性萃取法。因有集取样、萃取、浓缩和进样为一体，操作简便，选择性好，不需有机溶剂等优点，在兽药残留分析领域也得到了广泛的应用。

4. 基质固相分散（MSPD）

是将固相萃取材料与样品一起研磨，制成半固态填料装柱，然后用不同的溶剂进行淋洗和洗脱，能直接用于从固态、半固态和黏稠基质样品中提取待测化合物。因耗时短、步骤少、溶剂和样品用量少，在兽药残留分析领域得到广泛应用和发展。

5. 超临界流体萃取（SFE）

是以超临界状态下的流体为萃取溶剂分离混合物的过程。由于超临界流体兼具气体的高渗透能力和液体的高溶解能力，可代替传统的有毒、易燃、易挥发的有机溶剂，有效地分离混合物。CO_2 是最常用的超临界流体，可用于进行非极性和中等极性物质的提取，也通过加入适当的添加剂有效地萃取极性物质，应用广泛。

6. 分子印迹技术（MI）

主要原理是使模板分子（印迹分子）与聚合物单体键合，通过聚合作用而被记忆，当除去模板分子后，聚合物中就形成了与模板分子空间构型相匹配的空穴，这样的空穴对模板分子及其类似物具有高度的选择识别性。可用作 SPE 填料或 SPME 涂层以及分子印迹薄膜来分离富集复杂基质中的痕量分析物，广泛用于兽药残留的分析。

7. 免疫亲和色谱（IAC）

是以抗原抗体的特异性、可逆性免疫结合反应为基础的柱色谱技术。将抗体与惰性基质偶联制成固定相装柱，当待测液流经 IAC 柱时，目标化合物（抗原）与相应抗体选择性结合，杂质则流出 1AC 柱，最后用洗脱液洗脱抗原。该前处理方法对待测物具有高度的选择性和特异性，特别适用于复杂样品基质中痕量组分的净化和富集。

8. 液体加压萃取

又称加速溶剂萃取（ASE），通过升高温度和增加压力来提高物质溶解度和溶质扩散效率，以达到提高萃取效率的目的。具有快速、有机溶剂用量少、自动化程度高、基体影响小、系统密闭减少溶剂挥发对人体危害等优点。

9. 凝胶渗透色谱（GPC）

是基于体积排阻的分离原理，利用样品中各组分分子大小的不同，进而在凝胶中滞留时间的不同而达到分离目的。由于其步骤简单、操作方便、回收率较高等，也被应用于兽药残留的分析。

（二）检测技术

兽药残留分析由于具有待测物质浓度低，浓度差异大、样品基质复杂，干扰物质多，兽药残留种类及代谢产物多样等特点，要求其测定技术应具有灵敏度高、线性范围宽、特异性强、高通量等特点。根据原理的不同，主要可分为生物学方法和理化方法两大类。

1. 生物学方法

生物学方法包括免疫分析方法和微生物学分析方法。

（1）免疫分析法（IAs）

是以抗原与抗体的特异性、可逆性结合反应为基础的分析方法，是一类重要的快速筛选方法。由于兽药的相对分子质量通常较小，一般不具备免疫原性，不能刺激动物机体产生免疫应答，故只能以半抗原形式与相对分子质量大的载体形成人工抗原。以人工抗原免疫动物，使动物产生对该兽药具有特异性的活性物质（即抗体）。将制备好的抗体与待测物（抗原）进行体外反应，进而测定待测物的含量。IAs 有很高的选择性、前处理简单、灵敏度高，故在快速筛选大批量样品中的兽药残留方面有很好的应用前景。目前，根据标记物及检测体系的不同，IAs 可分为酶免疫测定法、荧光免疫测定法、胶体金免疫测定法、流动注射免疫分析、免疫传感器等。

（2）微生物学方法

主要包括微生物抑制法和放射受体分析法。微生物抑制法是一种较为传统的测定抗微生物药物的分析方法，它根据抗微生物药物对微生物生理机能、代谢的抑制作用，来定性或定量分析样品中的残留量。微生物抑制法包括棉签法（又称现场拭子法）、杯碟法、纸片法等，由于它具有操作简便、价格低廉、不需复杂的样品前处理等优点，在动物性食品兽药残留的初筛中得到广泛应用。但因其易受样品基质和其他药物干扰，灵敏度和特异性较差，其在定量分析中应用受到局限。放射受体分析法是基于受体与配体的特异性结合的分析方法，其中的 Charm U 测试法已成为一种商品化的药物残留快速筛选法，广泛用于动物源性食品中四环素类、磺胺类、大环内酯类、β- 内酰胺、氨基糖苷类及氯霉素类等抗生素的分析。其原理是样品中的待测物与放射性标记的抗生素竞争结合微生物表面的特定受体，与受体结合的标记物通过液体闪烁计数器或其他专用分析器测定。

2. 理化方法

相比于生物学分析方法，理化分析方法对样品的前处理要求较高，但由于其具有灵敏度高、定量准确等优点，特别是色谱技术及联用技术对于多种残留同时监测的分离分析能力，使其仍是当今兽药残留检测的主流方法。

（1）气相色谱（GC）

具有分析速度快、分离效率高、灵敏度高、稳定性好等诸多优点，检测限一般可达到 $\mu g/kg$ 级，常用于复杂样品的痕量分析。但由于大多数兽药是极性和沸点较高的化合物，因此用 GC 法检测前必须进行衍生化，操作较为烦琐，限制了 GC 在兽药分析中的应用。

（2）高效液相色谱（HPLC）

与气相色谱相比，适用于极性大、沸点高的化合物的分离分析，因此可直接应用于具有此特征的兽药分析。根据待测物性质的不同，HPLC有多种检测器可供选择，包括最常用的紫外检测器，以及荧光检测器（FLD）、电化学检测器（ECD）、化学发光检测器（CLD）、二极管阵列检测器（DAD）等，这也使HPLC在多类兽药的残留分析中都有很好的应用。

（3）色谱-质谱联用技术

将色谱的高效分离能力和质谱的高灵敏度、强大的定性能力相结合，成为目前兽药残留分析领域中最有力的定性定量工具。主要包括气相色谱-质谱联用（GC-MS）和液相色谱-质谱联用（LC-MS）。GC-MS因不适合分析沸点高、极性大、热不稳定的化合物，进行兽药残留分析前通常需衍生化，步骤较烦琐，这使GC-MS在兽药分析中的应用大大受限，不及LC-MS应用广泛。目前，LC-MS已被报道应用在磺胺类、四环素类、大环内酯类、阿维菌素类、β-内酰胺类、氨基糖苷类、氯霉素类、喹诺酮类、硝基呋喃类、激素类、受体激动剂、苯并咪唑类、三嗪类等几乎所有种类的兽药残留分析中。

（4）薄层色谱（TLC）

是一种简便、快速的传统色谱分析方法，可同时测定多个样品、分析成本低，但重现性不好，灵敏度及分辨率不及GC和HPLC，使它在兽药多残留分析中的应用受到限制。高效薄层色谱（HPTLC）极大地提高了灵敏度、分辨率及重现性，拓宽了其在兽药残留分析中的适用范围。

（5）毛细管电泳（CE）

根据不同组分在高压电场的作用下迁移速率的不同而实现各组分分离的现代分析技术。分为毛细管区带电泳、毛细管凝胶电泳、毛细管等速电泳、毛细管等电聚焦、胶束电动毛细管色谱等。毛细管电泳分离效果好，分析速度快，样品用量少，但灵敏度不够高，而近年发展起来的毛细管电泳质谱联用（CE-MS）技术，大大提高了检测的灵敏度，使毛细管电泳在兽药残留分析中得到更广泛的应用。

第四节　食品添加剂与加工助剂检测技术

国内外由于食品添加剂引发的食品安全问题层出不穷，部分企业或个体经营者在生产中超标违规使用食品添加剂，甚至违法使用有毒有害物质，使食品的安全风险大大增加。有些企业为了迎合百姓的心理，在食品标签上明示“本产品不加任何防腐剂”“不加任何食品添加剂”。这些都表明了安全问题已成为全社会所关注的焦点，也表明了消费者的消费需求倾向，同时也从一个侧面反映出食品添加剂在食品安全中存在一定的问题。因此，食品生产工艺流程中有效控制配料中食品添加剂使用，防止超量超范围使用，

是确保食品安全的重要举措之一。

一、食品添加剂基本概念

要强调的是，不是加到食品中的添加物都是食品添加剂。不断被曝光的苏丹红、孔雀石绿、吊白块、三聚氰胺、塑化剂、瘦肉精等，属食品安全事件，但不是食品添加剂问题，不可混为一谈。按照国家现行法律法规规定，食品中添加了不允许以任何剂量加到任何食品中的物质，为非法添加，食用含有该非法添加物的食品对人体是有危害的。若按照国家现行法律法规规定，超食品品种和剂量范围添加，为违规添加。

食品添加剂可以起到提高食品质量和营养价值，改善食品感观性质，防止食品腐败变质，延长食品保藏期，便于食品加工和提高原料利用率等作用。世界各国对食品添加剂的定义也不尽相同，联合国粮农组织（FAO）和世界卫生组织（WHO）联合食品法规委员会将食品添加剂定义为。食品添加剂是有意识地一般以少量添加于食品，以改善食品的外观、风味、组织结构或贮存性质的非营养物质。按照这一定义，以增强食品营养成分为目的的食品强化剂不应该包括在食品添加剂范围内。依据《食品添加剂使用标准》和《营养强化剂使用标准》，我国对食品添加剂和营养强化剂分别定义为：食品添加剂是指为改善食品品质和色、香、味以及为防腐、保鲜和加工工艺的需要而加入食品中的人工合成或者天然物质。食品用香料、胶基糖果中基础剂物质、食品工业用加工助剂也包括在内。营养强化剂是指为了增加食品的营养成分（价值）而加入到食品中的天然或人工合成的营养素和其他营养成分。

（一）食品添加剂根据来源分类

食品添加剂按其来源不同可分为天然和化学合成两大类。天然食品添加剂是指以动植物或微生物的代谢产物为原料加工提纯而获得的天然物质；化学合成的食品添加剂则是指采用化学手段、通过化学反应合成的人造物质，以有机化合物类物质居多。

（二）食品添加剂依据目的及用途分类

按照使用目的和用途，食品添加剂可分为以下几类。

第一，为提高和增补食品营养价值的，如营养强化剂。

第二，为保持食品新鲜度的，如防腐剂、抗氧化剂、保鲜剂。

第三，为改进食品感官品质的，如着色剂、漂白剂、发色剂、增味剂、增稠剂、乳化剂、膨松剂、抗结块剂和品质改良剂。

第四，为方便加工操作的，如消泡剂、凝固剂、润湿剂、助滤剂、吸附剂、脱模剂。

第五，食用酶制剂。

（三）食品添加剂根据功能分类

我国食品添加剂以其功能分为21类：酸度调节剂、抗结剂、消泡剂、抗氧化剂、漂白剂、膨松剂、着色剂、护色剂、乳化剂、酶制剂、增味剂、面粉处理剂、被膜剂、水分保持剂、防腐剂、稳定剂和凝固剂、甜味剂、增稠剂、食品用香料、食品工业用加工助剂和其他上述功能类别中不能涵盖的其他功能。

另外，食品工业用加工助剂是指使食品加工能够顺利进行的各种辅助物质，与食品本身无关，如助滤、澄清、吸附、润滑、脱模、脱色、脱皮、提取溶剂、发酵用营养物等。

二、食品添加剂的毒性与危害

一般食品添加剂并不会对人体造成严重危害，但由于食品添加剂是长期少量地随同食品摄入的，这些物质可能在体内产生积累，对人体健康造成潜在的威胁。毒理学评价的急性毒性、致突变试验及代谢试验、亚慢性毒性和慢性毒性等四个阶段的试验是制定食品添加剂使用标准的重要依据。凡属新化学物质或提取物。一般要求进行这四个阶段的试验，证明无害或低毒后方可成为食品添加剂。

对于食品添加剂，专家指出“剂量决定危害”。比如食盐也是一种食品添加剂，谁都知道它是人体不可或缺的一种元素，但如果一次性大剂量食用食盐的话，也有可能造成人的急性致死。各种食品添加剂能否使用、使用范围和最大使用量，各国都有严格规定并受法律制约。在使用食品添加剂以前，相关部门都会对添加成分进行严格的质量指标及安全性的检测。

发生与添加剂有关的食品安全问题，往往出在食品加工销售环节。有的是厂家缺乏食品安全意识，根本不顾添加剂的用量问题。有的则是厂家设备简单陈旧，缺乏精确的计量设备，不能控制使用量，很容易出现超标的情况。还有一些厂家没有相关的先进设备，在添加防腐剂时常常出现搅拌不均匀的情况，这样也会造成部分产品中防腐剂含量过高。

过量地摄入防腐剂有可能会使人患上癌症，虽然在短期内一般不会有很明显的病状产生，但是一旦致癌物质进入食物链，循环反复、长期累积，不仅影响食用者本身健康，对下一代的健康也有不小的危害。摄入过量色素则会造成人体毒素沉积，对神经系统、消化系统等都会造成伤害。

三、主要食品添加剂生产和使用现状

来自质量监督部门的监测结果表明，由于食品添加剂问题而被判定不合格的产品基本上有两种情况：一是故意添加的，且食品添加剂含量很高；二是一些产品中检测出了微量的不允许使用的食品添加剂。下面是常用添加剂的介绍。

（一）漂白剂

漂白剂在食品加工中应用甚广，种类有氧化漂白和还原漂白两类，前者如双氧水，后者包括亚硫酸盐类等。

食品的外表异乎寻常地光亮和雪白，可能会有问题。例如，本来偏黄色的牛百叶，变得很白净；又如，竹笋、雪耳、粉丝、腐竹、米粉、海蜇等的外表过于雪白透亮，应小心食用。

（二）着色剂

着色剂是使食品着色和改善食品色泽的物质，通常包括食用合成色素和食用天然色素两大类，有苋菜红、胭脂红、赤藓红、新红、诱惑红、柠檬黄、日落黄等。在行业中主要存在以下问题：①滥用柠檬黄等加工情人梅。②水果罐头中超量使用日落黄，使其看上去颜色鲜艳，不褪色。③以名为苏丹红的一种色素类饲料添加剂喂养禽类，使其产出颜色偏红的禽蛋。

儿童若长期食用含色素的“彩色食品”，不仅会在体内蓄积毒素，对肝脏等器官造成损害，更有可能影响神经系统的发育，导致孩子出现任性好动、情绪不稳定、自制力差的问题，甚至会出现过激行为。人工合成色素在合成过程中，有的可能混入砷、铅、汞等污染物，长期食入含有着色剂的食品后，人体健康会受到影响。此外，像柠檬黄等色素还可引起支气管哮喘、荨麻疹、血管性浮肿等症状。

（三）防腐剂

狭义的防腐剂主要是指乳酸链球菌素（山梨酸、苯甲酸等直接加入食品中的生物或化学物质；广义的防腐剂还包括通常认为是调料而具有防腐作用的物质，如食盐、醋等。一些食品企业出于成本考虑，选用成本较低的防腐剂，我国《食品添加剂使用标准》对果冻规定不得使用防腐剂，果冻的最大消费群体是少年儿童，由于果冻产品中或多或少都加有一些人工化学合成物，因此对少年儿童来说不宜过多食用。某些腐竹、米面制品曾被揭发使用甲醛和福尔马林等非食品级的工业原料，强行杀菌的严重违法行为。

（四）香精香料

香料香精是能使食品增香的物质，如水溶性香精、油溶性香精、调味液体香精、微胶囊粉末香精和拌和型粉末香精。若按香型分有乳类香精、甜橙香精、香芋香精等。相当一部分企业私自生产、经销、使用未经国家批准的食品香料，或使用低质、违规原料，以牟取暴利。

（五）酸度调节剂

酸度调节剂是为了增强食品中酸味和调整食品中 pH 或具有缓冲作用的酸、碱、盐类物质总称。我国规定允许柠檬酸、乳酸、酒石酸、苹果酸、柠檬酸钠、柠檬酸钾等按正常需要用于各类食品。

（六）抗氧化剂

抗氧化剂主要用于含油脂的食品，可阻止和延迟食品氧化过程，提高食品的稳定性和延长储存期。但抗氧化剂不能改变已经酸败的食品，应在食品尚未发生氧化之前加入。抗氧化剂包括油溶性抗氧化剂和水溶性抗氧化剂，我国允许使用的有丁基羟基茴香醚（BHA）、二十基羟基甲苯（BHT）、没食子酸丙酯（PG）、异抗坏血酸钠、茶多酚（维多酚）等 14 种。

（七）稳定剂、凝固剂和增稠剂

稳定剂可稳定食品的物理性质或组织形态，凝固剂主要起凝固蛋白质的作用。我国允许使用的凝固剂和稳定剂有硫酸钙（石膏）、氯化钙、氯化镁（盐卤）、乙二胺四乙酸二钠、葡萄糖酸 -δ- 内酯等 8 种。

增稠剂主要用于改善和增加食品的黏稠度，保持流态食品、胶冻食品的色、香、味和稳定性，改善食品物理性状，并能使食品有润滑适口的感觉。我国允许使用的增稠剂有琼脂、明胶、羧甲基纤维素钠等 25 种。

（八）甜味剂

甜味剂是指赋予食品以甜味的食品添加剂，有蔗糖、葡萄糖、果糖、果葡糖浆、糖精钠等。甜味剂中的糖精（糖精钠）是一种人工合成甜味剂，尽管大规模的流行病学调查、动物和人体试验，均未观察到糖精有增高膀胱癌发病率的趋势，但糖精的每人每千克体重的日允许摄入量（ADI）为 0 ~ 5mg，糖精可引起皮肤瘙痒症，日光过敏性皮炎（以脱屑性红斑及浮肿性丘疹为主）。

另一甜味剂——甜蜜素，经水解后能形成有致癌威胁的环乙胺。环乙胺的主要排泄途径是尿，因此对膀胱致癌的危险性最大。

糖精钠的甜度相当于蔗糖的 650 倍，也就是 1kg 糖精钠就能达到 650kg 蔗糖的甜度。每公斤糖精钠售价仅为 16 ~ 17 元，650kg 蔗糖的售价为 2000 元左右。因此，过量使用糖精钠的现象很常见，特别是在某些劣质饮料、蜜饯和果脯中最常使用。

四、食品添加剂安全管理

（一）食品添加剂生产管理要求

我国食品添加剂的管理有一套完整的法律法规体系，符合国家要求生产的添加剂食品是安全的。由于食品添加剂的使用有利于食品资源开发、食品加工，增强食品营养成分和消费者的吸引力，因此，食品添加剂在食品加工保存过程中已成为一种必不可少的物质。但在食品中加入食品添加剂必须不影响食品营养价值，具有增强食品感官性状、延长食品的保存期限或提高食品质量的作用。具体来说使用食品添加剂必须遵循一定的规范和要求。

禁止以掩盖食品腐败变质或以掺杂、掺假、伪造为目的而使用食品添加剂。禁止经营无卫生许可证、无产品检验合格证明的食品添加剂。卫生行政部门应加强对生产食品添加剂的单位和使用食品添加剂的单位进行监督执法，加大对滥用食品添加剂的处罚力度。

（二）食品添加剂的使用要求

食品添加剂，首先应该是对人类无毒无害的，其次才是它对食品色、香、味等性质的改善和提高。因此，使用食品添加剂应无条件遵守相关标准，还应遵守以下要求。

第一，不应对人体产生任何健康危害。食品添加剂必须经过充分的毒理学鉴定，保证其在允许使用范围内长期摄入而对人体无害。食品添加剂进入人体后，应能参与人体正常新陈代谢或能被正常的解毒过程解毒后完全排出体外，或因不被消化吸收而完全排出体外，而不在人体内分解或与其他物质反应形成对人体有害的物质。

第二，不应降低食品本身的营养价值。对食品的营养物质不应有破坏作用，也不影响食品质量及风味。

第三，不应掩盖食品腐败变质。食品添加剂应有助于食品的生产、加工、制造及储运过程，具有保持食品营养价值、防止腐败变质、增强感官性能及提高产品质量等作用，并应在较低使用量下具有显著效果，而不得用于掩盖食品腐败变质等缺陷。

第四，不应掩盖食品本身或加工过程中的质量缺陷或以掺杂、掺假、伪造为目的而使用食品添加剂。

第五，在达到预期效果的前提下尽可能降低在食品中的使用量。

此外，还应遵守以下要求；①食品添加剂最好在达到使用效果后除去而不进入人体；②食品添加剂添加于食品后应能被分析鉴定出来；③价格低廉、原料来源丰富、使用方便、易于储运管理。

（三）食品添加剂使用时的带入原则

在下列情况下食品添加剂可以通过食品配料（含食品添加剂）带入食品中。

第一，根据本标准，食品配料中允许使用该食品添加剂。

第二，食品配料中该添加剂的用量不应超过允许的最大使用量。

第三，应在正常生产工艺条件下使用这些配料，并且食品中该添加剂的含量不应超过由配料带入的水平。

第四，由配料带入食品中的该添加剂的含量应明显低于直接将其添加到该食品中通常所需要的水平。

第五节　食品中有害金属检测技术

重金属是经食物链途径进入人体的重要污染物，工业的过度发展，加之人们环保意识的淡薄，使得水体和土壤及农作物成为重金属的主要污染对象。受到重金属污染的粮食、蔬菜、水果、鱼肉等并不能通过简单浸泡、清洗或多煮来去除残留，因为这些重金属以不同形式结合于动植物体内。重金属在环境中只有化学形态变化，不但不能被生物降解，相反却能在食物链的生物放大作用下，成千百倍地富集，最后进入人体，随着蓄积量的增加，机体出现各种反应，导致健康受到危害，有些重金属还有致畸、致残或突变作用。重金属经食物链进入人体后，主要引起机体的慢性损伤，在体内需经过一段时间的积累才显示出毒性，往往不易被人所察觉，更加重了其危害性，它给食品安全和人体健康带来极大威胁。

一、食品中铅的污染

众所周知，铅是分布广，能够在生物体内蓄积且排除缓慢，生物半衰期长的重金属环境污染物。铅对植物和动物都会产生较大的毒害作用，不仅能够阻止动植物的生长，还能通过生物链的富集作用到达位于食物链顶端的人类体内，与人体内的生物分子发生作用而损害生殖、神经、消化、免疫、肾脏、心血管等系统，影响生长发育。铅能置换骨骼中的钙并储存在骨中，可对人的中枢和外周神经系统、血液系统、肾脏、心血管系统和生殖系统等多个器官和系统造成损伤，能造成认知能力和行为功能改变、遗传物质损伤、诱导细胞凋亡等，引发痛风、慢性和急性肾衰竭、严重腹绞痛等疾病，而且具有一定致突变和致癌性。我国尿铅正常值上限为：0.08mg/L，即使每天摄入很低量的铅，也会在人体内储存积累而导致慢性中毒，甚至致癌。

铅可能通过污染大气、水、食品包装材料和容器等途径进入人体，危害人体的健康，人体受铅的毒害也因其形态不同而异。大鼠的毒性试验表明，经腹腔注射不同形态铅化物，其 LD_{50}(mg/kg BW) 值差异很大，氧化铅为 400mg/kg，硫化铅为 1600mg/kg，砷酸铅为 800mg/kg，醋酸铅为 150mg/kg，而四乙基铅的口服致死剂量为 15mg/kg。通常有机铅的毒性比无机铅大，如四乙基铅的毒性比无机铅要大。

铅吸收进入血液，分布于肝、肾、脾、肺和脑等软体组织，以肝脏和肾脏含量最高。数周后转移到骨骼、牙齿和毛发中，以磷酸铅的形式沉积下来。体内的铅 90% 以上存在于骨骼中，血液中的铅总量仅占体内总铅量的 2%，进入呼吸道的铅，30% ~ 35% 被吸收，70% ~ 75% 随呼气排出；空气中的铅微粒，粒径大于 5μm 者主要沉积于鼻腔和

咽喉部，小于 1μm 者才能到达肺泡。

食品中铅污染的来源为：①工业三废和汽油的燃烧，如造成茶叶中铅含量超标；②食品容器和包装材料，如陶瓷、搪瓷、铅合金、马口铁等材料制成的食品容器和食具等含有较多的铅，在某种情况下。如盛放酸性食品时，铅溶出污染食品；③含铅农药的使用造成农作物的铅污染，如非法使用砷酸铅为果园杀虫剂，使得水果皮含铅量较高；④含铅的食品添加剂或加工助剂的使用，皮蛋在传统加工中需加入氧化铅残留在成品中；⑤文化用品，儿童使用的铅笔、色彩斑斓的油彩画册、大版面及多版面的报纸等均含有较高的铅，用手翻阅后不洗手，直接取食物进餐导致食品铅污染。

人体内的铅除职业性接触获得外，主要来源于食物。成人每天由膳食摄入的铅为 300 ~ 400μg，人体摄入的铅主要是在十二指肠中被吸收，经肝脏后，部分随胆汁再次排入肠道中。铅可在人体内积蓄，对体内多种器官、组织均有不同程度的损害，尤其对造血器官、神经系统、胃肠道和肾脏的损害较为明显。食品中铅污染主要导致慢性铅中毒，表现为贫血、神经衰弱、神经炎和消化系统症状，如头痛、头晕、乏力、面色苍白、食欲不振、烦躁、失眠、口有金属味、腹痛、腹泻或便秘等，严重者可出现铅中毒脑病。儿童对铅较成人敏感，过量铅能影响儿童生长发育，造成智力低下。

二、食品中汞的污染

食品中的汞主要来源于环境。环境中汞的来源为：①自然界的释放；②工矿企业中汞的流失和含汞“三废”的排放。工业废料中释放出来的汞（废电池的排放），约 50% 进入环境，造成环境污染，这些汞很快被生物有机体吸收、富积。食品中以元素汞、二价汞的化合物和烷基汞三种形式存在。

环境中毒性低的无机汞在微生物的作用下，能转化成毒性高的甲基汞，甲基汞溶于水，在水生生物中易于富集，如鱼体吸收甲基汞迅速，并在体内蓄积不易排出。膳食中的汞相当一部分来自水产品，甲基汞对于食品的污染较金属汞和二价汞化合物更为严重，水中所含丰富的汞可转化为甲基汞化合物，并在鱼体中积蓄。汞对人体的毒性主要取决于它的吸收率，金属汞的吸收率仅为 0.01%，无机汞的吸收率平均为 7%，而甲基汞吸收率可达 95% 以上，故甲基汞的毒性最大。甲基汞脂溶性较高，容易进入组织细胞，主要蓄积于肾脏和肝脏，并能通过血脑屏障进入脑组织。甲基汞主要侵犯神经系统，特别是中枢神经系统，严重损害小脑和大脑。甲基汞能通过胎盘进入胎儿体内而危害胎儿，引起先天性甲基汞中毒。主要表现为发育不良、智力发育迟缓、畸形，甚至发生脑麻痹死亡。

三、食品中砷的污染

砷广泛分布在自然界中，几乎所有土壤中都存在砷。食品中砷污染主要来源于：①工业三废的排放；②含砷农药的使用；③误用容器或误食。砷的无机化合物一般具有毒性，三价砷的毒性较五价砷大，砷化合物毒性的大小顺序为砷化氢有机砷。而且毒性的大小随化合物不同而不同，其毒性依下列顺序而减少：砷化氢 > 氧化亚砷（As_2O_3）> 亚砷酸 > 砷酸 > 砷的有机化合物。有机砷的毒性一般比无机砷小得多，甚至有些形态几乎安全无毒。

低剂量的无机砷摄入，虽然不会立即产生中毒效应，但对身体健康还是有很大的负面影响，容易引发皮肤癌、膀胱癌、肾癌等疾病。而且砷和癌之间的关系，现在已成为研究的热点问题。

针对砷的食用安全性，当今国际上的研究热点是海产品中存在的砷的形态及毒性。海产品是人们喜爱的食品，然而在 20 世纪 70 年代，人们发现在一些海生生物的体内有非常高浓度水平的砷存在，在一种海绵体内甚至高达 6000mg/kg。经常食用的一些海产品，如海产鱼类、牡蛎、扇贝、虾蟹等，每千克也含有几到几十毫克的总砷，如果按照饮用水的标准来衡量，那么这些食品超标可达上千倍，根本不能食用。

砷的急性中毒主要为误食等意外事故导致，主要表现胃肠炎症状，严重者可导致中枢神经系统麻痹而死亡，并出现七窍出血。慢性砷中毒主要表现为神经衰弱综合征、皮肤色素异常（白斑或黑皮症）、皮肤过度角化及末梢神经炎等症状。目前，已证实多种砷化物具有致突变性，能导致基因突变、染色体畸变并抑制 DNA 损伤的修复。流行病学调查表明，无机砷化合物与人类皮肤癌和肺癌的发生有关。砒霜（三氧化二砷）中砷含量很高，据报道拿破仑之死可能与砒霜（慢性食物砷中毒）有关。

四、食品中镉的污染

镉（Cd）是一种具有金属光泽的非典型过渡性重金属，位于元素周期表中第五周期第族。重金属对食品安全性的影响中，以镉最为严重，其次是汞、铅等。镉元素是一种生物蓄积性强、毒性持久、具有“三致”作用的剧毒元素，摄入过量的镉对生物体的危害极其严重，会导致肾脏、肝脏、肺部、骨骼、生殖器官的损伤，对免疫系统、心血管系统等具有毒性效应，进而引发多种疾病，镉污染对人体健康的危害逐渐受到全世界的关注。目前，镉作为环境、医学等领域重金属危害研究的典型元素之一，其对环境的污染和生物毒性已被广泛、深入地研究。

据报道，镉在人体内的半衰期长达 6 ~ 40 年。镉暴露主要通过饮水、摄食和呼吸（其中呼吸暴露主要是针对职业接触和大气镉重度污染地区的人群）三种途径，经消化道和呼吸道进入动物和人体内，极少部分也可通过皮肤、头发的接触而进入体内，在肝脏、肾脏、肺部和骨骼等组织器官中蓄积，随着年龄增长，蓄积量增大，最终诱发多种疾病，影响人类健康。通常人体的镉暴露情况可通过血镉和尿镉测得。

食品中镉污染的主要来源：①工业三废尤其是含镉废水的排放，污染了水体和土壤，再通过食物链和生物富集作用，使食物受到污染；②农作物从污染的土壤中吸收镉，使加工的食物受到污染；③用含镉的合金、釉、颜料及镀层制作的食品容器，有释放出镉而污染食品的可能，尤其是盛放酸性食品时，其中的镉大量溶出，将严重污染食品，引

起镉中毒。

通过食物摄入镉是其进入人体的主要途径，食物中镉对人体的危害主要是引起慢性镉中毒。镉对体内硫基酶有较强的抑制作用，其主要损害肾脏、骨骼和消化系统，尤其损害肾近曲小管上皮细胞，使其发生重吸收功能障碍。临床上出现蛋白尿、氨基酸尿、高钙尿和糖尿，致使机体发生负钙平衡，使骨钙析出，此时如果未能及时补钙，则导致骨质疏松、骨痛而易诱发骨折。如日本镉污染大米引起的“痛痛病”，主要症状为背部和下肢疼痛，行走困难。镉干扰食物中铁的吸收和加速红细胞的破坏而引起贫血。镉除能引起人体的急、慢性中毒外，国内外也有研究认为，镉及镉化合物对动物和人体有一定的致畸、致癌和致突变作用。

五、食品中重金属污染的控制

重金属是具有潜在危险的污染物，主要通过人类的活动进入环境。它的特殊威胁在于不能被微生物分解。相反，生物体可以富集重金属，并且可以将某些重金属转化成毒性更强的金属化合物。重金属经食物链富集后通过食物进入人体，再经过一段时间的积累才能显出毒性，往往不易为人们所觉察。所以重金属是食品安全的重要指标，要做好重金属的控制必须从以下几个方面着手。

（一）实行“从农田到餐桌”全程质量控制

对食品产地环境质量进行监测和评价（包括生产、加工区域的大气、土壤、灌溉水、畜禽养殖水、渔业养殖水和食品加工用水），以保证食品的安全符合产地环境技术要求。加大技术投入，对整个食品生产过程，如原料、生产设备、生产加工过程及包装、运输过程中的重金属污染问题实施全程质量监控。

（二）加强对肥料的质量检测，严格执行产品标准

对于重金属含量相对较高的有机肥、有机－无机肥，我国已有标准，对总镉、总汞、总铅、总铬和总砷进行了限量规定。但由于重金属测定需要较昂贵的原子吸收分光光度计，操作技术要求也较高，一般为专业人士所操作。而大部分有机肥厂的规模都很小，不可能对重金属进行分析，所以产品标准中的指标形同虚设。建议生产企业和肥料质检部门或有条件进行重金属检测的部门签订协议，定期对产品进行检测，达不到限量标准的产品严禁出厂。执法部门对肥料的管理不能仅限制在营养成分指标上，也要把重金属指标作为检查内容的一部分。

（三）改善环境质量

由于工业污染、农业污染、农村生活污染等日益加剧，大气、土壤、水体的重金属污染严重。环境质量不断下降，直接影响到了在该环境下生长的动植物，进而造成食物

的重金属污染。农业环境的首要条件就是“食品或原料产地必须符合安全食品产地环境质量标准”，具有一票否决权。因此，首先确保污染的最低限度；其次继续加大综合治理力度，确保流域内工业污染源达标排放，保证已建成的城市污水、垃圾处理设施正常运转并发挥效益；最后还要加强环保宣传教育和执法工作，营造“保护环境、人人有责”的社会氛围。

（四）加强食品中重金属的限量控制

建立严密统一的食品质量控制标准和科学的检测方法，并尽量与国际标准和方法接轨。生产环节尽可能采用在线监测，销售环节加强市场随机监督抽检，多方位进行各类产品的质量检验，实行有效质量监控。

第六章　色谱法技术

第一节　经典色谱分离实用技术

一、色谱的基本理论

（一）色谱相关概念

1. 固定相

固定相是色谱的基质，它可以是固体物质（如吸附剂、凝胶、离子交换剂等），也可以是液体物质（如固定在硅胶或纤维素上的溶液），这些基质能与待分离的化合物进行可逆的吸附、溶解、交换等作用。它对色谱的分离效果起着关键的作用。

2. 流动相

在色谱分离过程中，推动固定相上待分离的物质朝着一个方向移动的液体、气体或超临界体等，都称为流动相。

3. 分配系数

分配系数是指在一定的条件下，某种组分在固定相和流动相中浓度的比值，常用 K 来表示，$K=c_s/c_m$，其中 c_s 为该组分在固定相中的浓度，c_m 为该组分在流动相中的浓度。分配系数是色谱中分离纯化物质的主要依据。分配系数的差异程度是决定几种物质采用色谱方法能否分离的先决条件。差异越大，分离效果越理想。

4. 分辨率（或分离度）

是指色谱洗脱曲线上相邻两个峰的分开程度，用 R_s 来表示。R_s 值越大，表示两种组分分离的越好。当 R_s=1 时，两组分具有较好的分离，互相沾染约 2%，即每种组分的纯度约为 98%。当 R_s=1.5 时，两组分基本完全分开，每种组分的纯度可达到 99.8%。如果两种组分的浓度相差较大时，尤其要求较高的分辨率。

5. 正相色谱与反相色谱

正相色谱是指固定相的极性高于流动相的极性，在这种色谱过程中非极性分子或极性小的分子比极性大的分子移动的速度快，先从柱中流出来；反相色谱是指固定相的极性低于流动相的极性，在这种色谱过程中，极性大的分子比极性小的分子移动的速度快而先从柱中流出。

一般来说，分离纯化极性大的分子（带电离子等）采用正相色谱（或正相柱），而分离纯化极性小的有机分子（有机酸、醇、酚等）多采用反相色谱（或反相柱）。

6. 操作容量（或交换容量）

在一定条件下，某种组分与基质（固定相）反应达到平衡时，存在于基质上的饱和容量，我们称为操作容量（或交换容量）。它的单位是毫摩尔（或毫克）/ 克（基质）或毫摩尔（或毫克）/ 毫升（基质），数值越大，表明基质对该物质的亲和力越强。

（二）色谱法的塔板理论

塔板理论是将色谱柱比作蒸馏塔，把一根连续的色谱柱设想成由许多小段组成。在每一小段内，一部分空间为固定相占据，另一部分空间充满流动相。组分随流动相进入色谱柱后，就在两相间进行分配。并假定在每一小段内组分可以很快地在两相中达到分配平衡，这样一个小段称作一个理论塔板，一个理论塔板的长度称为理论塔板高度 H。经过多次分配平衡，分配系数小的组分先离开蒸馏塔，分配系数大的组分后离开蒸馏塔。由于色谱柱内的塔板数相当多，因此，即使组分分配系数只有微小差异，仍然可以获得好的分离效果。

塔板理论虽然与色谱实际过程有差异，但是用其可导出色谱流出曲线方程，解释了流出曲线的形状、浓度极大点的位置，可用于评价色谱柱柱效。

二、柱色谱的基本装置及基本操作

目前，最常用的色谱装置是各种柱色谱，离子交换色谱、凝胶过滤色谱、亲和色谱、高效液相色谱等通常都采用柱色谱形式。下面简述柱色谱的基本装置及操作方法。

（一）柱色谱的基本装置

一般由六部分组成：样品或洗脱液、泵、层析柱、检测装置、记录装置和收集器。

（二）柱色谱的基本操作步骤

1. 装柱

装柱质量好与差，是柱色谱法能否成功分离纯化物质的关键步骤之一，一般要求柱子装得均匀，不能分层，柱中不能有气泡等，否则要重新装柱。①首先根据色谱的基质和分离目的选好柱子，一般柱子的直径与长度比为 1 ∶ 10 ~ 1 ∶ 50；凝胶过滤柱可以选 1 ∶ 100 ~ 1 ∶ 200，装柱前要把柱子洗涤干净。②将色谱用的基质（如吸附剂、树脂、凝胶等）进行适当的处理（如溶胀、酸碱盐溶液的洗涤等），然后用蒸馏水洗涤干净，并真空抽气，以除去其内部的气泡。③关闭层析柱出水口，装入 1/3 柱高的缓冲液，并将处理好的基质缓慢地倒入柱中。④打开出水口，控制适当流速，使基质均匀沉降，可继续加入基质，使其达到需要的高度，但要注意沉降过程中不能干柱、分层，否则必须重新装柱。⑤最后使柱中基质表面平坦，并在表面上留有 2 ~ 3 cm 高的缓冲液，同时关闭出水口。

2. 柱的平衡

柱子装好后，要用所需的缓冲液（有一定的 pH 和离子强度）平衡柱子，平衡液体积一般为 3 ~ 5 倍柱床体积，以保证平衡后柱床体积稳定及基质充分平衡。

3. 加样

加样量的多少直接影响分离的效果。一般讲，加样量尽量少些，分离效果比较好。通常加样量应少于 20% 的操作容量，体积应低于 5% 的柱床体积，对于分析性色谱，一般不超过柱床体积的 1%。当然，最大加样量必须在具体条件下多次试验后才能决定。

4. 洗脱

洗脱的方式可分为恒定洗脱、分步洗脱和梯度洗脱三种。①恒定洗脱：柱子始终用同样的一种溶剂洗脱，直到色谱分离过程结束为止。②分步洗脱：这种方法按照洗脱能力顺序递增的几种洗脱液，进行逐级洗脱。它主要对混合物组成简单、各组分性质差异较大或需快速分离时适用。每次用一种洗脱液将其中一种组分快速洗脱下来。③梯度洗脱：当混合物中组分复杂且性质差异较小时，一般采用梯度洗脱。它的洗脱能力是逐步连续增加的，梯度可以指浓度、极性、离子强度或 pH 等，最常用的是浓度梯度，梯度混合器，把高、低两种浓度的洗脱液按不同比例混合后能形成洗脱液浓度连续变化的梯度。当对所分离的混合物的性质了解较少时，一般先尝试线性梯度洗脱的方式。同时还应注意洗脱速度的快慢对分辨率的影响，速度太快，各组分在固液两相中平衡时间短，相互分不开; 1.6mol/L 速度太慢，将增大物质的扩散，同样达不到理想的缓冲液分离效果。另外，在整个洗脱过程中，务必不能干柱，否则分离纯化将会前功尽弃。

5. 收集、鉴定及保存

一般采用部分收集器来收集、分离纯化的样品。由于检测系统的分辨率有限，洗脱峰不一定能代表一个纯净的组分。因此，每管的收集量不能太多，一般为 5mL/ 管。如果分离的物质性质很相近，可低至 0.5 mL/ 管。视具体情况而定。在合并一个峰的各管溶液之前，还要进行鉴定。例如，一个蛋白质峰的各管溶液，我们要先用电泳法对各管进行鉴定。对于是单条带的，认为已达电泳纯，然后合并在一起。同时，为了保持所得产品的稳定性与生物活性，一般需要采用透析除盐、超滤或浓缩，再冰冻干燥，得到干粉后在低温下保存备用。

6. 基质（吸附剂、交换树脂或凝胶等）的再生

许多基质价格昂贵，但可以反复使用，所以色谱实验后要回收处理。各种基质的再生方法可参阅具体色谱实验及有关文献。

第二节　气相色谱仪

气相色谱法（gas chromatography，GC）是色谱法的一种。色谱法中有两个相，一个是流动相，另一个是固定相。如果用液体作流动相，就叫液相色谱，用气体作流动相，就叫气相色谱。

一、气相色谱法

实验室通用型多性能气相色谱仪已基本定型，也更加完善，质量和自动化程度不断提高。这种仪器一般带有 5 种以上的检测器，精密、自动升温和控温，高效能色谱柱，计算机控制及数据处理系统。

专用色谱仪不断出现，如环保监测专用色谱仪；工业流程控制色谱仪；超小型自动色谱仪，其重量只有 100 g，用于宇宙考察，分析月球、火星的气体成分、水分和碳氢化合物等。

色谱与其他仪器联用是一个很有前途的发展动向，是剖析未知物的有效工具。如：（1）色谱－质谱联用，是最重要的分析手段之一；（2）色谱－光谱联用，包括色谱－红外光谱联用，色谱－拉曼光谱联用，是剖析未知物结构的有效手段之一。（3）色谱－核磁共振联用，对确定有机化合物中质子的位置和数目是很有效的。

二、气相色谱法分类

气相色谱法由于所用的固定相不同分为两种，用固体吸附剂作固定相的叫气固色谱，用涂有固定液的担体作固定相的叫气液色谱。

按色谱分离原理来分，气相色谱亦可分为吸附色谱和分配色谱两类，在气固色谱中，固定相为吸附剂，气固色谱属于吸附色谱，气液色谱属于分配色谱。

按色谱操作形式来分，气相色谱属于柱色谱，根据所使用的色谱柱粗细不同，可分为一般填充柱和毛细管柱两类。一般填充柱是将固定相装在一根玻璃或金属的管中，管内径 2 ~ 6 mm。毛细管柱则又可分为空心毛细管柱和填充毛细管柱两种。空心毛细管柱是将某些多孔性固体颗粒装入厚壁玻管中，然后加热拉制成毛细管，一般内径为 0.25 ~ 0.5 mm。

在实际工作中，气相色谱是以气液色谱为主的。

三、气相色谱法的特点

气相色谱法是先把样品中各组分分离开来，然后逐一检测，所以对多组分的混合物（如同系物、异构体等）可以同时得到每一组分的定性定量结果，并且由于组分在气相中传递速度快，与固定液相互作用次数多，固定液的种类多，检测器的选择性好，灵敏度高，因此气相色谱分析具有以下特点：

（一）高效能

几种甚至几十种同系物共存时，可以分离开来。一个 1 ~ 2 m 的色谱柱，一般可以有几千个理论塔板，因而分配系数和沸点很接近的组分，以及极为复杂的多组分混合物都可以分离测定。例如，汽油可分成二十多个烃类同系物，这是一般化学方法很难达到的。

（二）高选择性

固定相对性质极为相似的组分如同位素和同分异构体等有较强的分离能力。因固定液种类很多，可以通过选用高选择性的固定液，使各组分在所选用的固定相上的分配系数有较大的差异，以达到分离的目的。

（三）高灵敏度

目前使用的检测器有的可以检测出 10^{-12} ~ 10^{-11} g 物质，因此在大气污染物分析中可测到 ppb 级，在食品、水质分析中可测出 ppm ~ PPb 级的卤素、硫、磷化物。

（四）分析速度快

一般分析一次的时间为几分钟到几十分钟。应用计算机控制色谱分析，使色谱操作及数据处理完全自动化，简便、快捷。

（五）应用范围广

气相色谱法可以分析气体、液体和固体。不仅可以分析有机物，也可以分析无机物，还可以分析高分子和生物大分子，目前已被广泛用于解决石油化学、化工、有机合成、医药卫生、三废处理、食品等工业生产、科学研究和生产控制方面的分析问题。

气相色谱法虽有很高的分离能力，但难以分析未知物质，如果没有已知的纯物质或纯物质的色谱图和它对照，很难判断某一色谱峰究竟代表何物。但是气相色谱如与质谱或光谱联用，即把质谱仪或红外光谱仪作为色谱仪的一个定性检测器，则在很短时间内可以分析出复杂样品中每个未知组分的结构和含量，这样就能分析未知物质，使气相色谱法发挥更大的作用。

第三节　高效液相色谱法

一、高效液相色谱法

在所有色谱技术中，液相色谱法（liquid chromatography，LC）是最早发明的，但其初期发展比较慢，在液相色谱普及之前，纸色谱法、气相色谱法和薄层色谱法是色谱分析法的主流。

液相色谱法开始阶段是用大直径的玻璃管柱在室温和常压下用液位差输送流动相，称为经典液相色谱法，此方法柱效低、时间长。到了 20 世纪 60 年代后期，将已经发展得比较成熟的气相色谱的理论与技术应用到液相色谱上来，使液相色谱得到了迅速的发展。特别是填料制备技术、检测技术和高压输液泵性能的不断改进，使液相色谱分析实现了高效化和高速化。具有这些优良性能的液相色谱仪于 1969 年商品化。从此，这种分离效率高、分析速度快的液相色谱就被称为高效液相色谱法（high performance liquid chromatography，HPLC），也称高压液相色谱法或高速液相色谱法。

二、高效液相色谱法与气相色谱法的比较

高效液相色谱所用的基本概念：保留值、塔板数、塔板高度、分离度、选择性等与气相色谱一致。高效液相色谱所用基本理论，塔板理论与速率方程式也与气相色谱基本一致。但是由于在高效液相色谱中以液体代替气相色谱中的气体作流动相，而液体和气体的性质不相同。此外，高效液相色谱所用仪器设备和操作条件等也与气相色谱不同，所以高效液相色谱与气相色谱又有区别，其主要有以下几方面：

（一）应用范围不同

气相色谱仪能分析在操作温度下能汽化而不分解的物质，对高沸点化合物、非挥发性物质、热不稳定物质、离子型化合物及高聚物的分离、分析有困难，致使其应用受到一定程度的限制。根据统计大约有 20% 的有机物能用气相色谱分析。而高效液相色谱法恰好可以弥补气相色谱的这些不足，高效液相色谱不受样品挥发度和热稳定性的限制，

它非常适合于分子量较大、难气化、不易挥发或热敏性物质、离子型化合物及高聚物的分离分析，大约占有机物的70% ~ 80%。

（二）高效液相色谱能完成难度较高的分离工作

这是因为：①气相色谱的流动相载气是色谱惰性的，不参与分配平衡过程，与样品分子无亲和作用，样品分子只与固定相相互作用。而在高效液相色谱中流动相液体和固定相争夺样品分子，为提高选择性增加了一个因素；②高效液相色谱固定相类型多，例如离子交换色谱和排阻色谱等，做分析时选择余地大；③高效液相色谱通常在室温下操作，较低的温度一般有利于色谱分离。

（三）高效液相色谱样品制备简单

样品回收也比较容易，而且回收是定量的，适合于大量制备。但高效液相色谱尚缺乏通用的检测器，仪器比较复杂，价格昂贵。在实际应用中，这两种色谱技术是互相补充的。

综上所述，高效液相色谱法具有高柱效、高选择性、分析速度快、灵敏度高、重复性好、应用范围广等优点。该法已成为现代分析技术的重要手段之一，目前在化学、化工、医药、生化、环保、农业等科学领域获得广泛的应用。

三、高效液相色谱法的分类

高效液相色谱法按分离机制的不同可分为液－固吸附色谱法、液－液分配色谱法、离子交换色谱法、离子对色谱法及分子排阻色谱法。

（一）液-固色谱法

液－固色谱法常称为吸附色谱法，根据固定相对组分吸附力的大小而实现分离。分离过程是一个吸附－解吸附的平衡过程。常用的吸附剂为硅胶或氧化铝，粒度5 ~ 10 μm。适用于分离分子量200 ~ 1000的组分。液－固色谱法适于分离几何异构体，可用于脂溶性化合物质如磷脂，甾体化合物，脂溶性维生素，前列腺素等的分离分析。

（二）液-液色谱法

液－液色谱法是用特定的液态物质涂于担体表面，或化学键合于担体表面而形成固定相，根据被分离的组分在流动相和固定相中溶解度的不同而实现分离。分离过程是一个分配平衡过程。

（三）离子交换色谱法

根据各离子与离子交换基团具有不同的电荷吸引力而分离，主要用于分析有机酸、氨基酸、多肽及核酸等。

（四）离子对色谱法

根据被测组分离子与离子对试剂离子形成中性的离子对化合物后，在非极性固定相中溶解度增大，从而改善其分离效果。主要用于分析离子强度大的酸碱物质。

（五）排阻色谱法

它利用分子筛对分子量大小不同的各组分排阻能力的差异而完成分离。常用于分离高分子化合物，如组织提取物、多肽、蛋白质、核酸等。

第七章　光谱法技术

第一节　紫外 - 可见光谱实用技术

很多化学物质具有一定的颜色，很多无色物质也可以与显色剂作用，生成有色物质，这些有色化合物颜色的深浅随其自身浓度的变化而改变，浓度越大，颜色越深，反之亦然。因此，可以通过测定某一物质颜色深浅的方法对该有色物质进行定量分析。

最早的比色法是纳氏比色法，它是按浓度从低到高，配好一系列标准管，然后将待测样品与标准管逐个进行比较定量，也就是检验中的比色系列法，如黄疸指数的比色法，就属于这一类。这种方法虽然简单，但是误差很大。后来改用目力比色法进行比色，最先使用的是杜氏目力比色计进行比色定量，其原理和结构是比色计下端有一反光镜，利用目视和电灯光源向上反射，其上方有两个底部透明的相同比色杯，分别盛装标准液和待测液，两杯内浸入透明固定玻璃柱，通过螺旋调节比色杯上下，以改变玻璃柱与比色杯中溶液的距离，经过三棱镜使光进入目镜的视野中，再使两半圆光强相等，读取读数，经换算得出待测液浓度。此方法由于目力的主观因素及多种影响因素的存在，误差也很大。为了克服人为主观因素的误差，进一步用光电池代替人的肉眼观察，从而设计出光电比色计，其原理是一束平行单色光通过一定厚度的有色溶液后光线被吸收一部分，未被吸收的光线透过溶液经光电池接收，从而使电光能转换成电能，用检流计测电流大小，并计算出待测液的浓度。

光电比色计只适合在有限波长下测量，而且波长的半宽度大。因此，它不能满足不同分析工作的需要。使用多个截止滤光片虽然可以满足需要，但却很昂贵。另外，光电比色计的灵敏度也较低，并且只限于在可见光波段。为了克服以上不足，发展了性能更好的分析方法即分光光度法。

分光光度法可以将分析区域扩展到红外和紫外波段。这样，许多用比色法无法进行分析的无色物质，只要在红外或紫外区域内有适当的吸收峰，便可以用相应的分光光度法加以测定。从而大大扩展了物质的测定范围，尤其是扩大了该法在有机化合物检测方面的应用。

分光光度法既可以应用于吸收光谱仪器，也可以用于发射光谱仪器。发射光谱仪器主要有光栅光谱仪、荧光分光光度计和火焰（分光）光度计等。

利用物质具有吸收、发射或散射光谱谱系的特征，对物质进行定性、定量分析的技术称为光谱分析技术。光谱分析的种类很多，可按光谱产生的方式进行分类：基于发射光谱特征的主要有原子发射光谱法、火焰光度法和荧光光谱法等；基于吸收光谱特征的主要有紫外－可见分光光度法、原子吸收分光光度法和红外光谱法等；基于散射光谱特征的有比浊法等。上述分析技术在广义上均称为光谱法。

光谱技术在生化检验和科研中，是一种最基本的、应用最广泛的分析技术，它具有灵敏、快速、准确、简便和不破坏样品等优点。光谱分析包括发射光谱分析、吸收光谱分析和散射光谱分析三大类。在方法上有的侧重物质的定性及结构分析，有的侧重物质定量测定。本章将主要介绍定量测定方法即紫外可见分光光度法、荧光法，同时简要介绍原子吸收光谱法、火焰光度法及比浊法等。

一、光的基本性质

光既能像波浪一样向前传播，有时又表现出粒子的特征。因此光具有“波粒二象性”。

光是一种电磁辐射，属于电磁波，是能的一种表现形式，是一种以巨大速度通过空间传播的光量子流，在不同的介质处发生反射、折射、衍射、色散和偏振等现象。光具有波动性，按波动的形式进行传播，并可用波长、频率、传播速度等参数来描述。光波于两个波峰或波谷之间的距离称为波长（λ，单位为 nm) 而单位时间内通过某一点的波的数目称为频率（v，单位为 Hz），它们与光速（c，单位为 cm/s）之间的关系如下面公式所述。

$$\lambda = \frac{c}{v}$$

一切光(电磁波)在真空中的传播速度(c)都等于2.997×10^{10}cm/s，故λ与v成反比。

同时光也具有微粒性，即把光看做带有能量的微粒流，这种微粒称为光子或光量子。光电效应、光的吸收和发射等均是粒子性的表现。根据量子理论：分子从光波中吸收能量是以不连续的微小能量单位，即“光量子”形式进行的。每一个光量子的能量与光的频率成正比。即

$$E = hv = \frac{hc}{\lambda}$$

式中：E 代表光量子的能量；h 为普朗克（planck）常量（6.626×10^{-34} J·s）。

光量子是一种具有能量的物质，由上式可看出，不同波长的光具有不同的能量，光子的能量与光的波长成反比，与频率成正比，波长越长（频率越低），能量越低；反之，则能量越高。

人眼所能感觉到的波长范围为 380 nm 的紫色光到 760 nm 的红色光，该波长段以外的光则看不见，故 380 ~ 760 nm 的光称为可见光。短于 380 nm 的光称为紫外光（紫外线），短于 200 nm 的光称为远紫外光（远紫外线）。长于 760 nm 的光称为红外光（红外线）。紫外光的波长小于可见光和红外光的波长，因此紫外光的能量大于可见光和红外光的能量。

二、单色光、复合光、光的色散与光谱

单色光是一种单一波长的光，不同波长的光具有不同的颜色。复合光是由不同颜色的单色光按一定光强比例混合而成的，显白色，如太阳光、白炽灯就是复合光。让复合光通过三棱镜，可以分解成红、橙、黄、绿、青、蓝、紫七种颜色，这种现象称为光的色散。色散后的单色光按一定顺序排成一幅光的色谱称为光谱。

由于入射光经过的介质不同，产生的谱线也不同，因此光谱又可分为发射光谱、吸收光谱和散射光谱。

（一）发射光谱

物体（发光体）发光直接产生的光谱或处于高能级的原子或分子在向较低能级跃回时产生辐射，将多余的能量发射出去形成的光谱，称为发射光谱。不同的发光体（即光源）有其独特的发射光谱。根据物质受到热能或电能等激发后所发射出的特征光谱线可以对物质进行定性及定量分析。

（二）吸收光谱

吸收光谱是由物质的原子或分子对光源辐射选择吸收而得到的原子或分子光谱。

三、物质的颜色与吸收光颜色的关系

物质对光的吸收具有选择性。同一物质对不同波长光的吸收能力不同，不同物质对同一波长光的吸收能力也不同。

物质所呈现的颜色，正是由于它对光的选择性吸收而产生的。对固体物质来说，当白光照射到物质上时，物质对于不同波长的光吸收、透射、反射、折射的程度不同而使物质呈现不同的颜色。物质对各种波长的光完全吸收，则呈现黑色。如果完全反射，则呈现白色。如果对各种波长的光吸收程度差不多，则呈现灰色。若选择性吸收某些波长的光，则这种物质的颜色就由它所反射或透过光的颜色来决定。表 7-1 列出了物质的颜色与吸收光的颜色之间的关系。实验证明，如果把适当的两种单色光按一定强度混合，

也可以成为白光，所以把任意两种能合成白光的单色光，称为互补光（或互补色），见表 7-1 中绿色光与紫色光按一定的比例混合，可以成为白光，因此这两种光称为互补光。表 7-1 中的蓝色光与黄色光也是互补光。

表 7-1　物质的颜色与吸收光的颜色之间的关系

物质的颜色	吸收光	
	颜色	波长 /nm
黄、绿	紫	400 ～ 450
黄	蓝	450 ～ 480
橙	青、蓝	480 ～ 490
红	青	490 ～ 500
紫、红	绿	500 ～ 560
紫	黄、绿	560 ～ 580
蓝	黄	580 ～ 600
青、蓝	橙	600 ～ 650
青	红	650 ～ 750

对溶液来说，溶液呈现不同的颜色，是由于溶液中的质点（分子或离子）选择性地吸收某种颜色的光所引起的。当一束光照射到某一物质的溶液时，若该溶液对可见光谱中各种颜色的光几乎都不吸收，则溶液呈透明无色；若几乎全部吸收，则溶液呈黑色；若对各种颜色的光都能均匀地吸收一部分，则溶液呈灰色。若溶液对其中某些波长的光吸收较多、透过较少，而对另一些波长的光吸收较少、透过较多，则溶液就呈现这种吸收较少而透过较多的光的颜色，即溶液的颜色是它所吸收光的互补光的颜色。例如，高锰酸钾水溶液选择性吸收可见光中的大部分黄绿色光，故呈紫色；硫酸铜溶液选择性地吸收黄光而呈蓝色。任何一种溶液，对不同波长的光的吸收程度是不同的。如果将各种波长的单色光依次通过一定浓度的某一溶液，测量该溶液对各种单色光的吸收程度，以波长为横坐标，吸光度为纵坐标，可以得到一条曲线，即吸收光谱曲线或吸收曲线。

四、可见-紫外光分光分析

（一）分光光度计的组成

分光光度计种类很多，一般包括光源、单色器、吸收池、检测器和指示器五大部件。

1. 光源

光源可以发射出供溶液或吸收物质选择性吸收的光。光源发出的光，光强度大，有良好的稳定性，在整个光谱区域内光的强度不随波长有明显的变化。但是几乎所有的光源的强度都随波长而改变，为解决这一问题，一般在分光光度计内装有光强度补偿凸轮，该凸轮与狭缝联动，使狭缝的开启大小随波长而改变，以补偿光强度随波长变化而改变。

分光光度计共设有两种类型的光源，即白炽光和氢弧灯或氰灯。白炽光源使用钨丝灯或碘钨灯，能发射出 350 ~ 2 500 nm 波长范围的连续光谱，而适用范围是 360 ~ 1

000 nm，是可见光分光光度计的光源。氢灯或氘灯能发射 150 ~ 400 nm 波长范围的连续光谱，是紫外分光光度计的光源，仪器均装有稳压装置。

2. 单色器

将来自光源的光按波长的长短顺序分散为单色光并能随意改变波长的一种分光部件，包括入口狭缝、色散元件、出口狭缝和准直镜四部分。其中色散元件是单色器的主要组成部分，一般为三棱镜或光栅或滤光片。

（1）滤光片

主要使有色溶液能使最大吸收波长的光通过，其余波长的光被吸收的一种滤光装置称为滤光片。如将各种不同波长的单色光通过同一块滤光片，分别测定其透光度，然后以波长为横坐标，透光度为纵坐标作图，就可得到这块滤光片的透光曲线。半宽度是衡量滤光片质量好坏的标志，半宽度越小，透过单色光成分就越纯，测定的灵敏度就越高，一般滤光片的半宽度在 30 ~ 100 nm 之间，质地好的滤光片的半宽度在 20 ~ 50 nm，干涉滤光片的半宽度可到 5 nm，比普通滤光片狭窄很多，光线的单色性更纯。目前半自动或全自动生化分析仪大部分采用滤光片作单色器，其半宽度可到 8 nm。常用的滤光片有吸收滤光片、截止滤光片、复合滤光片和干涉滤光片。

（2）棱镜

是用玻璃或石英材料制成的，分别称为玻璃棱镜和石英棱镜。当混合光从一种介质（空气）进入另一介质（棱镜）时，在界面处，光的前进方向改变而发生折射，波长不同，在棱镜内传播速度不同，其折射率就不同，长波长的光波在棱镜内传播速度比短波长快，折射率小；反之折射率大，其结果是复合光通过棱镜后，各种波长被分开，从长波长到短波长分散成为一个由红到紫的连续光谱。玻璃棱镜由于能吸收紫外线，因此只能用于可见分光光度计，但玻璃棱镜色散能力大，分辨率高是其优点。石英棱镜可用于紫外光区、可见光区和近红外光区。分光光度计往往利用顶角为 30° 的利特罗棱镜来消除石英棱镜双折射的影响。

（3）光栅

分光光度计常用的一种色散元件，其优点是所用波长范围宽（可到数百纳米），可用于紫外光区、可见光区和近红外光区，所产生的光谱中各条谱线间距相等，几乎具有均匀一致的分辨能力。现在用光栅作单色器的仪器越来越多。

3. 吸收池

吸收池又称为比色皿或比色杯等。常用的吸收池是用无色透明、耐腐蚀的玻璃或石英材料制成的，前者用于可见光区，后者用于紫外光区，吸收池光程有 0.1 ~ 10 cm 不等，其中以 1 cm 为最多。同一种吸收池上下厚度必须一致，装入同一种溶液时，于同一波长下测定其透光度，两者误差应在透光度 0.2% ~ 0.5% 以内。

4. 检测器

检测器的作用是检测通过溶液后的光强度并把光信号转变成电信号。常见的检测器有硒光电池、光电管和光电倍增管，后两者主要用于分光光度计。

5. 指示器

常用仪器指示器有光电检流计、微安表、记录器和数字显示器等。光电检流计与微安表指示器的标尺上刻有透光度（T）和吸光度（A）。

（二）分光光度分析的定性和定量方法

1. 定性分析

定性分析即根据物质的最大吸收波长（λ_{max}）和摩尔吸光系数（ε）对待测物质进行分析。λ_{max} 即最大吸收峰对应的波长，其求法是将一系列不同波长的单色光照射同一固定浓度的待测物溶液，可测得相应的吸光度。以吸光度为纵坐标，波长为横坐标，绘制待测液的吸收曲线，从曲线上可以找出 λ_{max}。

摩尔吸光系数 ε 的测定通常需要配制 3 种不同浓度的待测物溶液，分别在 λ_{max} 处测出其吸光度，再根据 Lambert-Beer 定律 $\varepsilon=A/(Lc)$，求出 3 个 ε 的平均值，将测得的 λ_{max} 和 ε 值与标准品比较，即可对待测物进行定性分析，具体可用于以下几个方面：

（1）比较物质吸收光谱的一致性

同一物质在同一条件下其吸收光谱应完全一致。在定性分析时，分别绘制纯化样品和标准纯品的吸收光谱。如无标准，可利用现成的标准光谱图（从文献和参考书中可查到），比较两者吸收峰的数目、位置、相对强度和形状。如两者的吸收峰完全一致，可初步确定两者具有相同的生色基团，样品和标准可能为同一化合物。

（2）比较物质的最大吸收波长及 λ_{max} 的一致性

有些物质具有相同的生色基团，虽然分子结构不同但吸收光谱却相同，而且它们的吸光系数也是有差别的，因此在比较整个光谱图的同时，还要比较 λ_{max}、ε、$E_{1cm}^{1\%}$ 的一致性。如整个吸收光谱相同，而且 λ_{max}、ε 或 $E_{1cm}^{1\%}$ 也完全相同，则认为它们是同一物质。

（3）与其他方法结合分析

因为大多数化合物的紫外 - 可见吸收光谱吸收峰的谱带较宽，特征性不明显，所以仅仅依靠紫外 - 可见吸收光谱来定性鉴定化合物，其可信程度是极为有限的，往往还需要结合红外光谱、色谱、质谱或核磁共振波谱等的特征，才能作出可靠的鉴定。但是比较样品与标准品的吸收光谱，对于纯度的鉴定却很有用处，若发现样品的吸收光谱存在有异常吸收峰，可以认为是由于样品中存在杂质。

2. 定量分析

紫外 - 可见分光光度法最主要的应用是定量分析。按照 Lamert-Beer 定律，溶液中溶质的吸光度与溶质的浓度成正比。在一特定波长下测出溶液的吸光度即可以计算出溶液的浓度。在应用紫外 - 可见分光光度法进行定量分析时，常使用下列方法。

（1）标准曲线（工作曲线）法

配制含与被测组分相同成分的一系列浓度不同的标准溶液，按一定的操作方法显色

后（紫外分析可不显色），在与被测组分相同的最大吸收波长 λ_{max} 下分别测定各标准溶液的吸光度（A），以吸光度为纵坐标，标准溶液的浓度（C）为横坐标，绘出浓度－吸光度关系曲线，即标准曲线。

标准曲线的制备，根据 Lambert-Beer 定律，标准溶液的浓度在一定范围内与吸光度呈直线关系，标准曲线是这种直线关系的描述，它的求得是根据数学上最小二乘法原理。如何准确而简便地拟合和使用标准曲线，是医学检验最重要的问题。

标准曲线的拟合法分为目测法和计算法。

①目测法。将不同浓度的 A 值分别点在方格坐标纸上，然后用一根透明直尺在这些点之间进行观察，并试画一条接近通过各点的直线。当线上各点至直线的纵向距离之和等于线下方各点至直线纵向距离之和（最小二乘法的要求），就可画出这条直线。此种法简单实用，但是不够准确，受画线者主观因素的影响，点越靠拢直线，则误差越小。通常对每一浓度的标准溶液作几次平行检测求其平均吸光度，以浓度对吸光度的作图，可以使各点更靠拢直线，减少误差。

②计算法。该法较准确。标准曲线为直线时，可用统计上的直线回归方程式表示：

$$\hat{Y}=a+bX$$

式子中：X 为待测物溶液浓度；$\hat{Y}$ 为吸光度估计值；a 是标准曲线在 $\hat{Y}$ 轴上的截距；b 是回归系数。

当 a、b 值确定后，这条直线就确定了。根据最小二乘法，使直线上各估计 $\hat{Y}$ 与观察值 Y 之差的平方和 $\Sigma(\hat{Y}-Y)^2$ 最小，根据这一方法可计算确定 a 值和 b 值。

总之，将回归方程所代表的直线在坐标平面上画出来，由于两点即可确定一条直线，因此只要知道两点坐标就可以了。为了使结果更准确，这两点不宜离得太近，一般取最小值和最大值的两点，将这两点连接成一条直线，其余各点均散布在两旁，不一定正好落在此直线上。标准曲线适用的范围应只限于 X 值的实测范围内。当测得待测样品的吸光度后，便可很快从此曲线查出其浓度值。

标准曲线是比色分析法或分光光度法中不可缺少的，作为定量依据时，应注意以下几方面问题。

第一，在一定范围内，浓度－吸光度曲线是否呈线性特征，应当考虑这一测定方法是否符合 Lambert-Beer 定律。

第二，标准曲线只适用于同一台仪器。曲线的建立与实验室当时的条件如温度、湿度和气压及电压稳定性等有关，特别是室温的变化。

第三，每一批号的试剂应有相应的标准曲线，不允许同一标准曲线在不同批号或不同厂家试剂中通用。

第四，标准曲线能否成功制作，与仪器性能、试剂质量、量器准确性以及操作技术熟练程度有关，其中操作技术是关键。

第五，为了得到准确的数据以及需要的灵敏度，可通过曲线的斜率进行确认，并改变斜率的大小以达到需要的灵敏度。

第六，标准曲线制作成功后，标本测定的条件应该与曲线制作的测定条件完全一致。

第七，制作标准曲线一般应 3 次平行测定，重现性良好的曲线方可应用。

（2）直接对比测定法

此法又称标准对比法。当标准曲线是一条通过坐标原点的直线时，可将样品溶液和标准品溶液在相同条件下分别测定各自的吸光度。由于是同一物质在相同条件下测定，根据 Lambert-Beer 定律，待测样品浓度可用下式计算。

$$c_x = \frac{A_x}{A_s} c_s$$

由测得的样品溶液的吸光度和标准品溶液的浓度即可计算得到样品溶液的浓度。用对比法定量时，为了减少误差，选用的标准品溶液的浓度应尽可能接近于样品溶液的浓度。

（3）差示分光光度法

当溶液浓度过高或过低时，测得的吸光度偏大，往往使结果的相对误差增加，在此情况下，用差示分光光度法可减少误差，提高测量的准确性。它是用一个已知浓度的样品作为参比溶液调零，然后测定同种未知浓度样品溶液的吸光度，这就减少了相对误差。此法法提高准确度是把透光度标尺扩展了 10 倍，从而减少了测定误差。用此法测定高浓度样品，不需稀释，只需用略低于已知浓度的样品来代替空白进行测定即可。因此，此法法非常适用测定高吸收情况下的微量变化。它把量程范围扩展了，故又称此法为扩展量程光度法。

（4）多组分混合物的测定

当样品中有两种或两种以上的组分共存时，可根据各组分的吸收光谱的重叠程度，选用不同的定量方法。最简单的情况是各组分的吸收峰互不干扰，可以按单组分的测定方法，选取测定波长，分别测定各组分的含量。但在混合物测定中，遇到更多的情况是各组分的吸收峰相互重叠。在此情况下可采用解联立方程法、等吸收点法、双波长法等解决定量中的干扰问题。

（5）利用摩尔吸光系数进行定量检测

①摩尔吸光系数。Lambert-Beer 定律的物理表达式为 $A=KLc$，公式中的 c 为 1 mol/L，L 为 1 cm 时，则系数 K 称为摩尔吸光系数，以 ε 表示，单位为 L/（mol-cm），公式 $A=KLc$ 可写成 $A=\varepsilon c$。在实际工作中，不能直接用 1 mol/L 这种高浓度的溶液测定吸光度，而是在稀释成适当浓度时测定吸光度进行运算。

ε 值与入射光波长、溶液的性质等因素有关，在使用 ε 时，要注明 ε 的入射光波长，如NADH在260 nm时 ε 为15 000 L/(mol·cm)，则应写成 $\varepsilon_{260}^{NADH}=1.50\times10^4$ L/(mol·cm)；在 340 nm 的 ε 为 6 220 L/（mol·cm），则应写成 $\varepsilon_{260}^{NADH}=6=6.22\times10^3$ L/（mol·cm）。

②比吸光系数。如 Lambert-Beer 定律的物理表达式为 $A=KLc$ 中的 c 以质量浓度，L 以 1 cm 表示，则常数 K 可用 $E_{1cm}^{1\%}$ 表示，称为比吸光系数，或称为百分吸光系数，$A=KLc$ 可写成 $A=E_{1cm}^{1\%}Lc$。

当待测物质的化合物组成成分为已知时，则可用 ε 值进行运算或定性分析，若所测化合物的化学结构是未知的，则摩尔吸光系数无法知道也无法确定，此时用比吸光系数就很方便了。已知化学结构，在相同波长下的待测物 $E_{1cm}^{1\%}$ 和 ε 之间可进行换算。

第二节　红外光谱实用技术

不同的物质所产生的吸收光谱不同，即使同一物质对各种波长的光吸收程度也不相同。这些都是物质在光吸收方面的特性，是物质吸收光谱定性、定量分析的依据。物质吸收单色光量的多少和液层的厚度、溶液的浓度两个因素密切相关。

一、透光度与吸光度

当一束单色平行光通过均匀而透明的溶液时可分成几部分：一部分被容器的表面散射或反射；还有一部分被吸收；仅有一部分透过溶液（透射）。设入射光的强度为 I_0，反射光的强度为 I_r，吸收光的强度为 I_a，透射光的强度为 I，则

$$I_0=I_r+I_a+I$$

在吸收光谱法分析中，测量时采用同样材质的比色皿，反射光强度基本不变，影响相互抵消，于是上式可简化为：

$$I_0=I_a+I$$

透射光强度 I 与入射光强度 I_0 之比称为透光度，用 T 表示，则

$$T=I/I_0$$

透光度 T 的负对数称为吸光度，用 A 表示。则吸光度 A 与透光度 T 之间的关系是：

$$A=-\lg T=-\lg\frac{I}{I_0}=\lg\frac{I_0}{I}$$

实际工作中，常用吸光度 A 表示物质对光的吸收程度，由上式可见，溶液对光的吸收越多，T 值越小，A 值越大。

二、吸收光谱分析法的基本定律

（一）Lambert-Beer（朗伯-比尔）定律

Lambert-Beer（朗伯－比尔）定律是讨论吸收光与溶液浓度和液层厚度之间关系的基本定律，它是分光分析的理论基础。当入射光波长一定时，溶液的吸光度 A 只与溶液

的浓度和液层厚度有关。Lambert（朗伯）和 Beer（比尔）分别于 1760 年及 1852 年研究了溶液的吸光度与液层厚度和溶液浓度间的定量关系。

Lambert 定律表述为当一束平行的单色光照射一固定浓度的溶液时，溶液的吸光度与光透过的液层厚度成正比，即

$$A=KL$$

式中：L 为液层厚度；K 为吸光系数。

Beer 定律表述为当一束平行的单色光照射一溶液时，若液层厚度一定，则溶液的吸光度与溶液浓度成正比，即

$$A=Kc$$

式中：c 为溶液浓度；K 为吸光系数。

将 Lambert 定律和 Beer 定律合并，可得 Lambert-Beer 定律，即

$$A=KcL$$

上式称为 Lambert-Beer 定律的数学表达式。式中的 K 称为吸光系数，它是吸光物质在单位浓度、单位液层厚度时的吸光度，与溶液的性质、温度及入射光的波长等有关。Lambert-Beer 定律的物理意义：当一束平行的单色光通过均匀透明的溶液时，此溶液对光的吸收程度与溶液中物质的浓度和光通过的液层厚度的乘积成正比。

朗伯 - 比尔定律不仅适用于可见光区，也适用于紫外光区和红外光区；不仅适用于溶液，也适用于其他均匀的、非散射的吸光物质（包括气体和液体），是各类吸光光度法定量的依据。

2. 吸光系数

Lambert-Beer 定律中的吸光系数 K 的物理意义：吸光物质在单位浓度及单位液层厚度时的吸光度。在给定条件（单色光波长、溶剂、温度等）下，K 是物质的特征常数，只与该物质分子在基态和激发态之间的跃迁几率有关。若溶液的浓度 c 以 g/L 为单位，b 为吸光池厚度即光通过溶液的距离，以 cm 为单位，则吸光系数 K 的单位为 L/（g·cm）。不同物质对同一波长的单色光有不同的 K，它可作为物质定性的依据。在吸光度和浓度及液层厚度之间的直线关系中，K 是斜率，是定量的依据，K 值越大，则测定的灵敏度越高。K 常有以下两种表示方法。

（1）摩尔吸光系数

摩尔吸光系数用 ε 表示，其物理意义是 1 mol/L 浓度的溶液在液层厚度为 1 cm 时的吸光度。

（2）比吸光系数（或称百分吸光系数）

比吸光系数用 $E_{1cm}^{1\%}$ 表示，是指浓度为 1%（1 g/100 mL）的溶液在液层厚度为 1 cm 时的吸光度。一般常在化合物成分不明、相对分子质量未知的情况中采用。

两种吸光系数之间的关系为

$$\varepsilon = \frac{M}{10} \cdot E_{1cm}^{1/r}$$

式中：M 是吸光物质的摩尔质量。

摩尔吸光系数一般不超过 10^5 数量级。通常将 ε 值达到 10^4 的划为强吸收，小于 10^2 的划为弱吸收，介于两者之间的划为中强吸收。

三、偏离朗伯-比尔定律的因素

根据 Lambert-Beer 定律，当波长和强度一定的入射光通过液层厚度一定的溶液时，物质的吸光度与其浓度成正比。因此，在固定液层厚度及入射光强度和波长的条件下，测定一系列已知浓度标准溶液的吸光度时，以吸光度为纵坐标，浓度为横坐标，应得到一条通过原点的直线（称为标准曲线或工作曲线）。但在实际测定中，特别是溶液浓度较高时，标准曲线容易出现弯曲，这种偏离直线的现象称为对 Lambert-Beer 定律的偏离。导致偏离的因素很多，主要有光学与化学方面的因素。

（一）光学因素

Lambert-Beer 定律成立的重要前提是单色光，但是实际测定中，使用的入射光并不是严格的单色光，常有其他波长的杂光混入，非单色光是引起偏离的主要因素，其原因是物质溶液对不同波长光的吸收率是不同的，一种有色溶液只对某一波长的光产生最大吸收。

（二）化学因素

浓度、pH 值、溶剂和温度等因素均可影响化学平衡，因被测物的解离，结合和形成新的配合物等原因导致溶液或各组分间比例发生变化。若各组分的吸收系数差别较大，则吸光度与浓度之间的关系偏离直线。应用 Lambert-Beer 定律的实际工作中，溶液应该是一个均匀体系，否则就可能在液层厚度一定条件下，吸光度与溶液的浓度不呈直线关系。

（三）透光度读数误差

为了减少误差，掌握好仪器的透光度或吸光度的读数范围是至关重要的，透光度或吸光度的准确度是衡量仪器精度的指标之一。

四、吸收光谱分析的特点

（一）可见光分光分析特点

可见光分光分析一般称为比色分析，具有以下特点。

1. 灵敏度高

使用灵敏度高的显色剂，最低的检测浓度可达 10^{-7}g/mL，通常物质浓度在 10^{-5} ~ 10^{-2} mol/L 范围内，用比色法较为合适。

2. 操作简便、快速，选择性好

选用灵敏度高的显色剂，只和被测液组分发生反应，很少与其他无关组分生成干扰色，无需分离步骤。显色后即可直接测定，而且显色反应快而完全，反应产物稳定。

3. 应用广泛

生物体内的很多无机离子、有机物质和酶的活力都可直接或间接的用比色分析法测定，近年来由于有机显色剂的发展，使其得到进一步的广泛的应用。

4. 可见光的吸收池只需光学玻璃作入射或出射光面即可

虽然比色分析法有许多优点，但仍存在一定的局限性，如测定过程中需有标准品，有些反应的显色剂本身的颜色会影响测定的专一性和灵敏度。

（二）紫外分光分析特点

紫外分光分析法除具备灵敏度高、操作简便及应用广泛等特点外，更重要的是无需显色，无论是无色或有色溶液，只要求在紫外光区有特异性吸收峰即可进行定性或定量分析。有机化合物中的 π 键的存在，是有机化合物在近紫外及可见光区产生吸收或“生色”作用的首要条件。含有 π 键的不饱和官能团，称为发色团或生色团。某些化合物本身不产生紫外吸收，但由于它的存在能使发色基团的吸收峰产生位移或改变峰强弱的基团，称为助色团。有些溶剂，特别是极性溶剂，对的吸收峰的位置有很大的影响。这是因为溶剂和溶质之间常生成氢键，或者溶剂的偶极使溶质的极性增强，从而引起 $n \rightarrow \pi$ 和 $\pi \rightarrow \pi$ 跃迁，导致产生的吸收峰位置移动。某些常见的发色团和助色团在饱和化合物中的最大吸收峰都在紫外光区或近紫外光区。这类物质均可在一定条件下无需显色而直接用紫外分光光度计进行测定，同样符合 Lambert-Beer 定律。

紫外分光分析法的吸收池要求用不吸收紫外线的石英玻璃作为入射或者出射的光学面。紫外分光分析法除可采用标准品比较检测外，还可采用被测物质的摩尔吸光系数计算其含量，而无需标准管。

第三节 原子吸收光谱实用技术

原子吸收分光光度法是基于元素所产生的原子蒸气中，待测元素的基态原子对所发射的特征谱线的吸收作用进行定量分析的一种技术，也属于吸收光谱分析法，它是测定

痕量和超痕量元素的有效方法。具有灵敏度高，干扰较少，选择性好，操作简便、快速，结果准确、可靠等优点，而且可以使整个操作自动化，因此近年来发展迅速，是应用最广泛的一种仪器分析新技术。

一、基本原理

原子接受外界能量后从基态跃迁至激发态，再从激发态回到基态，返回时将其从外界接受的能量以辐射的形式发射出来，此时发射的光谱线称为共振线。元素的原子结构不同，其共振线也不同，各有其特征。用于原子吸收光谱分析测定的共振线又称为吸收分析线。原子吸收分析即是测定被基态原子吸收的共振线的程度进行定量分析。

当光源发射的某一特征波长的光一个均匀的原子蒸气时，原子蒸气将对入射光产生吸收，被吸收的强度与入射到原子蒸气的共振线（即入射光）强度 I_0 和在原子蒸气中通过的路程（b）成正比，在一定条件中符合 Lambert-Beer 定律，即

$$A = \lg\frac{I_0}{I} = 0.434K'N_0b$$

式中：K 为原子蒸气的吸收系数；I_0 是某一特征波长的光源发射的入射光强度；b 为吸收池厚度；N_0 为蒸气相中基态原子数。

设 K=0.434K，则上式可简化为

$$A=KN_0\,b$$

该式表明，当使用一种能发射很窄的半宽谱线的锐线光源作为原子吸收测量时，测得的吸光度与原子蒸气中待测元素的基态原子数呈线性关系。

在原子吸收分光光度法中，一般通过火焰使试样汽化产生原子蒸气，火焰的温度和所用燃料及助燃气体有关。一般火焰温度低于 3 000℃，火焰中激发态的原子核粒子数是很少的，可以蒸气中的基态原子数目实际上接近被测元素总的原子数，与试样中被测元素中的浓度 c 成正比。由于 b 是一定的，故

$$A=Kc$$

式中：K 为与待测元素和测定条件有关的常数。

通过测定基态原子的吸光度，即可求得试样中待测元素的含量，这便是原子吸收分光光度法的定量基础。

二、原子吸收分光光度法的特点

1. 灵敏度高

火焰原子吸收分光光度法测定大多数金属元素的相对灵敏度为 10^{10} ~ 10^{-8}g/mL，非火焰原子吸收分光光度法的绝对灵敏度为 10^{-14} ~ 10^{-12}g/mL。这是由于原子吸收分光光度法测定的是占原子总数 99% 以上的基态原子，而原子发射光谱测定的是占原子总数

不到1%的激发态原子，所以前者的灵敏度和准确度比后者高得多。

2. 干扰小

使用空心阴极灯光源激发待测元素的谱线，而且是在低电流和低电压下进行激发，其激发能量和温度较低，激发谱线简单，由谱线重叠引起的干扰较小。

3. 测定快速、操作简便

原子吸收分光光度计通常采用自动化程度较高的装置，在复杂试样分析当中，不经化学分离就直接测定多种元素。

原子吸收光谱法虽有上述特点，但仍有不足之处，如测定每种元素都需要一种特定元素的空心阴极灯，尽管使用多元素灯使其得到一定改善，但仍受一定条件限制。另外，该法对难溶元素测定的灵敏度不够理想。

三、含量测定及应用

测定方法常用的有标准曲线法和标准加入法。

1. 标准曲线法

将一系列浓度不同的标准溶液按照一定操作过程分别进行测定，以吸光度为纵坐标，浓度为横坐标绘制标准曲线。在相同条件下处理待测物质并测定其吸光度，即可从标准曲线上找出对应的浓度。由于影响因素较多，每次实验都要重新制作标准曲线。

2. 标准加入法

把待测样本分成体积相同的若干份，从第2份开始按比例分别加入不同量的标准品，在相同条件下，依次测定各溶液的吸光度。以吸光度为纵坐标，标准品加入量为横坐标，绘制标准曲线，用直线外推法使工作曲线延长交于横轴，找出组分的对应浓度。本法的优点是能够更好地消除样品基质效应的影响。

微量元素的测定广泛应用于临床疾病的诊断与研究。人体内含有30多种元素，除碳、氢、氧、钾、钠、钙、镁、氯外，其余都是微量元素。微量元素构成体内载体及电子传递系统，并参与激素、维生素的代谢等。生命科学研究发现，癌症、衰老、致畸和某些病因不明的疑难病的发病机制可能和微量元素有关。

第四节　荧光光谱实用技术

一、荧光分析

荧光分析是一种分子发光分析，是利用某些物质受紫外光照射后发出特有的荧光，

借此对物质进行定性和定量分析的。用于荧光分析的仪器称为荧光分光光度计。

（一）基本原理

物质中的分子在吸收光能后可由基态跃迁到激发态，当从激发态返回基态时，发出比原激发光频率较低的荧光，此现象称为光致发光。激发光源一般为紫外光，而发出的荧光多为可见光。对于一种浓度较低的荧光物质，在一定范围之内，其荧光强度与溶液浓度呈线性关系，据此可测定荧光物质的含量。

在定量测定时，应选择一物质的最大激发波长（λ_{ex}）和最大荧光波长（λ_{em}），这就需要先获知激发光谱和荧光光谱。测定不同波长激发光时的荧光强度，以激发光波长为横坐标，荧光强度为纵坐标，所得曲线即为激发光谱。荧光强度最大时的激发光波长称为最大激发波长。以此类推，在最大激发波长时测定不同波长的荧光强度，以荧光波长为横坐标，荧光强度为纵坐标作图，所得曲线即为荧光光谱。

（二）应用

荧光分析法具有灵敏度高（其检测范围达 10^{-6} ~ 10^{-4} g/L，甚至可达 10^{-9} ~ 10^{-7}g/L）、特异性强、操作简便和样品用量少等优点。不足之处：应用范围有一定的局限性，因为许多物质不能发射荧光；测定条件严格；仪器价格比较贵。

荧光分析法在医学检验和医学研究中有较广泛的应用，适用于生物体内微量的有机物和体内代谢产物的监测和测定，如某些激素及其代谢产物、单胺类神经递质和生物活性物质（儿茶酚胺、组胺等）、某些维生素、过氧化脂质及部分药物浓度的测定。

二、火焰光度分析

火焰光度分析即火焰发射光谱法，是利用火焰作为激发光源对待测元素进行原子分析的一种方法，属于原子发射光谱分析一种。

（一）基本原理

火焰光度分析是指在一定条件下，以火焰作为激发源提供能量，使样品中的待测元素原子化，由于原子能级的变化，产生特征的发射谱线。在一定范围内，发射强度与物质（元素）浓度成正比，由此可对该元素进行定量分析。金属元素经燃烧激发可以产生特定颜色的火焰。如钠的火焰呈黄色，光谱波长为 589 nm；钾的火焰呈深红色，光谱波长为 767 nm。定量分析时可分别选用不同的波长进行测定。

（二）应用

火焰光度分析具有简单、快速、灵敏度高、取样少、误差小（1% ~ 2%）等优点。主要缺点是火焰的温度和稳定性受多种因素影响（如燃气的组分、纯度与压力，喷雾的速率，仪器的稳定性等），测试前需严格调试。火焰光度分析广泛用于医疗卫生的临床化验及病理研究，如对精神病患者服用锂盐的检测，还适用于农业、工业、食品行业对钾、钠、锂、钙的测定，如肥料中的钾的测定，矿石、岩石、硅酸盐中的钠、钾的测定及油脂中锂的测定等。

三、透射和散射光谱分析法

散射光谱分析法是主要测定光线通过溶液混悬颗粒后的光吸收或光散射程度的一类定量方法。测定过程和比色法类同,常用方法为比浊法,主要有透射比浊法和散射比浊法。

（一）透射比浊法

当光线通过混浊介质溶液的混悬颗粒时，出现光散射作用，散射光强度与溶液中混悬颗粒的量成正比，此种测定光吸收量的方法称为透射比浊法。

（二）散射比浊法

当光线通过一种混浊介质溶液时，由于溶液中存在混悬颗粒，光线被吸收一部分，吸收的多少与混悬颗粒的量成正比，这种测定光散射强度的方法称为散射比浊法。

透射比浊法和散射比浊法在临床上多用于对抗原或抗体的定量分析。现在已将多项免疫学指标，如免疫球蛋白、补体及其他蛋白质如载脂蛋白等采用免疫比浊法进行快速定量。

第八章　其他检测技术

第一节　质谱及色谱 - 质谱联用检测技术

一、基本原理

离子交换剂为人工合成的多聚物，由基质、电荷基团和反离子构成，根据这些基团所带电荷不同，可以分为阴离子交换剂和阳离子交换剂。离子交换剂在水中呈不溶解状态，与水溶液中离子或离子化合物的反应主要以离子交换方式进行，或借助离子交换剂上电荷基团对溶液中离子或离子化合物的吸附作用进行，这些过程都是可逆的。以 RA 代表阳离子交换剂为例，RA 在溶液中解离出反离子 A^+，并和溶液中的阳离子 B^+ 发生可逆的交换反应：

$$RA + B^+ \rightleftarrows RB + A^+$$

离子交换剂对溶液中各种离子具有不同的结合力，这种结合力的大小是由离子交换剂的选择性来决定的。对于呈两性解离性质的蛋白质、多肽和核苷酸等物质与离子交换剂的结合力，与它们在特定 pH 条件下呈现的离子状态有关。当其等电点（pI）高于溶液 pH 时，它们能被阳离子交换剂吸附，pI 越高，与离子交换剂的结合力越强。反之，当 pI 低于溶液 pH 时，它们能被阴离子交换剂吸附，pI 越低，与阴离子交换剂的结合力越强。通过提高流动相中反离子的浓度或改变被吸附物质的电荷等方法，可以将被吸附物质从离子交换剂中洗脱下来，与离子交换剂结合力弱的物质被先洗脱下来，与离子交换剂结合力强的物质被后洗脱下来，这便是离子交换色谱分离物质的基本原理。

二、离子交换剂的类型及性质

（一）离子交换剂的基质

根据离子交换剂中基质的组成及性质，可以将其分成两大类：疏水性离子交换剂和亲水性离子交换剂。

1. 疏水性离子交换剂

疏水性离子交换剂的基质是一种与水亲和力较小的人工合成树脂，最常见的是聚苯乙烯等聚合物，疏水性离子交换剂交换容量大、流速快、机械强度大，但具有较强的疏水性，容易引起蛋白质的变性，主要用于分离无机离子、有机酸、核苷、核苷酸及氨基酸等小分子物质，也可用于从蛋白质溶液中除去表面活性剂（如 SDS）、去污剂（如 TritonX-100）、尿素和两性电解质等。

2. 亲水性离子交换剂

亲水性离子交换剂的基质与水有较强的亲和力，适合于分离蛋白质等生物大分子物质，常用的有纤维素、球状纤维素，葡聚糖凝胶、琼脂糖凝胶等几种。葡聚糖凝胶离子交换剂一般以 Sephadex G-25 和 Sephadex G-50 为基质，琼脂糖凝胶离子交换剂一般以 Sepharose CL-6B 为基质。

（二）离子交换剂的电荷基团

根据与基质共价结合的电荷基团的性质，可以把离子交换剂分为阳离子交换剂和阴离子交换剂。

1. 阳离子交换剂

阳离子交换剂的电荷基团带负电，可以交换阳离子物质。根据其电荷基团的解离度不同，又可以分为强酸型、中等酸型和弱酸型三类，它们的区别在于电荷基团完全解离的 pH 范围不同，强酸型离子交换剂电荷基团完全解离的 pH 范围较大，而弱酸型完全解离的 pH 范围较小。

2. 阴离子交换剂

阴离子交换剂的电荷基团带正电，可以交换阴离子物质。根据其电荷基团的解离度不同，分为强碱型、中等碱型和弱碱型三类。

（三）离子交换剂的交换容量

离子交换剂的交换容量指离子交换剂所能提供交换离子的总量，但是重要的是离子交换剂与样品中各个待分离组分进行交换时的有效交换容量，所以一些常用于蛋白质分离的离子交换剂用每克或每毫升交换剂能够吸附某种蛋白质的量来表示交换容量。影响交换容量的因素主要分为两个方面：一是离子交换剂颗粒大小、颗粒内孔隙大小以及所

分离的样品组分的大小；二是实验中的离子强度、pH 等主要影响样品中组分和离子交换剂的带电性质。一般来说，离子强度增大，交换容量下降，实验中增大离子强度进行洗脱就是要降低交换容量以将结合在离子交换剂上的样品组分洗脱下来。

三、离子交换剂的选择

（一）根据被分离物质带电荷选择

如若被分离物质带正电荷，则应选择阳离子交换剂；如带负电荷，则应选择阴离子交换剂；如被分离物为两性离子，则一般应根据其在稳定 pH 范围内所带电荷的性质来选择交换剂的种类。例如，待分离的蛋白质等电点为 4，稳定的 pH 范围为 6 ~ 9，由于这时蛋白质带负电，故应选择阴离子交换剂进行分离。强酸或强碱型离子交换剂适用的 pH 范围广，常用于分离一些小分子物质或在极端 pH 条件下的分离。弱酸或弱碱型离子交换剂适用的 pH 范围狭窄，在 pH 为中性的溶液中交换容量高，用它分离生物大分子则活性不易丧失。

（二）对离子交换剂基质的选择

聚苯乙烯离子交换剂等疏水性较强的离子交换剂一般常用于分离小分子物质，而纤维素、葡聚糖凝胶、琼脂糖凝胶等亲水性离子交换剂适合于分离蛋白质等大分子物质。一般纤维素离子交换剂价格较低，而且分辨率和稳定性都较低，适于初步分离和大量制备。葡聚糖凝胶离子交换剂的分辨率和价格适中，但受外界影响较大，体积可能随离子强度和 pH 变化有较大改变，影响分辨率。琼脂糖凝胶离子交换剂机械稳定性较好，分辨率也较高，但价格较贵。

四、离子交换色谱的操作要点

（一）离子交换剂的预处理

干粉状的疏水性离子交换树脂和离子交换纤维素首先要在水中充分溶胀，并用酸、碱处理除去一些水不溶性杂质，常用的酸为 HCl，碱为 NaOH 或再加一定浓度的 NaCl。酸碱处理的次序决定了离子交换剂携带反离子的类型。疏水性离子交换树脂使用酸碱浓度为 2 mol/L，而离子交换纤维素使用的酸碱浓度一般小于 0.5 mol/L。在每次用酸或者碱处理后，均应用水洗至近中性，再用碱或酸处理，最后用水洗至中性，经缓冲溶液平衡后即可装柱。

葡聚糖凝胶离子交换剂使用前只需在中性溶液中溶胀，不必用酸碱处理，关键在于缓冲液反复处理后能否充分荷电，并且避免强烈的搅拌。

市售的琼脂糖凝胶离子交换剂一般为湿态，在使用之前只需用蒸倒水漂洗，并用 5

个柱体积的缓冲溶液平衡后即可。

离子交换剂使用前应该通过真空抽气等方法排除气泡，否则会影响分离效果。

（二）装柱

离子交换用的层析柱一般粗而短，不宜过长，直径和柱长比一般以 1 ： 20 左右为宜，常用的柱高为 15 ～ 20 cm。如果柱细长，则从洗脱到流出之间的距离加长，就会使扩散的机会增加，结果造成分离峰过宽，降低分辨率。

装柱量要依据其全部交换量和待吸附物质的总量来计算。当溶液含有各种杂质时，必须考虑使交换量留有充分余地，实际交换量只能按理论交换量的 25% ～ 50% 计算。在样品纯度很低，或有效成分与杂质的性质相近时，实际交换量应控制的更低些。

（三）样品上柱、洗脱和收集

装柱完毕要用起始缓冲溶液平衡离子交换剂，直至流出液的 pH 与起始缓冲溶液相同后才能加样。样品需用起始缓冲溶液平衡后才可上柱，加样时，使缓冲溶液下移至柱床表面时关闭出液口，用滴管沿柱内壁滴加样品，待样品液加到一定高度后，再移向中央滴加。加完样后打开出液口，待样品液全部流入柱床时，再加入洗脱液按一定速率开始洗脱。

从交换剂上把被吸附的物质洗脱下来，一种方法是增加离子强度，将被吸附的离子置换出来；另一种是改变 pH，使被吸附离子解离度降低，从而减弱其对交换剂的亲和力而被洗脱。此外，为提高分辨率，应根据具体条件反复试验得出合适的洗脱液流速，并用部分收集器分部收集经洗脱流出的溶液，收集的体积一般以柱体积的 1% ～ 2% 为宜。

在离子交换色谱中一般常用梯度洗脱，包括改变离子强度和改变 pH 两种方式。改变离子强度通常是在洗脱过程中逐步增大离子强度，从而使与离子交换剂结合的各个组分被洗脱下来；而改变 pH 的洗脱，对于阳离子交换剂一般是 pH 从低到高洗脱，阴离子交换剂一般是 pH 从高到低洗脱。由于 pH 可能对蛋白质的稳定性有较大的影响，故一般采用改变离子强度的梯度洗脱。梯度洗脱的装置可以有分级梯度、线性梯度、凹形梯度、凸形梯度等洗脱方式。一般线性梯度洗脱分离效果较好，可以多采用线性梯度进行洗脱。

（四）样品的浓缩、脱盐

离子交换色谱得到的样品往往盐浓度较高，而且体积较大，样品浓度较低。所以一般离子交换色谱得到的样品要进行浓缩、脱盐处理。

（五）离子交换剂的再生和保存

高浓度的 NaCl（1 ～ 2 mol/L）可以用于大多数离子交换剂的再生，前面介绍的酸

碱交替浸泡的处理方法也可以使离子交换剂再生。有时只要转型处理就可再生，所谓转型是指在使用时希望交换剂带何种反离子，比如，欲使阳离子交换剂转成 Na 型，须用 NaOH 处理；欲转成氢型，须用 HCl 处理；欲转成铵型，则须用 NH_4OH 或 NH_4Cl 处理。

亲水型离子交换剂的保存，应首先洗净蛋白质等杂质，再加入适当的防腐剂（0.02%叠氮钠），4℃保存。

五、离子交换色谱的应用

（一）水处理

离子交换色谱是一种简单而有效的去除水中的杂质及各种离子的方法，聚苯乙烯树脂广泛应用于高纯水的制备、硬水软化以及污水处理等方面。一般将水依次通过 H^+ 型强阳离子交换剂，去除各种阳离子及可被阳离子交换剂吸附的杂质。再通过 CH^- 型强阴离子交换剂，去除各种阴离子及可被阴离子交换剂吸附的杂质，即可以得到纯水。

（二）分离纯化小分子物质

离子交换色谱也广泛应用于无机离子、有机酸、核苷酸、氨基酸、抗生素等小分子物质的分离纯化，例如，氨基酸分析仪就是利用离子交换树脂，把氨基酸混合液在 pH2 ~ 3 环境中结合在树脂上，再逐步提高洗脱液的离子强度和 pH，将各种氨基酸以不同的速度洗脱下来进行分离鉴定。

（三）分离纯化生物大分子物质

离子交换色谱是分离纯化蛋白质的色谱法中使用最广泛的一种。它对蛋白质的分辨率高，操作简单，重复性好，成本低，蛋白质可从大体积的溶液中被分离，所以常用于蛋白质粗提物的初始纯化。由于生物样品中蛋白质的复杂性，一般很难经过一次离子交换色谱就达到高纯度，往往要和其他分离方法配合使用。

第二节　核磁共振波谱、毛细管电泳及热分析技术

一、纸电泳

（一）基本原理

纸电泳指用滤纸作为支持载体的电泳方法，是最早使用的区带电泳。将滤纸条水平

地架设在两个装有缓冲溶液的容器之间，样品点于滤纸中央。当滤纸条被缓冲液润湿后，再盖上绝缘密封罩，即可由电泳电源输入直流电压（100 ~ 1000V）进行电泳。纸电泳设备简单，因此在早期应用广泛，如蛋白质等电点测定和纯度测定等，但由于滤纸吸附作用较大，电渗作用也较严重，且电泳时间较长，分辨率较差，这些缺点使它逐渐被其他电泳方法代替。

（二）操作步骤

1. 样品液的制备

2. 点样

取 25cm × 2cm 的滤纸条放在一张清洁的点样衬纸上，在距滤纸条一边 7cm 处用铅笔轻画一点样线，作记号。用毛细管依次将标准液及混合液点于记号处，注意斑点直径勿超过 2mm，每样点 2 ~ 3 次，每点 1 次，用冷风吹干。

3. 电泳

将滤纸平整地放在电泳槽的滤纸架上，纸两端浸入电极缓冲液中。用滴管将电泳缓冲液（PH4.8）均匀地滴于纸上（点样处最后湿润）。盖上电泳槽盖，接上电极，点样端接负极；接通电源，调电压至 300V，室温通电 2h；电泳完毕之后，关闭电源，取出滤纸，将其用冷风吹干。

4. 鉴定

在暗室条件下，将干滤纸置于紫外灯下观察，用铅笔将各斑点划出，并测定各斑点的迁移距离。

（三）注意事项

①电泳纸条自始至终只能用镊子夹取，不能用手拿。

②纸条上应标明正、负极，放入电泳槽中时应注意与其正、负极相符。纸条上应有个人标识，以防弄错。

③用电泳显色液预处理纸条时，应尽可能使两端被浸湿的距离相等，切不可湿及样点。

④所有纸条被缓冲液全部浸湿后，方能开始通电。

⑤放纸条入电泳池时，尽可能使样点距正、负极的距离相等。

⑥注意用电安全。

⑦用电吹风显色时，不可太近或者过热，以免影响斑点及其颜色的观察。

二、醋酸纤维素薄膜电泳

（一）基本原理

醋酸纤维素薄膜电泳以醋酸纤维素薄膜为支持物。它是纤维素的醋酸酯，由纤维素的羟基乙酰化而成，溶于丙酮等有机溶液中，即可以涂布成均一细密的微孔薄膜。

（二）操作步骤

1. 准备

裁剪适量尺寸滤纸条搭建滤纸桥，再将缓冲液倒入电泳槽，在醋酸纤维素薄膜无光泽面做好点样标记，并将该面在下浸入缓冲液约 20min，浸透完全后，取出吸去多余缓冲液备用。

2. 点样

用加样器取适量蛋白样品均匀加于点样线处，最终形成有一定宽度、粗细均匀的直线。

3. 电泳

点样端位于负极，无光泽面朝下，平整放于滤纸桥上，平衡完毕后，调节电压开始电泳。

4. 染色

电泳完毕后，小心取下薄膜，浸入染色液 2min，取出后在漂洗液中反复漂洗，直到干净为止，然后观察电泳结果。

（三）注意事项

醋酸纤维素薄膜吸水性差，电泳过程当中水分容易蒸发而使电泳终止，所以电泳过程应在密闭电泳槽中进行，以确保处于湿润状态。

三、琼脂糖凝胶电泳

（一）基本原理

琼脂糖凝胶电泳以琼脂糖为支持物。琼脂是从天然红色墨角藻中提取的一种胶状多聚糖。它主要由琼脂糖和琼脂胶组成。琼脂糖的分子结构大部分是由半乳糖及其衍生物交替而成的中性物质。不带电荷。而琼脂胶是一种含硫酸根和羧基的强酸性多糖，由于这些基团带有电荷，在电场作用下能产生较强的电渗现象，通过电荷效应和分子筛效应把分子量大小不同及构型不同的核酸片段分离开。

（二）操作步骤

1. 凝胶准备

首先制备简单的胶床，并且保证紧密防止漏胶。然后称取适量的琼脂糖溶于缓冲液中，微波炉中加热溶解，等凝胶温度降到60℃左右，向凝胶中加入染料，使凝胶与染料充分混匀，然后将琼脂糖凝胶缓慢倒入插好“梳子”的胶床，避免气泡产生，待凝胶凝固后移去梳子，并将胶床放置电泳槽中。

2. 加样

把核酸样品和加样缓冲液混匀，然后在靠近负极一侧的加样孔中缓慢加入样品，避免加样孔气泡产生。

3. 电泳

正确连接电泳槽和电源正负极，并根据需要设定电压，待加样缓冲液中的电泳指示剂到达特定位置时，关掉电源取出凝胶。

4. 检测

将凝胶放置凝胶成像系统中进行拍照分析。

四、聚丙烯酰胺凝胶电泳

（一）基本原理

聚丙烯酰胺凝胶是由单体丙烯酰胺和交联剂N，N′－甲叉双丙烯酰胺在加速剂N，N，N′ N′－四甲基乙二胺和催化剂过硫酸铵或核黄素的作用下聚合交联成三维网状结构的凝胶，以此凝胶为支持物的电泳称为聚丙烯酰胺凝胶电泳。聚丙烯酰胺凝胶电泳根据其有无浓缩效应分为连续性凝胶电泳和不连续性凝胶电泳。连续性凝胶电泳所使用的总凝胶浓度、缓冲液及pH相同。而不连续性凝胶电泳一般有两层不连续胶，上层是浓缩胶，凝胶浓度较小，孔径较大。下层为分离胶，凝胶浓度较大，孔径较小。不连续性凝胶带电颗粒在电场中泳动不仅有电荷效应、分子筛效应，还具有浓缩效应，因而其分离条带清晰度及分辨率均较连续性凝胶电泳更佳。

（二）操作步骤

1. 分离胶制备

将2块清洁干燥的电泳板插入合适垫片后组装成灌胶装置，并使用水确定其密闭性。分离胶的浓度根据待分离物质的颗粒大小不同来确定，将相应物质按比例混匀后灌入模具中，待胶面距电泳板上沿3.5cm停止，然后在胶面上添加适量水或正丁醇。

2. 浓缩胶制备

待分离胶聚合后，与正丁醇层或水层间形成明显界面，将正丁醇或者水去除，并将正丁醇或水吸干，然后将配制好的浓缩胶灌注到分离胶上，随后插上样品梳。待浓缩胶凝固，小心取去样品梳，准备电泳。

3. 电泳

把制作好的凝胶置于样品槽中，向样品槽中缓慢加电泳缓冲液，使其没过电泳内槽电极，外槽要没过加样孔，然后用加样枪将处理好的蛋白样品缓慢加入加样孔，选择合适的电压电流进行电泳。待指示染料到达特定位置，终止电泳。

4. 染色

电泳结束后，撬开玻璃板，把凝胶板做好标记后放在大培养皿内，加入染色液，染色 1h 左右。

5. 脱色

染色后的凝胶板用蒸馏水漂洗数次，再用脱色液脱色，直到区带清晰。

6. 结果分析

用凝胶成像系统进行分析或使用特异性抗体进行检测。

（三）注意事项

①安装电泳槽时要注意均匀用力旋紧固定螺丝，避免缓冲液渗漏、损坏玻璃板。

②用琼脂（糖）封底及灌胶时不能有气泡，以免电泳时影响电流的通过。

③加样时样品不能超出凹形样品槽。加样槽中不可有气泡，如有气泡，可以用注射器针头挑除。

④上样量不宜过大，否则会出现过载现象。尤其是考马斯亮蓝 R250 染色，在蛋白质浓度过高时，染料与蛋白质的氨基（-NH）形成的静电键不稳定，其结合不符合 Beer 定律，使蛋白质量不准确。

⑤ Acr 和 Bis 有神经毒性，可经皮肤、呼吸道等吸收，故操作时要注意防护。

⑥为了获得良好的结果，注意浓缩胶的高度要合适。电泳时，在浓缩胶和分离胶的电压要合适，不可太高。胶的浓度和交联度对分离效果有重要的影响，这些参数的选择需根据样品的性质进行调整。

⑦胶聚合快慢与催化剂和加速剂有密切的关系，需要用预实验予以确定。

五、SDS-聚丙烯酰胺凝胶电泳

（一）基本原理

聚丙烯酰胺凝胶是由丙烯酰胺和交联剂 N，N′ －亚甲基双丙烯酰胺在催化剂作用下，聚合交联而成的具有网状立体结构的凝胶，并以此为支持物进行电泳。SDS 是一种阴离子表面活性剂，能打断蛋白质的氢键和疏水键，并按一定的比例和蛋白质分子结合成复合物，使蛋白质带负电荷的量远远超过其本身原有的电荷，掩盖了各种蛋白分子间天然的电荷差异。因此，各种蛋白质 -SDS 复合物在电泳时的迁移率，不再受原有电荷和分子形状的影响，而主要取决于蛋白质及其亚基分子量的大小。此种电泳方法称为 SDS- 聚丙烯酰胺凝胶电泳（简称 SDS-PAGE）。

（二）操作步骤

1. 凝胶配制

基本同聚丙烯酰胺凝胶电泳，但是凝胶制备时加入一定浓度 SDS。

2. 蛋白样品的处理

将特定分子量标准的蛋白质样品和待测蛋白样品的上样缓冲液中加入还原剂如二巯基乙醇破坏蛋白质的二巯键，再利用加热使蛋白质变性。

3. 电泳、染色及脱色

同聚丙烯酰胺凝胶电泳。

4. 蛋白质分子量检测

根据相对迁移率进行计算或根据对应的标准分子量进行估算。

（三）注意事项

同聚丙烯酰胺凝胶电泳。

六、等电聚焦电泳

（一）基本原理

等电聚焦电泳是一种利用有 pH 梯度的介质达到分离不同等电点（pI）蛋白质目的的电泳技术。IEF 是在电泳介质中加入两性电解质载体，在电场作用下最终形成一个从正极到负极，pH 由低到高的稳定、连续、线性的 pH 梯度。电泳时，蛋白质在凝胶中移动，当所处溶液 PH ＜ pI 时蛋白质带正电荷向负极移动，pH ＞ pI 时蛋白质带负电荷向正极移动，pH=pI 时蛋白质所带电荷为零，蛋白质不移动，这样等电点不同的蛋白质最终在凝胶中形成一系列蛋白条带，其分辨率可达到 0.01pH 单位，特别适合分离分子量相同但等电点不同的蛋白质混合物。

（二）操作步骤

IEF 的关键是建立一个 pH 梯度环境，可以选择理想的载体非常重要。理想载体两

性电解质应导电性好，可使电场强度分布均匀；水溶性好，缓冲能力强；紫外线吸收低，不影响紫外线测定；易从聚焦蛋白质中洗脱。常用两性电解质为ampholine，它是脂肪族多胺和多羧类化合物，通过改变氨基和羧基的比例得到不同等电点的化合物，在外电场作用下形成pH梯度。

1. 制胶

按照仪器说明书将模具安装完毕，玻璃板放在模具内，将配制好的凝胶混合液缓慢倒入。

2. 加样

制备好的凝胶表面覆盖带有加样孔的塑料薄膜，同时将蛋白样品经处理后加样。

3. 电泳

5～10min，揭去塑料薄膜，加样一面朝下，凝胶两侧连接电极，在稳压条件下聚焦。

4. 染色和脱色

电泳完毕，把凝胶在固定液中处理后，再使用染色剂充分浸泡，最后使用脱色剂洗去背景色，观察蛋白显色情况。

（三）注意事项

①两性电解质是等电聚焦的关键试剂，它的含量2%～3%较合适，能形成较好的pH梯度。

②丙烯酰胺最好是经过重结晶的。

③过硫酸铵一定要重新配置。

④所有水用重蒸水。

⑤样品必须无离子，否则电泳时样品带可能变形，拖带或根本不成带。

⑥平板等电聚焦电泳的胶很薄，当电流稳定在8mA，电压上升到550V以上，因为阴极飘移，造成局部电流过大，胶承受不了而被烧断。

七、双向凝胶电泳

（一）基本原理

双向电泳是将两种电泳技术综合利用起来的一种电泳技术，双向电泳的第一向往往是IEF，利用等电点差异对蛋白质进行第一次分离，第二向是SDS-PAGE，再根据分子量差异把蛋白质进一步分离。双向电泳技术结合IEF和SDS-PAGE两种电泳技术的优点，只要电荷和分子量其中之一有区别的蛋白质都可实现分离，极大提高了分辨率，使分离结果更为清晰，在蛋白质研究中得到了广泛的应用。

（二）操作步骤

7-DE 基本操作程序包括样品制备、电泳（等电聚焦/SDS-PAGE）、凝胶染色与显影、图像分析等技术。

1. 蛋白质样品制备

样品制备主要以溶解、变性、还原等步骤充分破坏蛋白质之间的相互作用，并同时去除其中的非蛋白质成分如核酸等。

2. 等电聚焦

通常等电聚焦的介质都是采用商品化的 IPG 干胶条，蛋白等电聚焦的时间根据胶条的长度及 pH 梯度范围来定，采用逐渐加压的方式。

3. 平衡

胶条由一维转移到二维前，要在平衡液中平衡 30min，使胶条浸透 SDS 缓冲液，以防止电内渗，提高蛋白质转移效率。

4. SDS-PAGE

可在水平或垂直两个方向进行。

5. 染色

采用考马斯亮蓝或银染方法进行染色，新的染色方法有放射性核素标记、荧光染色等。

6. 图像分析

主要步骤为数据获取、降低背景、消除条纹、点检测并定量、与参照图形匹配、构建数据库及数据分析。目前使用的 7-DE 图谱分析软件主要有 PDQuest、MELANIE-HIsPhoretix-2D 等。

（三）注意事项

①样品制备是做好 7-D 的关键，样品中离子浓度不能过大，最好用新鲜的样品提取蛋白质，如果不确定蛋白提取情况，建议先进行 SDS-PAGE 检验。

② IPG 胶条是 13cm 的上样量在 100 ~ 500μg，上样量不合适，丰度低的将会被丰度高的所遮盖。

③根据不同样品选择不同 pH 的 IPG 胶条。

④针对不同的蛋白质，分离胶的浓度需要调整。

八、免疫电泳

（一）基本原理

免疫电泳是琼脂平板电泳和双相免疫扩散两种方法的结合。将抗原样品在琼脂平板上先进行电泳，使其中的各种成分因电泳迁移率的不同而彼此分开，然后加入抗体做双相免疫扩散，让已分离的各抗原成分与抗体在琼脂中扩散而相遇，在二者比例适当的地方，形成肉眼可见的沉淀弧。该方法可以用来研究：①抗原和抗体的相对应性；②测定样品的各成分以及它们的电泳迁移率；③根据蛋白质的电泳迁移率、免疫特性及其他特性，可以确定该复合物中含有某种蛋白质；④鉴定抗原或者抗体的纯度。

（二）操作步骤

①在玻璃板的中央放置一小玻棒（d=2 ~ 3mm），然后用 0.05mol/L pH 8.6 巴比妥缓冲液配制 1% 琼脂，制成琼脂板，板厚 2mm。

②在玻棒的两侧，板中央或 1/3 处，距玻棒 4 ~ 8mm 各打直径 3 ~ 6mm 的孔。

③在孔内加满血清。

④将玻璃板置电泳槽上进行电泳。电流为 2 ~ 3mA/cm（或电压 3 ~ 6V/cm），电泳时间 4 ~ 6h。

⑤停止电泳，用小刀片在玻璃板两侧切开，取出玻璃棒，加抗血清样品。

⑥在湿盒内 37℃（或者常温）扩散 24h，取出观察。

⑦在生理盐水中浸泡 24h，中间换液数次，取出后，加 0.05% 氨基黑染色 5 ~ 10min，然后以 1mol/L 冰醋酸脱色至背景无色为止。

⑧制膜、观察、保存标本。

（三）注意事项

①免疫电泳分析法的成功与否，主要取决于抗血清的质量。抗血清中必须含有足够的抗体，才能同被检样品中所有抗原物质生成沉淀反应。

②抗血清虽然含有对所有抗原物质的相应抗体，但抗体效价有高有低，所以要适当考虑抗原孔径的大小和抗体槽的距离。

③免疫电泳要求分析的物质一方为抗原，另一方为沉淀反应性抗体。因此没有抗原性的物质或抗原性差的物质、非沉淀反应性抗体，均不可用免疫电泳进行分析。

九、毛细管电泳

（一）基本原理

毛细管电泳，又称高效毛细管电泳，是一种以高压电场为驱动力，以毛细管为分离通道，依据样品中各组成之间浓度和分配行为上的差异，实现分离的一类液相分离技术。仪器装置包括高压电源、毛细管、柱上检测器和供毛细管两端插入又和电源相连的两个缓冲液贮瓶。CE 所用的石英毛细管在 pH > 3 时，其内液面带负电和溶液接触形成一双电层。在高电压作用下，双电层中的水合阳离子层引起溶液在毛细管内整体向负极流动，形成电渗液。带电粒子在毛细管内电解质溶液中的迁移速度等于电泳和电渗流（EOF）二者的矢量和。带正电荷粒子最先流出；中性粒子的电泳速度为“零”，故其迁移速度相当于 EOF 速度；带负电荷粒子运动方向与 EOF 方向相反，因为 EOF 速度一般大于电泳速度，故它将在中性粒子后流出，各种粒子因迁移速度不同而实现分离。

（二）操作步骤

1. 清洗毛细管

对于一根新的或者久未使用的毛细管，需用 1mol/L 的 NaOH 溶液、0.1mol/L 的 NaOH 溶液、超纯水依次清洗。在有些情况下还需用 0.1mol/L HC1、甲醇或去垢剂清洗，强碱溶液可以清除吸附在毛细管内壁的油脂、蛋白质等；强酸溶液可以清除一些金属或金属离子；甲醇、去垢剂可去除疏水性强的杂质。

2. 更替电泳缓冲液

清洗液、电极液、样品均置于可旋转的进样盘中。上一步清洗过程结束后，毛细管和电极从清洗液中移到电泳缓冲液，不可避免地将强酸强碱等溶液带至其中。吸取样品后，毛细管外壁黏附的样品液也会污染电泳缓冲液，因此对于精确分析，每分析 5 次后需要更换 1 次样品盘中的缓冲液。一般分析，则半天更换 1 次即可。

3. 进样

毛细管插入样品溶液的深度一般要少于毛细管总长度的 1% ~ 2%，以尽量减少样品溶液经毛细管吸附进入毛细管，从而影响进样量的精确性。

4. 检测

石英毛细管可以透过 190 ~ 700nm 范围的光，在实验时应尽量选用低波长检测以提高灵敏度。与此相应，电泳缓冲液必须在低波长下紫外线吸收低，否则会增加基线噪声并降低检测信号。

（三）注意事项

①仪器需在湿度为 75% 以内工作，如湿度超过 75%，需要预热仪器半小时以上，并同时开启空调抽湿，使湿度降到 75% 以内。

②保持仪器工作环境的干燥与干净，减少湿度与灰尘对仪器的影响。

第三节　计算机视觉技术

一、计算机视觉下食品检测平衡常数的求得

测出某温度时化学平衡时各物质的浓度或分压，利用平衡常数的表达式即可求出平衡常数。

[例 1-1]298K 时，反应 $2SO_2(g)+O_2(g) \leftrightharpoons SO_3(g)$ 的标准平衡常数是多少？

[解] 查表得

$$\Delta_f G_m^! (SO_3) = -371.1kJ \cdot mol^{-1}$$

$$\Delta_f G_m^! (SO_2) = -300.2kJ \cdot mol^{-1}$$

从而计算出反应的 $\Delta_r G_m^!$：

$$\Delta_r G_m^! = 2 \times \Delta_f G_m^! (SO_3) - 2 \times \Delta_f G_m^! (SO_2)$$

$$=2\times(-371.1)-2\times(-300.2)$$

$$=-141.8\ (kJ \cdot mol^{-1})$$

$$\lg K^! = -\frac{\Delta_r G_m^!}{2.303RT}$$

$$= -\frac{141.8 \times 10^3}{2.303 \times 8.314 \times 398} = 24.85$$

$$K^! = 7.11 \times 10^{24}$$

二、计算机视觉下食品检测平衡转化率

化学反应在指定条件下的最大转化率，是根据体系达到平衡状态的最大限度计算得来。因为在一定温度下平衡时具有最大的转化率，因此平衡转化率即指定条件下的最大转化率。

平衡转化率是指反应达平衡时，已转化了的某反应物的量和转化前该反应物的量之比。用 α 表示：

$$\alpha = \frac{\text{反应物已转化的里}}{\text{反应物未转化前的总量}} \times 100\%$$

若反应前后体积不变，反应物的量之比可用浓度比代替：

$$\alpha=\frac{\text{反应物的起始浓度 -反应物的平衡浓度}}{\text{反应物的起始浓度}}\times 100\%$$

转化率越大，表示在该条件下反应向右进行的程度就越大。从实验测得的转化率，可用来计算平衡常数。反之，由平衡常数也可计算各物质的转化率。平衡常数和转化率虽然都可以表示反应进行的程度，但两者有差别，平衡常数与系统起始状态浓度无关，只与反应温度有关；而转化率除与温度有关外还与系统的起始状态浓度有关，并且需指明是哪种物质的转化率，不同反应物，转化率的数据往往不同。

[例 1-2] 乙烷可按下式进行脱氢反应生成乙烯

$C_2H_6(g) \leftrightharpoons C_2H_4(g)+H_2(g)$ 该反应在 1000K 时 $K^{\ominus}{}_1=0.59$。

求：（1）在总压为 100kPa，T=1000℃时，求反应转化率 α_1；

（2）总压不变时，若原料中掺有 H_2O（g），开始时 C_2H_6 ：H_2O=1 ：1，求 1000K，100kPa 时乙烷的转化率 α_2；

（3）原料中掺 H_2O（g）比例为多少时，转化率达到 90%？

（4）若反应焓变 $\Delta_r H^{\ominus}{}_m$=140 kJ · mol^{-1}，求 1173K 时的平衡常数 $K^{\ominus}{}_2$；

（5）求 1173K，（3）条件下转化率 α_3。

[解]：（1）

$$C_2H_6(g) \rightleftharpoons C_2H_4(g)+H_2(g) \quad n(\text{总})$$

$$n\,(\text{平衡})1\text{-}\alpha_1 \quad \alpha_1 \quad \alpha_1 \quad 1+\alpha_1$$

$$p_i \quad \frac{1+\alpha_1}{1+\alpha_1}p\,(\text{总}) \quad \frac{\alpha_1}{1+\alpha_1}p(\text{总})\frac{\alpha_1}{1+\alpha_1}p(\text{总})$$

$$K^! =\frac{\frac{\alpha_1 p(\text{总})}{(1+\alpha_1)p^!}\times\frac{\alpha_1 p(\text{总})}{(1+\alpha_1)p^!}}{\frac{1-\alpha_1}{1+\alpha_1}\times\frac{p(\text{总})}{p^!}}=\frac{\alpha_1^2}{(1+\alpha_1)(1-\alpha_1)}\times\frac{p(\text{总})}{p^!}=0.59$$

$$\text{将}p(\text{总})=p^! \ =100\text{kPa代人}$$

$$\alpha_1=60.92\%$$

（2）加入等摩尔比 H_20（g）后，转化率为 α_2

$$C_2H_6(g) \rightleftharpoons C_2H_4(g)+H_2(g) \ n(\text{总})$$

$$n\,(\text{平衡})1\text{-}\alpha_2 \quad \alpha_2 \quad \alpha_2 \quad 1+\alpha_2$$

$$p_i \quad \frac{1-\alpha_2}{2+\alpha_2}p(总) \frac{\alpha_2}{2+\alpha_2}p(总) \frac{\alpha_2}{2+\alpha_2}p(总)$$

$$K \ = \frac{\frac{\alpha_2 p(总)}{(2+\alpha_2)p} \times \frac{\alpha_2 p(\ )}{(2+\alpha_2)p}}{\frac{1-\alpha_2}{2+\alpha_2} \times \frac{p(总)}{p}} = \frac{\alpha_2^2}{(2+\alpha_2)(1-\alpha_2)} \times \frac{p(总)}{p} = 0.59$$

将 p(总)=$p^{\ominus}$=100 kPa 代入

$$\alpha_2 = 69.6\%$$

（3）设原料中 C_2H_6:H_2O=1:x 时转化率达到 90%，则：

$$C_2H_6(g) \rightleftharpoons C_2H_4(g) + H_2(g) \quad n(总)$$

n(平衡) 0.1 0.9 0.9 x+1.9

$$p_i \quad \frac{0.1}{x+1.9}p(总) \quad \frac{0.9}{x+1.9}p(总) \quad \frac{0.9}{x+1.9}p(\ )$$

将 p(总)=$p^{\ominus}$=100kPa 代人

得 x=11.83

（4）

$$lg\text{——} = \frac{\Delta_r H_m^{\ominus}}{\quad} \left(\text{——} \right)$$

$$lg\frac{}{0.59} = \text{————} \left(\text{————} \right)$$

$$K^{\ominus}{}_2 = 7.07$$

（5）由（1）推导得

$$K^{\ominus}{}_2 = \frac{\alpha_3{}^2}{(1+\alpha_3)(1-\alpha_3)} \times \frac{p(总)}{p^{\ominus}} = 7.07$$

$$\alpha_3 = 93.6\%$$

对于总压一定气相反应，加入惰性气体之后，气体总物质的量增加，各组分的摩尔分数减小，反应物和产物的分压也减小，食用分压定律重新表示出各物质的分压（设平衡转化率为 α），代入平衡关系表达式，计算出平衡转化率。体系温度变化，利用平衡常数与温度关系，可求出不同温度下的平衡常数（可认为反应焓变 $\Delta_r H^{\ominus}{}_m$ 与温度无关）。从计算结果可知，对于气体分子数增加的反应，可通入惰性气体达到和系统减压相同的目的，使平衡向右移动；对于本题吸热反应，也可以通过升高温度使平衡右移。

参考文献

[1] 焦岩 . 食品添加剂安全与检测技术 [M]. 哈尔滨：哈尔滨工业大学出版社，2019.08.

[2] 杨继涛，季伟 . 食品分析及安全检测关键技术研究 [M]. 中国原子能出版社，2019.03.

[3] 刘建青 . 现代食品安全与检测技术研究 [M]. 西安：西北工业大学出版社，2019.11.

[4] 郑百芹，强立新，王磊 . 食品检验检测分析技术 [M]. 北京：中国农业科学技术出版社，2019.08.

[5] 罗红霞，段丽丽 . 食品安全快速检测技术 [M]. 北京：中国轻工业出版社，2019.12.

[6] 陈士恩，田晓静 . 现代食品安全检测技术 [M]. 北京：化学工业出版社，2019.01.

[7] 钟萍 . 食品分析与检测技术研究 [M]. 长春：吉林科学技术出版社，2019.12.

[8] 师邱毅，程春梅 . 食品安全快速检测技术（第二版）[M]. 北京：化学工业出版社，2019.12.

[9] 谢昕，岳福兴 . 食品仪器分析技术 [M]. 北京：国家图书馆出版社，2019.01.

[10] 杨品红，杨涛，冯花 . 食品检测与分析 [M]. 成都：电子科技大学出版社，2019.03.

[11] 姚玉静，翟培 . 食品安全快速检测 [M]. 北京：中国轻工业出版社，2019.02.

[12] 何强，吕远平 . 食品保藏技术原理 [M]. 北京：中国轻工业出版社，2019.11.

[13] 李宝玉 . 食品微生物检验技术 [M]. 北京：中国医药科技出版社，2019.01.

[14] 王忠合 . 食品分析与安全检测技术 [M]. 中国原子能出版社，2020.

[15] 陶程 . 食品理化检测技术 [M]. 郑州：郑州大学出版社，2020.07.

[16] 张民伟 . 食品质量控制与分析检测技术研究 [M]. 西安：西北工业大学出版社，

2020.09.

[17] 管雪梅 . 检测与转换技术 [M]. 北京：机械工业出版社，2020.07.

[18] 林大河 . 绿色食品生产原理与技术 [M]. 厦门：厦门大学出版社，2020.08.

[19] 马娟 . 食品与食品安全 [M]. 中国原子能出版社，2020.05.

[20] 章宇 . 现代食品安全科学 [M]. 北京：中国轻工业出版社，2020.07.

[21] 王向阳 . 食品贮藏与保鲜 [M]. 杭州：浙江工商大学出版社，2020.06.

[22] 苏来金 . 食品安全与质量控制 [M]. 北京：中国轻工业出版社，2020.08.

[23] 钱和，王周平，郭亚辉 . 食品质量控制与管理 [M]. 北京：中国轻工业出版社，2020.09.

[24] 李天骄，曾强成，焦德杰 . 食品添加剂与掺伪检测实验指导 [M]. 沈阳：辽宁大学出版社，2020.09.

[25] 邹建，徐宝成 . 食品化学与应用 [M]. 北京：中国农业大学出版社，2020.05.

[26] 丁武 . 食品工艺学实验指导 [M]. 北京：中国轻工业出版社，2020.11.

[27] 吴玉琼 . 食品专业创新创业训练 [M]. 上海：复旦大学出版社，2020.03.

[28] 严晓玲，牛红云 . 食品微生物检测技术 [M]. 北京：中国轻工业出版社，2021.01.

[29] 曲志娜，赵思俊 . 动物源性食品安全危害及检测技术 [M]. 北京：中国农业出版社，2021.01.

[30] 李莹，杨大进，蒋定国 . 食品安全风险监测微生物检测技术与质量控制 [M]. 北京：中国农业出版社，2021.

[31] 尹永祺，方维明 . 食品生物技术 [M]. 北京：中国纺织出版社，2021.04.

[32] 尹凯丹，万俊 . 食品理化分析技术 [M]. 北京：化学工业出版社，2021.01.

[33] 魏强华 . 食品生物化学与应用第 2 版 [M]. 重庆：重庆大学出版社，2021.03.

[34] 曹叶伟 . 食品检验与分析实验技术 [M]. 长春：吉林科学技术出版社，2021.05.

[35] 许文娟，宫小明，刘文鹏 . 动物源性食品中兽药残留检测实用手册 [M]. 南京：河海大学出版社，2021.07.